普通高等教育"十四五"规划教材

环境土壤学实验教程

曾巧云◎主　编
卫泽斌　龙新宪◎副主编

Experimental Tutorial for Environmental Edaphology

中国农业大学出版社
China Agricultural University Press
·北京·

内 容 简 介

《环境土壤学实验教程》作为环境土壤学课程的配套实验教材,目的是通过讲授环境土壤学所涉及的实验方法、手段和技能,使学生深化理解环境土壤学课程的理论知识,促进对环境土壤学领域研究动态与前沿的理解,掌握研究环境土壤学的基本方法和技术。

本书适用于环境科学、环境工程、生态学、资源与环境类专业的本科生、研究生及高职高专学生,也可供从事环境土壤研究有关的工程技术人员、科研人员和管理人员参阅。

图书在版编目(CIP)数据

环境土壤学实验教程 / 曾巧云主编. --北京:中国农业大学出版社,2022.8
ISBN 978-7-5655-2838-5

Ⅰ.①环… Ⅱ.①曾… Ⅲ.①环境土壤学-实验-高等学校-教材 Ⅳ.①X144-33

中国版本图书馆 CIP 数据核字(2022)第 139358 号

书　　名	环境土壤学实验教程			
	Huanjing Turangxue Shiyan Jiaocheng			
作　　者	曾巧云　主编			
策划编辑	梁爱荣		**责任编辑**	梁爱荣　胡晓蕾
封面设计	李尘工作室			
出版发行	中国农业大学出版社			
社　　址	北京市海淀区圆明园西路 2 号		**邮政编码**	100193
电　　话	发行部 010-62733489,1190		**读者服务部**	010-62732336
	编辑部 010-62732617,2618		**出 版 部**	010-62733440
网　　址	http://www.caupress.cn		**E-mail**	cbsszs@cau.edu.cn
经　　销	新华书店			
印　　刷	北京时代华都印刷有限公司			
版　　次	2022 年 11 月第 1 版　　2022 年 11 月第 1 次印刷			
规　　格	185 mm×260 mm　　16 开本　　16.75 印张　　415 千字			
定　　价	53.00 元			

图书如有质量问题本社发行部负责调换

编委会

主　　编　曾巧云

副 主 编　卫泽斌　龙新宪

编写人员　（按姓氏音序排列）

陈烁娜　李文彦　龙新宪　倪卓彪

危　晖　卫泽斌　曾巧云　张　池

前　言

土壤健康是食物安全与人体健康的基本保障。近年来,土壤健康已经成为国际社会共同关注的生态环境问题,我国土壤环境保护工作也得到了党中央的高度重视。环境土壤学是环境科学研究领域的重要方向之一,环境土壤学课程也是很多高校环境科学类专业开设的专业核心课程。相比理论课程的教学,环境土壤学实验课程的教学还相对比较薄弱,也缺少配套的实验教学教材。因此,我们编写了《环境土壤学实验教程》,作为核心专业课程环境土壤学的配套实验教材。在教材编写过程中,我们紧扣"以更高标准打好净土保卫战"的"十四五"重大国家战略目标,结合"十三五"以来国内外环境土壤学的研究方法与技术的最新研究成果,系统介绍了环境土壤学研究的基本技术与方法,为从实践环节培养学生的环境土壤学技能提供支撑。

全书共 12 章。第 1—8 章主要参考相应的国家标准、规范或经典的分析方法,目的是让学生掌握土壤样品的采集、土壤基本特性和污染物分析的基本原理和实验操作,具体实验内容包括土壤样品的采集与制备、土壤固相物质组成分析、土壤物理性质分析、土壤化学性质分析、土壤微生物性质分析、土壤养分元素分析和土壤污染物分析的基础性实验。第 9—10 章基于当前环境土壤学的研究热点问题,目的是培养学生理解和掌握研究土壤环境中污染物的环境行为和生态效应的研究方法与技术手段,实验内容设计了土壤中污染物的环境行为和生态效应的综合性实验。第 11—12 章旨在强化学生的综合分析和解决问题的能力,激发学生的创新思维,实验内容设计了土壤污染调查与评价、土壤污染修复的创新性实验。

本书由华南农业大学资源环境学院多位教师共同编写完成,曾巧云任主编,卫泽斌和龙新宪任副主编。第 4、第 6、第 8 章由曾巧云编写,第 2、第 7 章由卫泽斌编写,第 1、第 5 章由龙新宪编写,第 3 章由李文彦和危晖共同编写,第 9 章由倪卓彪、卫泽斌和曾巧云共同编写,第 10 章由曾巧云、卫泽斌和张池共同编写,第 11 章由龙新宪和曾巧云共同编写,第 12 章由卫泽斌、陈烁娜和倪卓彪共同编写,博士后林贤柯和硕士研究生顾静仪、黄晓依等参与了实验 12.2 的内容编写工作,在此一并表示感谢。

环境土壤学学科发展迅速,相关实验的方法、手段等也发展迅速,由于编者学识有限,书中难免有疏漏和不足,敬请读者提出宝贵意见和建议。

编　者

2022 年 3 月

目　　录

第1章　土壤样品的采集、制备与保存

实验1.1　　　　　土壤表层样品的采集与运输

受土壤成土因素(母质、气候、生物、地形和时间)和人为因素(施肥、耕作、污染物排放等)的影响,土壤中各种营养元素和污染物的分布具有很强的不均一性。此外,施肥、耕作或自然的水土流失等进一步使土壤中各种营养元素与污染物的局部分布差异显著。土壤样品采集是指将土壤从野外、田间、培养或者栽培单元中取出具有代表性的一部分的过程。采集的土壤样品经过适当处理制备成分析样品,最后到分析测定时所取的测试样品只有几克甚至零点几克,而分析结果则应代表全部土壤,因此必须正确地采取有代表性的平均试样,否则即使分析过程再准确也是无用的,甚至会导致错误的结论,给生产或科研带来不必要的损失。同时,土壤采样费时费力,样品化验分析成本较高。因此,科学的布点、有效的采样方法、采集多点混合土样才能保证土壤样品的代表性。

[实验原理]

由于土壤的不均匀性,在一个采样单元内任意选择若干点,把各点采集的土壤等量均匀混合,即得到混合样品。混合样品实际上相当于一个平均数,可以减少土壤差异,提高样品的代表性,同时大大减少工作量。一般采集5～20个点,等量混合构成一个土壤样品。

[材料与设备]

1.工具类

铁铲、镐头、取土钻、螺旋取土钻、木(竹)铲及适合特殊采样要求的工具等。

2.器具类

GPS、罗盘、数码照相机、卷尺、样品袋(布袋和塑料袋)、样品瓶、运输箱、车载冷藏箱等。

3.文具类

土壤样品标签(表1-1)、点位编号列表、标尺、采样现场记录表、铅笔、签字笔、资料夹、透明胶带、用于围成漏斗状的硬纸板等。

4.防护用品

工作服、工作鞋、安全帽、手套、雨具、常用药品(防蚊蛇叮咬)、口罩等。

表 1-1　土壤样品标签

土壤样品标签

样品编号：			
采用地点： 省/市	市/区	县/市/区	乡/镇 村
经纬度(°)： 东经：		北纬：	
采样深度： cm		土壤类型：	
土地利用类型：			
监测项目：□理化性质	□无机项目	□有机项目	
监测单位：		合同编号：	
采样人员：		采样日期：	

注：引自中国环境监测总站编,2017

[实验内容与步骤]

1.采样点的确认

根据采样方案找到目标采样点经纬度位置,仔细观察周边环境,判断其是否符合布点原则和土壤采样的基本要求,并在允许范围内优选采样点,记录采样点的坐标(多点混合采样坐标以中心采样点为准)。

2.表层混合土壤采样

现场确定计划采样点位后,以确定点位为中心划定采样区,一般为 20 m×20 m。如果地形地貌或土壤利用方式复杂,样点代表性差,可将采用区扩大至 100 m×100 m。然后以确定点位为中心,采用对角线法(适用于污灌农田土壤,对角线分 5 等份,以等分点为采样分点)、梅花点法(适用于面积较小、地势平坦、土壤组成和受污染程度相对比较均匀的地块,设分点 5 个左右)、棋盘式法(适宜中等面积、地势平坦、土壤不够均匀的地块,设分点 10 个左右;受污泥、垃圾等固体废物污染的土壤,分点应在 20 个以上)和蛇形法(适宜于面积较大、土壤不够均匀且地势不平坦的地块,设分点 15 个左右,多用于农业污染型土壤)采集混合土壤样品(图 1-1)。

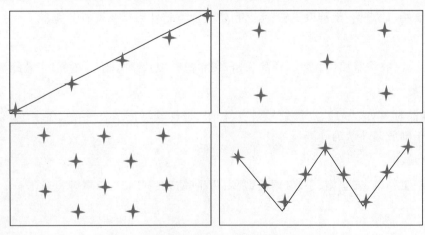

图 1-1　表层土壤混合样的采集方法示意图

一个混合土样以取土 1 kg 左右为宜,如果样品数量太多,可用四分法(图 1-2)将多余的土壤弃去。方法是将采集的土壤样品放在盘子里或塑料布上,弄碎、混匀,铺成四方形,画对角线将土样分成四份,把对角的两份分别合并成一份,保留一份,弃去一份。如果所得的样品依然很多,可再用四分法处理,直至所需数量为止。

　　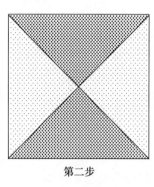　　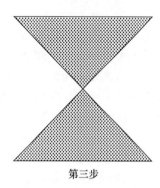

第一步　　　　　　　　　　第二步　　　　　　　　　　第三步

图 1-2　四分法取样步骤图

3.采样记录

采样时必须认真填写采样现场记录表和采样标签,对点位及其周边状况进行拍照,并用 GPS(全球定位系统)定位,记录点位实际经纬度。

将采集土壤样品先装入塑料自封袋,在塑料袋外粘贴 1 份样品标签(表 1-1);再将装有土壤样品的塑料袋放入布袋,在布袋封口处系上(或贴上)另 1 份样品标签。为防止标签遇潮湿而字迹模糊不清,建议将标签装入小塑料自封袋中再装入布袋中。标签内容包括样品编号、采集地点、土壤名称、采样人和采样时间。

采样小组要在采样现场对样品和采样记录进行自查,如发现有样品包装容器破损、采样信息缺项或错误的,应及时采取补救或更正措施。

4.样品运输

采样人员应在样品装箱前对样品数量、包装、保存环境逐项检查,将样品登记表、样品标签和采样记录进行核对,核对无误后分类装箱。

扎好样品袋口,防止撒落,尽量将样品箱平放在车辆中。运输过程中严防样品的损失、混淆和污染。

在样品瓶之间做好隔离,防止相互碰撞,避免破碎;对于有冷藏要求的样品,应保证运输过程中的冷藏条件。

[注意事项]

(1)采样点要避开田埂、地头及堆肥处采样。

(2)采样时首先清除土壤表层的植物残骸和石块等杂物,有植物生长的点位应除去土壤中植物根系。

(3)尽量用木铲、竹片直接采集样品。如用铁铲、土钻时,必须用木铲刮去与金属采样器接触的部分,再用木铲收取样品。

(4)每完成一个点位采样工作后,必须及时清理采样工具,避免交叉污染。

实验 1.2　　土壤剖面样品的采集与运输

土壤剖面指从地面垂直向下的土壤纵剖面,也就是完整的垂直土层序列,是土壤成土过程中物质发生淋溶、淀积、迁移和转化形成的。不同类型的土壤,具有不同形态的土壤剖面。土壤剖面可以表示土壤的外部特征,包括土壤的若干发生层次、颜色、质地、结构、新生体等。在土壤形成过程中,由于物质的迁移和转化,土壤分化成一系列组成、性质和形态各不相同的层次,称为发生层。发生层的顺序及变化情况,反映了土壤的形成过程及土壤性质。

[实验原理]

土壤剖面调查是认识鉴别土壤类型,能够获取有效土层厚度、耕层厚度、剖面质地构型、地下水埋深、障碍层及其出现深度等土壤肥力特性,以及了解人为活动(包括耕作、施肥等)对土壤质量影响的基础性工作。

[材料与设备]

同实验 1.1。

[实验内容与步骤]

1.选点

地势平坦、植被一致的地方,可在目标范围近中心设置观察剖面。山地丘陵地区土壤种类比较复杂,应根据土壤调查目的和制图精度要求,在不同海拔高程和坡地的上、中、下部位分别设置观察剖面。耕种土壤剖面应该设置在人为活动相对稳定的田块,远离路边、田坎或沟渠。

2.剖面的挖掘

一般挖掘长×宽×深为 2 m×1.0 m×1.5 m 的土壤剖面,如果土层薄则挖到母质层即可(图 1-3)。将挖出的表土、心土分别放置两旁,挖好土坑后,把向阳的坑壁垂直削平,作为观察的一面,观察面上保持原状,严禁人员走动或堆置任何物品,以防止土壤压实或土壤物质发生位移而干扰观察和采样。

图 1-3　土壤剖面的挖掘

3.土壤剖面的观察与记录

剖面挖掘后,观察面的左半边用剖面刀自上而下修成自然面(毛面),右半边保留为光滑面。自上而下放置和固定好标尺,镜头与观察面垂直进行全剖面摄影和局部特写摄影,拍摄清晰的、完整的土壤剖面照片 2～3 张。此外,以监测田块为中心,东西南北方向各照一张景观照片,监测牌拍摄 1 张,照片整理后,注明监测点编号和地点。

用剖面刀刻画出土壤发生层的界线,按标准程序进行土壤剖面的逐项观察和记载各土层剖面有关性质,填写土壤剖面观察记载表。主要观察与描述土壤发生层次的厚度、颜色、结构、紧实度、容重、新生体、植物根系和机械组成(质地)等特征信息。

4.土壤样品采集

按照土壤自然发生层次由下自上逐层采集混合样品。土体层次应根据实际发育情况而定,每个层次取有代表性的典型部位一般采集各层最典型的中部位置的土壤,以克服层次之间的过渡现象,保证样品的代表性。每个土样质量为 1 kg 左右,将所采集的样品分别放入样品袋,在样品袋内外各具一张标签,写明采集地点、剖面号、层次、土层深度、采样日期和采样。

[注意事项]

剖面点尽量选择剖面较完整、发生层较清晰的土壤。不要在多种土类、多种母质母岩交错分布的地区布设剖面点。

实验1.3 土壤样品的制备与保存

土壤样品分为风干样品和新鲜样品。风干样品主要用于分析测定土壤理化性质和无机元素(氮、磷、钾、重金属等不易挥发的无机元素)含量。新鲜样品主要用于分析测定挥发性与半挥发性有机物,以及土壤的微生物学指标。新鲜样品一般不需特殊制备,但在采集后需按照其特点进行保存与前处理。土壤采集后始终在低于 4 ℃的暗处冷藏,并在 7 d 内进行前处理。

[实验原理]

风干土壤样品的制备是将采集的土壤样品剔除非土壤成分,并经风干、研磨、过筛、混匀等一系列过程,加工为适用于实验分析并可长期保存样品的过程。从野外采集的土壤样品运到实验室后,为避免受微生物的作用引起发霉变质,应立即将全部样品倒在铺垫有垫纸(如牛皮纸)的风干盘中进行风干,并将样品标签附于风干盘中或粘贴在垫纸上。

[实验材料与器皿]

1.风干工具

搪瓷盘、木(竹)盘、样品烘干箱、牛皮纸等。

2.研磨工具

粗粉碎用木(竹)锤、木(竹)铲、木(竹)棒、有机玻璃棒、有机玻璃板、硬质木板、无色聚乙烯薄膜、刷子、瓷研钵、粗碎机等;细磨样用玛瑙球磨机、玛瑙研钵等。

3.过筛工具

尼龙筛,常用规格为 0.075 mm(200 目)、0.15 mm(100 目)、0.25 mm(60 目)、1 mm(18 目)、2 mm(10 目)筛,或配备以上规格尼龙筛的自动筛分仪。

4.混匀工具

有机玻璃板、无色聚乙烯膜(或牛皮纸等可替代品)、木(竹)铲和漏斗等。

5.样品分装容器

磨口玻璃瓶、聚乙烯塑料瓶、牛皮纸袋等分装容器,规格视样品量而定。应避免使用含有待测组分或对测试有干扰的材料制成的样品瓶或样品袋盛装样品。

6.其他材料

电子天平、标签纸、电脑、常规打印机、原始记录表等。

[实验内容与步骤]

1.风干(烘干)

在风干室,将土样放置于风干盘中,除去土壤中混杂的砖瓦石块、石灰结核、动植物残体等,摊成 2~3 cm 的薄层,经常翻动。半干状态时,用木棍压碎或用两个木铲搓碎土样,置阴凉处自然风干。一般自然风干时间为 10~15 d。

土壤样品也可以采用土壤样品烘干机烘干,温度控制在(35±5)℃。

2.粗磨

(1)研磨。风干的样品倒在硬木板上,用木棒压碎逐次用孔径 2 mm 尼龙筛筛分直至全部通过。为保持土壤样品分析指标的准确性,应采用逐级研磨、边磨边筛的研磨方式,不可以为了使样品一次通过直接将样品研磨至小粒径,以免达不到粒径分级标准。研磨过程中应随时拣出非土壤成分,但不可随意遗弃土壤样品,避免影响土壤样品代表性。为保持土壤样品的特性,粗磨不建议用机械手段。及时填写样品制备原始记录,并记录过筛前后的土壤样品重量。

(2)混匀。混匀是取样前必不可少的重要步骤。应将过 2 mm 筛的样品全部置于无色聚乙烯膜上,充分搅拌直至均匀,保证制备出的样品能够代表原样。混匀采用以下三种方式(但不限于):一是翻拌法,用铲子进行对角翻拌,重复 10 次以上;二是提拉法,轮换提取方形聚乙烯膜的对角一上一下提拉,重复 10 次以上;三是堆锥法,将土壤样品均匀地从顶端倾倒,堆成一个圆锥体,重复 5 次以上。

除手工混匀外,也可采用缩分器等仪器辅助进行混匀,其与土壤样品接触的材质需不干扰样品测试结果。

(3)弃取和分装。样品混匀后,应按照不同的工作目的,采用四分法进行弃取和分装,并及时填写样品制备原始记录表。保留的样品应满足分析测试、细磨、永久性留存和质量抽测所需的样品量。其中留作细磨的样品量至少为细磨目标样品量的 1.5 倍。剩余样品可以称重、记录后丢弃。对于砂石和植物根茎等较多的特殊样品,应备注说明并记录弃去杂质的重量。标签应一式两份,瓶(袋)内放一份,瓶(袋)外贴一份标签。在整个制备过程中应经常、仔细检查核对标签,严防标签模糊不清、丢失或样品编码错误混淆。对于易污染的测定项目,可单独分装。

3.细磨

用玛瑙球磨机(或手工)研磨到土样全部通过孔径 1 mm(14 目)的尼龙筛,四分法弃取,保留足够量的土样、称重、装瓶备分析用;剩余样品继续研磨至全部通过孔径 0.15 mm(100 目)尼龙筛,四分法弃取,装瓶备分析用。

4.样品分装与保存

按照与风干、研磨过程一致的编码进行样品分装。标签一式两份,瓶内或袋内放一份塑料标签,瓶外或袋外贴一份标签,定期检查样品标签,严防样品标签模糊不清或丢失。对于容易被污染的测定项目,可单独分装。

无机监测项目样品制备前需存放在阴凉、避光、通风、无污染处。

有机监测项目样品处理前需在低于 4 ℃暗处冷藏,必要时进行冷冻保存。易挥发性有机物最长可以保存 7 d,采样瓶装满装实并密封。难挥发性有机物最长可以保存 14 d,14 d 内应进行检测分析。半挥发性有机物、有机氯系杀虫剂类或除草剂类最长可以保存 10 d,应进行萃取净化处理,经处理后的样品溶液,则可以保存 40 d。

[注意事项]

(1)样品风干(烘干)、磨细、分装过程中样品编码必须始终保持一致。

(2)制样所用工具每处理 1 份样品后要清理干净,严防交叉污染。定期检查样品标签,严防样品标签模糊不清或丢失。

(3)对严重污染样品应另设风干室,且不能与其他样品在同一制样室同时过筛研磨。

(4)损耗率是在样品制备过程中损耗的样品占全部样品的质量百分比。按粗磨和细磨两个阶段分别计算损耗率,要求粗磨阶段损耗率低于 3%、细磨阶段低于 7%。计算公式为:

$$损耗率 = [原样重量(g) - 过筛后重量(g)]/原样重量(g) \times 100\%$$

(5)过筛率是土壤样品通过指定网目筛网的量占样品总量的百分比。各粒径的样品按照规定的网目过筛,过筛率达到 95% 为合格。过筛率计算公式如下:

$$过筛率 = 通过规定网目的样品质量/过筛前样品总质量 \times 100\%$$

第2章　土壤固相物质组成分析

土壤游离铁氧化物含量的测定

游离氧化铁是指可用连二亚硫酸钠-柠檬酸钠-碳酸氢钠提取法(DCB法)提取出来的氧化铁(常用 Fe_d 表示),其占全铁的百分数称为氧化铁的游离度。土壤中游离氧化铁的形成与气候条件密切相关。土壤中游离氧化铁的功能是多方面的。它是土壤中可变正电荷和负电荷的主要载体,对某些重金属离子和某些多价的含氧酸根有专性吸附,制约着它们在土壤中的活性,游离氧化铁还是土壤中重要的矿质胶结物质,对土壤结构的形成起桥接或联结的作用。

DCB法的优点是对其他矿物的腐蚀较少,在提取过程中易于防止硫和硫化镁凝胶的生成,而且操作简便。对大多数土壤而言,用连二亚硫酸钠还原法分离土壤中的游离氧化铁是比较完全的。

本实验介绍连二亚硫酸钠-柠檬酸钠-碳酸氢钠提取法(DCB法)对游离氧化铁的提取原理及步骤,利用邻菲罗啉比色法和原子吸收光谱法测定待测液中的铁,参考《土壤农业化学分析方法》(鲁如坤,1999)和《土壤调查实验室分析方法》(张甘霖等,2012)。

2.1.1　邻菲罗啉比色法

[实验原理]

用DCB法提取游离氧化铁的主要化学过程,包括高价铁还原为低价铁,以及铁离子与柠檬酸根形成络合物两个作用。由于连二亚硫酸钠的氧化电位随 pH 的上升而增加,而在提取过程中溶液中是否会发生 FeS 和 S 的沉淀也取决于溶液的 pH,因此要求提取液有一个适宜的 pH,并对酸碱有较大的缓冲容量。pH 为 6.4 时对氧化铁的一次提取率最高,但在这一 pH 条件下 FeS 和 S 也迅速沉淀。根据赤铁矿的溶出量随提取液 pH 的上升而下降的曲线和提取液的氧化电位随 pH 的上升而增高的曲线找出二者的相交点 pH(7.3),作为提取液的适宜 pH。为了避免连二亚硫酸钠加入提取液后 pH 的降低,采用柠檬酸钠-碳酸氢钠的缓冲液,以不断提供 OH^- 而使溶液的 pH 保持在 7.3 左右。

以盐酸羟胺为还原剂,将提取液中的 Fe^{3+} 还原为 Fe^{2+},在 pH 为 2~9 条件下,Fe^{2+} 可与邻菲罗啉生成橙红色络合物,借此进行比色,确定游离铁的含量。

[试剂与材料]

(1)连二亚硫酸钠($Na_2S_2O_4$,化学纯)。

(2)柠檬酸钠(枸橼酸钠)溶液 $c(Na_3C_6H_5O_7)=0.3$ mol/L。称取五个结晶水的柠檬酸钠

($Na_3C_6H_5O_7 \cdot 5H_2O$,化学纯)104.4 g 溶于水,稀释至 1 L。

(3)碳酸氢钠溶液 $c(NaHCO_3)=1$ mol/L。称取 84 g 碳酸氢钠($NaHCO_3$,化学纯)溶于水,稀释至 1 L。

(4)氯化钠溶液 $c(NaCl)=1$ mol/L。称取氯化钠($NaCl$,化学纯)58.45 g 溶于水,稀释至 1 L。

(5)盐酸羟胺溶液 $c(NH_2OH \cdot HCl)=100$ g/L。称 10 g 化学纯盐酸羟胺溶于水中,定容至 100 mL。

(6)邻菲罗啉显色剂 $c(C_{12}H_8N_2 \cdot H_2O)=1$ g/L。称 0.1 g 邻菲罗啉溶于 100 mL 水中,若不溶可少许加热。

(7)乙酸钠溶液 $c(CH_3COONa \cdot 3H_2O)=100$ g/L。称 10 g 乙酸钠($CH_3COONa \cdot 3H_2O$)溶于水中,定容至 100 mL。

(8)铁标准溶液。称取光谱纯金属铁 0.100 0 g 溶于稀盐酸中,用稀盐酸溶液(1:1)溶解,洗入 1 000 mL 容量瓶中,定容后摇匀,即为铁标准液[$c(Fe)=100$ mg/L]。

[仪器及设备]

离心机(最大转速 5 000 r/min)、分光光度计、水浴锅、塑料离心管(50 mL)。

[实验内容与步骤]

1.游离氧化铁的分离

称取过 0.25 mm 筛(60 目)土壤样品 0.5~1.0 g(黏粒 0.1~0.3 g),准确至 0.5 mg,置于 50 mL 离心管中。加 20 mL 柠檬酸钠溶液和 2.5 mL 碳酸氢钠溶液,在水浴上热至 80 ℃,用骨勺加入连二亚硫酸钠 0.5 g(估计量),不断搅动,维持 15 min。冷却后离心机分离(2 000~3 000 r/min)。如果分离不清,可加饱和 NaCl 溶液 5 mL,对于含水铝英石的土壤,可再加丙酮 5 mL。将清液倾入 250 mL 容量瓶中,如此重复处理 1~2 次。此时离心管中的残渣是浅灰色或灰白色。最后用氯化钠溶液洗涤离心管中的残渣 2~3 次,洗液一并倾入同一容量瓶,定容,供测铁之用。

此提取液也可用于铝的测定。

2.铁的测定

(1)试样的制备。从上述 250 mL 的容量瓶中,取一定体积的提取液(含铁在 0.03~0.2 mg),移入 50 mL 容量瓶中,以少许水冲洗瓶颈,加入 1 mL 盐酸羟胺溶液试剂,摇匀,放置数分钟,使高铁全部还原为亚铁。再加 5 mL 乙酸钠溶液试剂,将溶液 pH 调至 3~6。而后加 5 mL 邻菲罗啉显色剂,混匀。定容后,室温 20 ℃时放置 1.5 h,使其充分显色。

(2)待测液的测定。将上述显色的待测液,在分光光度计上,选用 520 nm 波长进行比色,读取透光度。

(3)标准曲线的绘制。将铁标准溶液稀释制成 0 mg/L、0.5 mg/L、1 mg/L、2 mg/L、3 mg/L、4 mg/L 铁溶液,与待测液同样处理显色,然后进行比色,读取透光度,绘制铁的标准曲线,再以待测液的透光度在标准曲线上查得相应的铁的浓度(mg/L)。

[结果计算与表示]

样品中的游离氧化铁按照式(1)进行计算。

$$w(Fe_2O_3) = \frac{\rho \times V \times t_s \times 1.43}{m} \tag{1}$$

式中：$w(Fe_2O_3)$ 为土壤中游离 Fe_2O_3 的质量分数，mg/kg；ρ 为从铁标准曲线上查得的铁的浓度，mg/L；m 为土样的质量，g；V 为显色定容体积，mL；t_s 为分取倍数；1.43 为由铁换算成 Fe_2O_3 的系数。

[注意事项]

(1)连二亚硫酸钠的用量并不十分严格，估计数量即可，对提取铁量无影响。

(2)吸取待测液的量应根据含铁量而定，其中含铁量应在 0.03～0.2 mg。

(3)在显色时，所加的试剂不能颠倒加入。另外，所加的试剂量应随比色体积的增减而增减。

2.1.2　原子吸收光谱法

[实验原理]

土壤游离铁的提取原理见 2.1.1。

[试剂与材料]

(1)土壤游离氧化铁的提取，所用试剂与材料见 2.1.1。

(2)铁标准溶液。将 Fe 标准溶液用去离子水逐级稀释配成 0 mg/L、1 mg/L、3 mg/L、5 mg/L、7 mg/L、9 mg/L、13 mg/L、15 mg/L、25 mg/L Fe 的标准系列溶液(每个标准溶液中须含有与待测液相同量的空白提取液)。

[仪器及设备]

离心机(最大转速 5 000 r/min)、水浴锅、塑料离心管(50 mL)、原子吸收分光光度计、铁空心阴极灯等。

[实验内容与步骤]

1.游离氧化铁的分离

游离氧化铁的分离见 2.1.1。

2.铁的测定

测定条件：灯电流 10～15 mA，波长 248.3 nm，空气-乙炔火焰。

吸收位置：清晰不发亮的氧化焰中进行。

测定前的准备：在测定样品前，开动仪器预热 30 min 左右，根据选定条件调节仪器各部分，然后开动空气压缩机(或空气钢瓶)，调节空气流量计达到一定流量，再开乙炔气体，调节乙炔量达到规定要求,立即点火。同时打开冷却水,待火焰稳定后,即可进行测定。由于各种仪器型号不同,测定条件略有差异,可详细阅读各仪器的使用说明书。

待测液的测定:吸取 2.1.1 的提取液待测液,采用原子吸收光谱法(AAS)测定,同时做空白试验。铁标准系列溶液与待测液的条件相一致,在 AAS 上测定,并绘制成 Fe 的标准曲线。

[结果计算与表示]

样品中的游离氧化铁按照式(2)进行计算。

$$w(Fe_2O_3) = \frac{\rho \times V \times t_s \times 1.43}{m} \tag{2}$$

式中:$w(Fe_2O_3)$ 为土壤中游离 Fe_2O_3 的质量分数,mg/kg;ρ 为从铁标准曲线上查得的铁的浓度,mg/L;m 为土样的质量,g;V 为测定时的体积,mL;t_s 为稀释倍数;1.43 为由铁换算成 Fe_2O_3 的系数。

[注意事项]

(1)待测液的铁含量超过标准曲线范围时,可进行稀释。
(2)应严格按仪器操作规程进行测定,以免发生意外。

实验 2.2　土壤游离铝氧化物含量的测定

分析游离氧化铝对于了解土壤的成土过程及成土环境,判断土壤的一些基本性状如重金属和阴离子的吸附解吸过程具有重要的意义。

参照游离氧化铁的分离方法,在用 DCB 法分离出的氧化铁提取液中也可测定铝,并依此将其定名为游离氧化铝。铝的测定可采用铝试剂比色法、氟化钾取代-EDTA 滴定法、电感耦合等离子体发射光谱法(ICP)等。

本实验介绍连二亚硫酸钠-柠檬酸钠-碳酸氢钠提取法(DCB 法)对游离氧化铝的提取原理及步骤,利用铝试剂比色法或 ICP 发射光谱法测定待测液中的铝,参考《土壤农业化学分析方法》(鲁如坤,1999)和《土壤调查实验室分析方法》(张甘霖等,2012)。

2.2.1　铝试剂比色法

[实验原理]

用柠檬酸钠-连二亚硫酸钠提取游离氧化物的过程,包括将高价铁、锰还原为低价铁、锰,以及铁、锰和铝离子与柠檬酸根形成络合物两个作用,从而将待测元素提取到溶液中。

待测液中的铝采用铝试剂比色法,铝试剂(玫红三羧酸铵)在中性或弱酸性溶液中与铝形成的深红色素是一种内络合物,在 pH 为 4 左右时,显色的络合物最为稳定,在一定范围内,其红色的深浅与待测液中铝的含量呈正比关系,可以比色测定铝的含量。

条件具备的实验室可选用电感耦合等离子体发射光谱法(ICP)测定待测液中的铝。

[试剂与材料]

(1)铝标准溶液。称取金属铝片(光谱纯)0.500 0 g,加 15mL HCl(1:1),稀释至 1 L,铝的浓度为 $c(Al)=500$ mg/L。稀释至 $c(Al)=5$ mg/L 备用,比色时,铝的色阶可采用 0 mg/L、0.1 mg/L、0.2 mg/L、0.3 mg/L、0.4 mg/L…1 mg/L 等几级。

(2)pH 为 4.2 的缓冲液。60 mL 冰乙酸用蒸馏水稀释至 900 mL,加 100 mL 氢氧化钠溶液[$c(NaOH)=100$ g/L],用 pH 计指示调至 pH 为 4.2。

(3)铝试剂。称取 0.200 g 铝试剂(玫红三羧酸铵),用 100 mL pH 为 4.2 的缓冲液溶解,而后用蒸馏水定容至 500 mL,试剂最好是新鲜配制,有剩余时放在冰箱中保存,1 个月内有效。

(4)抗坏血酸还原剂 $c(C_6H_8O_6)=10$ g/L。1 g 抗坏血酸溶于 100 mL 蒸馏水中,现用现配。

(5)游离氧化铝的提取所用试剂见实验 2.1。

[仪器与设备]

参见实验 2.1 游离氧化铁的测定。

[实验内容与步骤]

1.样品待测液的制备

见实验 2.1 游离氧化铁的测定。

2.待测液中铝的测定

在 50 mL 容量瓶中,依次加入 pH 为 4.2 的缓冲液 10 mL、抗坏血酸 2 mL、蒸馏水 15 mL,以及铝试剂 10 mL,混匀,然后吸取一定量的待测液于容量瓶中,定容混匀(可在沸水浴上加热 10~15 min 以加速显色反应,冷却后比色)。25 min 后用 520 nm 波长比色。

将铝标准溶液稀释成 0 mg/L、0.1 mg/L、0.2 mg/L、0.3 mg/L、0.4 mg/L、…、1 mg/L(任取 6 点),与待测液同样处理显色,然后进行比色,读取透光度,绘制铝的标准曲线,再以待测液的透光度在标准曲线上查得相应的铝的浓度(mg/L)。

[结果计算]

样品中的游离氧化铝按照式(1)进行计算。

$$w(Al_2O_3)=\frac{\rho \times V \times t_s \times 1.889\ 5}{m} \tag{1}$$

式中:$w(Al_2O_3)$ 为土壤中游离 Al_2O_3 的质量分数,mg/kg;ρ 为从铝标准曲线上查得的铝的浓度,mg/L;m 为土样品质量,g;V 为显色定容体积,mL;t_s 为分取倍数;1.889 5 为由铝换算成 Al_2O_3 的系数。

[注意事项]

(1)待测液应尽快测定,不宜放置过久,以免硅酸铝的形成,导致测定结果偏低。

(2)铝试剂应尽可能配制新鲜的,测定后如有剩余,应放入冰箱中保存,1 个月内有效。

(3)干扰物质掩蔽:铁对铝的测定干扰较大,可加入还原剂抗坏血酸掩蔽。

(4)显色反应缓慢,室温下放置 15～20 min 显色方完全,因此建议在沸水浴上加热10～15 min,可加速反应和提高测定的准确性和重现性。

(5)铝试剂本身有颜色,加入量一定要准确,以免发生误差。

2.2.2　ICP 发射光谱法

[实验原理]

游离氧化铝的提取原理同实验 2.1 土壤游离铁氧化物含量的测定。

[试剂与材料]

(1)铝标准溶液。称取金属铝片(光谱纯)0.500 0 g,加 15 mL HCl(1∶1),稀释至 1 L,铝的浓度为 500 mg/L。

(2)游离氧化铝的提取。所用试剂参照实验 2.1 土壤游离铁氧化物的提取。

[仪器与设备]

等离子体发射光谱仪,其余参照实验 2.1。

[实验内容与步骤]

1.样品待测液的制备

参照实验 2.1。

2.待测液中铝的测定

(1)吸取上述实验 2.1 制备的待测液 20 mL 于 25 mL 容量瓶,用 HNO₃ 溶液(4∶96)定容,摇匀,直接在等离子发射光谱仪(ICP)上测定铝元素含量。

(2)标准溶液系列需一个低标溶液和一个高标溶液。低标溶液即是空白溶液,高标溶液内应含 Al 200 mg/L,最后用 HNO₃ 溶液(4∶96)定容,摇匀,与待测液一样在等离子发射光谱仪上测定铝元素值。

[结果计算]

样品中的游离氧化铝按照式(2)进行计算。

$$w(\text{Al}_2\text{O}_3) = \frac{\rho \times V \times t_s \times 1.889\ 5}{m} \tag{2}$$

式中:$w(\text{Al}_2\text{O}_3)$ 为土壤中游离 Al_2O_3 的质量分数,mg/kg;ρ 为从铝标准曲线上查得的铝的浓度,mg/L;m 为土样品质量,g;V 为测定时的体积,mL;t_s 为稀释倍数;1.889 5 为由铝换算成氧化铝的系数。

[注意事项]

待测液应尽快测定。

实验 2.3	非晶质氧化铁含量的测定

非晶质（无定形）氧化物是指不产生 X 射线衍射谱的胶体氧化物。非晶质氧化铁（Fe_o）是游离氧化铁中活性较高的一部分，又叫活性铁，具有很大的表面积，对土壤的各项理化性质尤其是对阴、阳离子的专性吸附以及稳定土壤结构起着十分重要的作用。它与游离氧化铁（Fe_d）的比值（Fe_o/Fe_d）或百分比称为氧化铁的活化度，[$1-(Fe_o/Fe_d)$]则表示老化的程度。

非晶质氧化物的分离方法可以归结为两类：一是用酸或碱进行溶解而使其成为离子态进入溶液，如硫酸、盐酸及氢氧化钠溶液等；二是用有机酸的盐作为提取剂，通过络合作用或还原作用，使非晶质物质成为水溶性络合物而进入提取液。如草酸铵缓冲液及其他有机酸盐，包括柠檬酸、酒石酸、甲酸、乙酸等，以及人工合成的络合剂，如 EDTA 等。这些方法的共同缺点均为选择性差，或多或少地要溶蚀其他矿物。现今广泛采用的是酸性草酸铵溶液提取法。

本实验介绍利用酸性草酸铵提取法对土壤非晶质氧化铁的测定原理及步骤，参考《土壤农业化学分析方法》（鲁如坤，1999）和《土壤调查实验室分析方法》（张甘霖等，2012），待测液中铁的测定也可选用原子吸收光谱法。

[实验原理]

利用酸性草酸铵缓冲液（pH 为 3.0～3.2）中草酸根的络合能力，将非晶质氧化铁中的铁络合成为水溶性的络合物，进入提取液。

[试剂与材料]

（1）草酸铵缓冲液（pH 为 3.0～3.2），$c((NH_4)_2C_2O_4)=0.2$ mol/L。称取草酸铵[$(NH_4)_2C_2O_4$，化学纯]62.1 g 及草酸（$H_2C_2O_4 \cdot 2H_2O$，化学纯）31.5 g，溶于 2.5 L 蒸馏水中，此时溶液 pH 为 3.2 左右，必要时可用氢氧化铵或草酸调节。

（2）盐酸羟胺溶液 $c(NH_2OH \cdot HCl)=100$ g/L。称 10 g 盐酸羟胺（$NH_2OH \cdot HCl$，化学纯）溶于水中，定容至 100 mL。

（3）邻菲罗啉显色剂 $c(C_{12}H_8N_2 \cdot H_2O)=1$ g/L。称 0.1 g 邻菲罗啉溶于 100 mL 水中，若不溶可少许加热。

（4）乙酸钠溶液 $c(CH_3COONa \cdot 3H_2O)=100$ g/L。称 10 g 乙酸钠（$CH_3COONa \cdot 3H_2O$，化学纯）溶于水中，定容至 100 mL。

（5）铁标准溶液。按实验 2.1 的铁标准溶液配制。

[仪器及设备]

振荡机（带有恒温装置）、离心机（最高转速 5 000 r/min）、分光光度计、离心管（100 mL）。

[实验内容与步骤]

1.非晶质氧化铁的提取

称取过 0.25 mm 筛(60 目)的土样 2～5 g(准至 0.01 g),置于 200 mL 三角瓶中,在 20～25 ℃时,按土液比为 1∶50,加入草酸铵缓冲液 100 mL,加塞,将三角瓶放入黑色布袋中,以便遮光,防止光化学效应。在振荡机遮光振荡 2 h 后(恒温在 25 ℃左右),立即倾入离心管分离,将澄清液倾入另一三角瓶,加塞备用。

从溶液加入三角瓶直到离心分离,整个过程应连续进行,不要间歇,以免因土壤与溶液作用时间不同而影响提取量。此外,提取宜在 25 ℃左右进行。

2.提取液中铁的测定

吸取一定量提取液使稀释倍数在 10 倍以上,而后按实验 2.1.1 的待测液中铁的测定进行,显色 24 h 后比色。

也可以按实验 2.1.2 采用原子吸收光谱法测定。

[结果计算]

样品中的非晶质氧化铁按照式(1)进行计算。

$$w(\text{Fe}_2\text{O}_3)=\frac{\rho \times V \times t_s \times 1.43}{m} \tag{1}$$

式中:$w(\text{Fe}_2\text{O}_3)$ 为土壤中非晶质 Fe_2O_3 的质量分数,mg/kg;ρ 为从铁标准曲线上查得的铁的浓度,mg/L;V 为显色时定容体积,mL;t_s 为分取倍数;m 为土样质量,g;1.43 为由铁换算成 Fe_2O_3 的系数。

[注意事项]

(1)提取过程中需防止光化学效应,必须在遮光条件下进行。

(2)提取时间一般为 2 h,每批提取的试样不宜过多。

(3)提取时宜在 25 ℃室温环境下进行,不固定室温条件,测定结果是很难重现的。

(4)用邻菲罗啉比色法测定铁时,提取液中的草酸盐对显色略有影响,会减缓 Fe^{2+} 与显色剂的络合速度,可将显色后的有色溶液放置 24 h,再进行比色,使显色完全。

实验 2.4　　非晶质氧化铝含量的测定

土壤中常见的非晶质(无定形)氧化铝是羟基铝及其聚合物,存在于黏土矿物表面的吸附点上及膨胀性黏土矿物的层间,是土壤可变电荷的主要载体之一。此外,与有机质结合的铝亦为非晶质物质。非晶质氧化铝具有巨大的活性表面积,对土壤的各项理化性状有深远的影响,尤其是对于阴、阳离子的专性吸附性能。

用于区分非晶质氧化铁的酸性草酸铵缓冲液,被沿用于非晶质氧化铝的区分。热碱溶法

（Na_2CO_3 和 NaOH）也常被用于非晶质氧化铝的提取，但对其他矿物具有溶蚀作用。

本实验介绍利用酸性草酸铵提取法对土壤非晶质氧化铝的测定原理及步骤，参考《土壤农业化学分析方法》（鲁如坤，1999）和《土壤调查实验室分析方法》（张甘霖等，2012）。可以选用电感耦合等离子体发射光谱法（ICP）测定待测液中的铝。

[实验原理]

利用酸性草酸铵缓冲液（pH 为 3.0～3.2）中草酸根的络合能力，将非晶质氧化铝中的铝络合成为水溶性的络合物，进入提取液。

[试剂与材料]

（1）草酸铵缓冲液（pH 为 3.0～3.2），$c(NH_4)_2C_2O_4 = 0.2$ mol/L。称取草酸铵[$(NH_4)_2C_2O_4$，化学纯]62.1 g 及草酸（$H_2C_2O_4 \cdot 2H_2O$，化学纯）31.5 g，溶于 2.5 L 蒸馏水中，此时溶液 pH 为 3.2 左右，必要时可用氢氧化铵或草酸调节。

（2）pH 为 4.2 的缓冲液。60 mL 冰乙酸，用蒸馏水稀释至 900 mL，加 100 mL 氢氧化钠溶液（$c = 100$ g/L），用 pH 计指示调至 pH 为 4.2。

（3）铝试剂。称取 0.200 g 铝试剂（玫红三羧酸铵），用 100 mL pH 为 4.2 的缓冲液溶解，而后用蒸馏水定容至 500 mL，最好是新鲜配制，有剩余时放在冰箱中保存，一个月内有效。

（4）抗坏血酸还原剂 $c(C_6H_8O_6) = 10$ g/L。1 g 抗坏血酸溶于 100 mL 蒸馏水中（不能加热），现用现配。

（5）铝标准溶液。称取金属铝片（光谱纯）0.500 0 g，加 15 mL HCl（1∶1），稀释至 1 L，铝的浓度为 500 mg/L。稀释至 $c(Al) = 5$ mg/L 备用，比色时，铝的色阶可采用 0 mg/L、0.1 mg/L、0.2 mg/L、0.3 mg/L、0.4 mg/L、…、1 mg/L 等几级。

（6）游离氧化铝的提取。所用试剂见实验 2.3。

[仪器与设备]

恒温往返式振荡机、控温电炉、不锈钢（或镍质）蒸发皿、离心管（100 mL）。

[实验内容与步骤]

1.非晶质氧化铝的提取

提取方法与用草酸铵缓冲液提取非晶质氧化铁一样。称取过 0.25 mm 筛（60 目）的土样 2～5 g（准至 0.01 g），置于 200 mL 三角瓶中，在 20～25 ℃时，按土液比为 1∶50 加入草酸铵缓冲液 100 mL，加塞，将三角瓶放入黑色布袋中，以便遮光，防止光化学效应。在振荡机遮光振荡 2 h 后（恒温在 25 ℃左右），立即倾入离心管分离，将澄清液倾入另一三角瓶，加塞备用。

从溶液加入三角瓶直到离心分离，整个过程应连续进行，不要间歇，以免因土壤与溶液作用时间不同而影响提取量。此外，提取宜在 25 ℃左右进行。

2.提取液中草酸的去除

取一定量提取液于硬质烧杯中，在水浴上蒸干，放置电炉上烧灼至不冒白烟并保持数分钟为止，此时杯底呈锈斑状，而后用少量热盐酸溶解，转入 100 mL（或 50 mL）容量瓶中，定容摇匀,供测定用。

3.待测液中铝的测定

在 50 mL 容量瓶中,依次加入 pH 为 4.2 缓冲液 10 mL、抗坏血酸 2 mL、蒸馏水 15 mL,以及铝试剂 10 mL,混匀,然后吸取一定量的待测液于容量瓶中,定容混匀(可在沸水浴上加热 10～15 min 以加速显色反应,冷却后比色)。25 min 后用 520 nm 波长比色。

将铝标准溶液稀释成 0 mg/L、0.1 mg/L、0.2 mg/L、0.3 mg/L、0.4 mg/L…1 mg/L(任取 6 点),与待测液同样处理显色,然后进行比色,读取透光度,绘制铝的标准曲线,再以待测液的透光度在标准曲线上查得相应的铝的浓度(mg/L)。

待测液中铝的测定也可按实验 2.2.2 的 ICP 发射光谱法进行。

[结果计算与表示]

样品中的非晶质氧化铝按照式(1)进行计算。

$$w(\mathrm{Al_2O_3}) = \frac{\rho \times V \times t_s \times 1.889\,5}{m} \tag{1}$$

式中:$w(\mathrm{Al_2O_3})$ 为土壤中游离 $\mathrm{Al_2O_3}$ 的质量分数,mg/kg;ρ 为从铝标准曲线上查得的铝的浓度,mg/L;m 为土样质量,g;V 为显色液体积,mL;t_s 为分取倍数;1.889 5 为由铝换算成 $\mathrm{Al_2O_3}$ 的系数。

[注意事项]

(1)用硫酸、高氯酸、硝酸、过氧化氢等氧化法去除草酸盐,但灼烧法较为方便。

(2)提取液中铝测定应在提取结束后尽快进行,以免放置过久后形成硅酸铝,从而使测定结果偏低。

实验 2.5　　土壤有机质含量的测定

土壤有机质为土壤中形成的和外部加入的所有动、植物残体不同分解阶段的各种产物和合成产物的总称,包括未分解和半分解的粗有机质以及已被分解合成的腐殖质。土壤有机质是土壤中各种营养元素特别是氮、磷的重要来源,具有胶体特性,能吸附较多的阳离子,使土壤具有肥力和缓冲性。有机质还能改善土壤的物理性状,是微生物必不可少的碳源和能源。此外,有机质在生态环境上具有非常重要的作用,对土壤重金属、有机污染物质、全球碳平衡等有影响。

测定土壤有机质的方法有重量法、容量分析法和比色法等。重量法包括古老的干烧法和湿烧法,此法对于不含碳酸盐的土壤测定结果准确。容量分析法中最广泛使用的是铬酸氧化滴定法,测定不受土壤中碳酸盐的干扰,测定的结果也很准确。铬酸氧化滴定法根据加热的方式不同又可分为外热源法和稀释热法,前者操作不如后者简便,但有机质的氧化比较完全(是干烧法的 90%～95%);后者操作较简便,但有机质氧化程度较低(是干烧法的 70%～86%)。

比色法是通过测定土壤溶液中重铬酸钾被还原后产生的绿色铬离子（Cr^{3+}）或剩余的重铬酸钾橙色的变化来计算，可作为土壤有机质的速测法。这种方法的准确性较差。

本实验介绍重铬酸钾容量法（外加热法），参考《土壤农业化学分析方法》（鲁如坤，1999）、《土壤农化分析》（鲍士旦，2018）、《土壤调查实验室分析方法》（张甘霖等，2012）。

[实验原理]

在强酸性加热条件下，用过量的 $K_2Cr_2O_7$ 标准溶液，氧化土样中的有机碳，多余的 $K_2Cr_2O_7$ 用 $FeSO_4$ 溶液滴定，由消耗的 $K_2Cr_2O_7$ 实际用量计算出有机碳，再乘以常数 1.724 即为有机质含量。

[试剂与材料]

（1）$1/6\,K_2Cr_2O_7$ 标准溶液（$c = 0.800\,0$ mol/L）。称取经 130 ℃烘过 $3\sim4$ h 的重铬酸钾（$K_2Cr_2O_7$，分析纯）39.225 g，加热溶于 500 mL 蒸馏水中（内含 0.5 mL 浓 H_2SO_4），再用蒸馏水定容至 1 L，摇匀。

（2）$FeSO_4$ 溶液（$c = 0.2$ mol/L）。称取硫酸亚铁（$FeSO_4 \cdot 7H_2O$，化学纯）55.6 g（或硫酸亚铁铵 78.4 g），加 200 mL 蒸馏水及 5 mL 浓 H_2SO_4 溶解，用蒸馏水定容至 1 L，摇匀。

（3）邻菲罗啉指示剂。称取邻菲罗啉 1.485 g 及硫酸亚铁 0.695 g，溶于 100 mL 蒸馏水中。

（4）硫酸（H_2SO_4，化学纯）。

（5）石蜡（固体）或植物油。

[仪器与设备]

消化装置[油浴锅、铁丝笼、温度计（300 ℃）]、调压变压器、分析天平、硬质试管（18 mm×200 mm）、滴定管（25 mL）、电炉。

[实验内容与步骤]

（1）准确称取通过 0.149 mm 筛孔的土样 0.11 g（精确到 0.000 1 g），放入干燥的硬质试管中，准确加 $K_2Cr_2O_7$ 标准溶液 5 mL，再用注射器加入浓 H_2SO_4 5 mL，小心摇匀，管口加上弯颈小漏斗。

（2）预先将油浴锅升温到 $185\sim190$ ℃，将试管插入铁丝笼中，将铁丝笼放入上述油浴锅中加热，此时温度应严格控制在 $170\sim180$ ℃，使溶液保持沸腾 5 min，取出铁丝笼，待试管稍冷后，用纸擦净管壁。

（3）将试管内容物用蒸馏水全部洗入 250 mL 三角瓶中，使总体积为 $60\sim80$ mL（此时溶液酸度 $1/2\,H_2SO_4$ 为 $2\sim3$ mol/L），然后加邻菲罗啉指示剂 5 滴，用 0.2 mol/L $FeSO_4$ 溶液滴定，使溶液由黄绿色经绿色突变到红棕色即为终点。记下 $FeSO_4$ 滴定体积（V）。

（4）在测定样品的同时做 2 个空白试验，取其平均值。可用纯砂（二氧化硅）代替土样，以防溶液溅出，其他步骤同上。

[结果计算与表示]

样品中的有机质按照式(1)进行计算。

$$有机质(g/kg) = \frac{\dfrac{c \times V_1}{V_0} \times (V_0 - V) \times M \times 10^{-3} \times 1.724 \times 1.08}{m} \times 1\,000 \tag{1}$$

式中：c 为 $1/6\ K_2Cr_2O_7$ 标准溶液的浓度(mol/L)，本方法为 $0.800\,0\ mol/L$；V_1 为加入 $K_2Cr_2O_7$ 标准溶液的体积(mL)；V_0 为空白溶液滴定消耗 $FeSO_4$ 的体积(mL)；V 为样品滴定 $FeSO_4$ 的体积(mL)；M 为 $1/4C$(碳)的摩尔质量(3 g/mol)；1.724 为将有机碳换算成有机质的经验常数；1.08 氧化校正系数；m 为样品质量(g)；1 000 为换算成每千克土壤中有机质的含量。

[注意事项]

(1)根据有机质含量高低估计称样量。当有机质含量在 70~150 g/kg 时，可称取土样 0.05~0.1 g；当有机质含量在 40~70 g/kg 时，可称取土样 0.1~0.2 g；当有机质含量在 20~40 g/kg 时，可称取土样 0.2~0.5 g；当有机质含量在 10~20 g/kg 时，可称取土样 0.5~1.0 g；当有机质含量＜10 g/kg 时，可称取土样 1 g 以上。

(2)由于石灰性土壤含 $CaCO_3$，故应徐徐加入浓 H_2SO_4，以免发生的 CO_2 气泡使溶液冲出管外。

(3)消化温度应严格控制在 170~180 ℃，消化时间必须从沸腾后准确计时 5 min，否则会影响分析结果。

(4)遇有氯化物的样品，需加入少量硫酸银消除影响。

(5)消化以后的溶液颜色应为黄棕色或黄绿色，如以绿色为主或消耗 $FeSO_4$ 量小于空白用量的 1/3 时，说明氧化不完全，可减少称土量重做。

(6)平行测定结果允许误差见表 2-1。

表 2-1　平行测定结果允许误差　　　　　　　　　　　　　　　　g/kg

有机质含量	允许绝对误差
＜10	≤0.5
10~40	≤1.0
40~70	≤3.0
＞100	≤5.0

实验 2.6 土壤腐殖酸含量及组分的测定

腐殖质是经微生物的作用,在土壤中新合成的一类高分子的有机化合物,其分子结构复杂,性质稳定而不易分解。腐殖质不是一种单一的化合物,而是由一系列化合物聚合而成的混合物。土壤腐殖质由胡敏酸、富里酸和存在于残渣中的胡敏素组成。

研究腐殖质的性质,必须先把它从土壤中分离出来,目前一般所用的方法是先把土壤中未分解的动植物残体用机械的方法分出,然后用不同溶剂来浸提土壤,把土壤腐殖质各组分先后分离出来。

本实验介绍采用焦磷酸钠和氢氧化钠混合溶液提取土壤腐殖酸的方法,参考《土壤调查实验室分析方法》(张甘霖等,2012)。

[实验原理]

在 $Na_4P_2O_7$-NaOH 混合溶液的强碱和络合剂的双重作用下,土壤中游离态和络合态的腐殖酸形成易溶于碱的腐殖酸钠盐,从而比较完全地将腐殖酸溶解出来,可省去脱钙步骤。从溶液中直接测定腐殖酸总碳量,并从腐殖酸中分离胡敏酸后测定胡敏酸碳量;以两项的差值求得富里酸碳量,其残渣中的碳即总称为胡敏素碳量,其量按腐殖质全碳量与腐殖酸总碳量的差值求得。

[试剂与材料]

(1)混合提取液:0.1 mol/L $Na_4P_2O_7$-0.1 mol/L NaOH 混合提取液。称取焦磷酸钠($Na_4P_2O_7 \cdot 10H_2O$,分析纯)44.6 g 和氢氧化钠(NaOH,分析纯)4.0 g,加蒸馏水后加热溶解稀释到 1 L,此溶液的 pH 为 13 左右。

(2)NaOH 溶液:c(NaOH)=0.05 mol/L。称取 2 g 氢氧化钠(NaOH,分析纯),用蒸馏水解稀释到 1 L。

(3)硫酸溶液:0.05 mol/L $1/2H_2SO_4$ 溶液。量取 2.8 mL H_2SO_4(1:1)溶液,用蒸馏水稀释到 1 L。

(4)硫酸溶液:1 mol/L $1/2 H_2SO_4$ 溶液。量取 56 mL H_2SO_4(1:1)溶液,用蒸馏水稀释到 1 L。

(5)重铬酸钾标准溶液:0.800 0 mol/L $1/6K_2Cr_2O_7$ 标准溶液。配法同有机质的测定。

(6)硫酸亚铁溶液:0.2 mol/L $FeSO_4$ 溶液。配法同有机质的测定。

(7)邻菲罗啉指示剂:配法同有机质的测定。

(8)硫酸(H_2SO_4,分析纯)。

(9)植物油或石蜡(固体)。

[仪器与设备]

恒温烘箱、恒温水浴锅、振荡机、油浴锅等。

[实验内容与步骤]

1.样品待测液的制备

称取 10 g(精确到 0.01 g)通过 0.25 mm 筛孔的风干土样于 200 mL 三角瓶中,加入 100 mL 混合提取液(土液比 1∶10),加塞后在振荡机上振荡 10 min,使土液充分混合。温度控制在 20～25 ℃,静置提取 14～16 h,然后用紧孔滤纸过滤制备清液;如很难过滤,也可加入少量固体硫酸钠用离心的办法得到清液,溶液中如有漂浮物应立即用快速滤纸重新过滤,将清液收集于三角瓶中待测。

2.腐殖酸总碳量(胡敏酸和富里酸)的测定

吸取样品待测液 2～15 mL(视溶液颜色深浅而定),移入管壁厚度一致(20 cm×2 cm)的硬质试管中,用 1mol/L 1/2 H_2SO_4 溶液中和到颜色突然变浅,试管内溶液 pH 应为 7.0(用 pH 试纸检验),将试管置于 80～90 ℃恒温水浴锅中加热,直至蒸干。然后按土壤实验 2.5 土壤有机质的测定方法测定含碳量,即得腐殖酸总碳量。

3.胡敏酸的分离及其含碳量的测定

(1)胡敏酸的分离。吸取样品待测液 10～50 mL(视溶液颜色而定),移入 100 mL 烧杯中,在电炉上微微加热的情况下,逐滴加入 1 mol/L 1/2H_2SO_4溶液,边加边用玻棒搅动,使溶液的pH 调至 1.5 左右(用 pH 试纸检验)。此时应出现胡敏酸絮状沉淀,在 80 ℃左右保温 30 min,然后将溶液放置过夜,使胡敏酸与富里酸充分分离。

(2)胡敏酸的待测液制备。将溶液用紧孔滤纸过滤,用 0.05 mol/L 1/2 H_2SO_4 溶液洗涤沉淀物多次,直到滤出液呈无色为止,弃去滤液。再将漏斗上沉淀物用加热到近沸的 0.05 mol/L NaOH 溶液少量多次地溶解,溶出液用 25～100 mL 量瓶接收,直到滤出液呈无色为止,用蒸馏水定容,摇匀,即制得胡敏酸的待测液。

(3)胡敏酸待测液的处理。吸取此胡敏酸的待测液 10～20 mL(视溶液颜色深浅而定),置于硬质试管中,用 1 mol/L 1/2 H_2SO_4 溶液中和至 7.0(pH 试纸检验),再将试管置于 80～90 ℃恒温水浴锅中加热蒸到近干为止,然后按土壤有机质方法测定胡敏酸含碳量。

[结果计算与表示]

(1)腐殖质全碳量(g/kg)参照土壤有机质测定,式中不需乘以 1.724。

(2)腐殖酸总碳含量按式(1)计算:

$$腐殖酸总碳量(g/kg) = \frac{\dfrac{c \times V_1}{V_{01}} \times (V_{01} - V_2) \times M \times 10^{-3} \times 1.08}{m_1} \times 1\,000 \qquad (1)$$

式中,c 为 1/6 $K_2Cr_2O_7$ 标准溶液的浓度(mol/L),本方法为 0.800 0 mol/L;V_1 为消化时加 $K_2Cr_2O_7$ 标准溶液的体积(mL);V_{01} 为测定腐殖酸总碳时,空白消耗 $FeSO_4$ 的体积(mL);V_2 为测定腐殖酸总碳时待测液消耗 $FeSO_4$ 的体积(mL);M 为 1/4 碳的摩尔质量(3 g/mol);1.08 为经验校正常数;m_1 为与吸取测定腐殖酸总碳时体积相当的土样重(g);1 000 为换算成 1 kg 土壤中腐殖酸总碳的含量。

(3)胡敏酸总碳量按式(2)计算

$$胡敏酸总碳量(g/kg) = \frac{\dfrac{c \times V_1}{V_{02}} \times (V_{02} - V_3) \times M \times 10^{-3} \times 1.08}{m_2} \times 1\,000 \qquad (2)$$

式中：c 为 1/6 $K_2Cr_2O_7$ 标准溶液的浓度(mol/L)，本方法为 0.800 0 mol/L；V_1 为消化时加 $K_2Cr_2O_7$ 标准溶液的体积(mL)；V_{02} 为测定胡敏酸时空白消耗 $FeSO_4$ 的体积(mL)；V_3 为测定胡敏酸时待测液消耗 $FeSO_4$ 的体积(mL)；M 为 1/4 碳的摩尔质量(3 g/mol)；1.08 为经验校正常数；m_2 为与吸取测定胡敏酸碳时体积相当的土样重(g)；1 000 为换算成 1 kg 土壤中胡敏酸碳的含量。

(4)富里酸碳量(g/kg)＝腐殖酸总碳量－胡敏酸碳量

(5)胡敏素碳量(g/kg)＝腐殖质全碳量－腐殖酸总碳量

[注意事项]

(1)土壤样品必须预先用放大镜仔细剔除植物残根及杂物，再用有机玻棒与绸布摩擦所产生的静电作用进一步剔除之，尽量避免未分解的粗有机质进入溶液，再磨细通过 0.25 mm 筛。

(2)提取温度和时间应尽量符合要求范围，以免对测定结果产生影响。

(3)在油浴中消化时，每个试管中应加入少许不含有机碳的石英砂或 SiO_2 粉末，以免溶液溅失。

(4)吸取待测液进行蒸干时，应视颜色深浅吸取适宜的体积，应使 $K_2Cr_2O_7$ 的氧化当量至少过量 1/3，一般以 3～6 mg(碳)范围为宜。

(5)在试管中蒸干前，用 pH 检测范围为 1～14 的试纸检验 pH。用玻棒蘸 1 滴溶液于试纸上观察，应尽量减少使用量。

(6)用本法所提取的腐殖酸，只能提取胡敏酸和富里酸的绝大部分。存在于残渣的碳量中，除胡敏素外，实际上还有极少量的紧结态腐殖酸和部分未经分解的粗有机质等，会增大胡敏素碳的测定值。

第3章 土壤物理特性分析

实验 3.1　土粒密度、容重的测定及孔隙度计算

　　土粒密度(soil density)是指单位容积固体土粒(不包括粒间孔隙的容积)的质量(实际应用上多以重量代替),单位为 g/cm^3 或 t/m^3。土壤容重(bulk density)是指田间自然垒结状态下单位容积土体(包括土粒和孔隙)的质量或重量(g/cm^3 或 t/m^3)。土壤孔隙度也叫土壤孔度(soil porosity),是指土壤中各种形状的粗细土粒集合和排列成固相骨架,骨架内部有宽狭和形状不同的孔隙,构成复杂的孔隙系统,全部孔隙容积与土体容积的百分率。土粒密度、容重与孔隙度是土壤重要物理性状,能够一定程度反映土壤松紧状况,土壤松紧状况不仅直接影响植物根系伸展和植物生长发育,还影响土壤水分运动(渗透与蒸发)、土壤空气(数量与质量)变化以及土壤养分(含肥料)的转化和供应等。

　　土粒密度一般使用比重瓶法,比重瓶法是将已知质量的土壤样品放入水中,排尽空气,求出由土壤置换出的液体的体积,以烘干土质量除以求得的土壤固相体积,即得土粒密度。土壤容重常用的测定方法有环刀法、蜡封法、水银排出法、填砂法和射线法(双放射源)等。蜡封法和水银排出法主要测定一些呈不规则形状的坚硬和易碎土壤的容重。填砂法比较复杂费时,除非是石质土壤,一般大量测定都不采用此法。射线法需要特殊仪器和防护设施,不易广泛使用。环刀法除坚硬和易碎的土壤外,适用于各类土壤容重的测定。目前,我国土壤分析实验室一般都采用环刀法对土壤容重进行测定,利用一定容积的环刀切割自然状态的土样,使土样充满其中,称量后计算单位体积的烘干土样质量,即为容重。土壤孔隙度一般在已知密度和容重的条件下,采用计算法可直接测定。

　　本实验比重瓶法和环刀法测土粒密度和土壤容重的原理及步骤,分别参考中华人民共和国农业行业标准方法 NY/T 1121.23—2010 和 NY/T 1121.4—2006,以及《土壤农业化学分析方法》(鲁如坤,1999)。

3.1.1　土粒密度测定

[实验原理]

　　将已知质量的土样放入水中(或其他液体),排尽空气,求出由土壤置换出的液体的体积。以烘干(105 ℃)土质量除以求得的土壤固相体积,即得土粒密度。

[仪器与设备]

　　(1)天平,感量 0.001 g。

(2)比重瓶,容积 50 mL。

(3)电热板。

(4)真空干燥器。

(5)真空泵。

(6)烘箱。

(7)一般实验室常用仪器和设备。

[实验内容与步骤]

(1)称取通过 2 mm 筛孔的风干土样约 10 g(精确至 0.001 g),倾入 50 mL 的比重瓶内。另称 10.0 g 土样测定吸湿水含量,由此可求出倾入比重瓶内的烘干土样重 m_s。

(2)向装有土样的比重瓶中加入蒸馏水,至瓶内容积约一半处,然后徐徐摇动比重瓶,驱逐土壤中的空气,使土样充分湿润,与水均匀混合。

(3)将比重瓶放于砂盘,在电热板上加热,保持沸腾 1 h。煮沸过程中要经常摇动比重瓶,驱逐土壤中的空气,使土样和水充分接触混合。注意,煮沸时温度不可过高,否则易造成土液溅出。

(4)从砂盘上取下比重瓶,稍冷却,再把预先煮沸排除空气的蒸馏水加入比重瓶,至比重瓶水面略低于瓶颈为止。待比重瓶内悬液澄清且温度稳定后,加满已经煮沸排除空气并冷却的蒸馏水。然后塞好瓶塞,使多余的水自瓶塞毛细管中溢出,用滤纸擦干后称重(精确到 0.001 g),同时用温度计测定瓶内的水温 t_1(准确到 0.1 ℃),求得 m_{bws1}。

(5)将比重瓶中的土液倾出,洗净比重瓶,注满冷却的无气水,测量瓶内水温 t_2。加水至瓶口,塞上毛细管塞,擦干瓶外壁,称取 t_2 时的瓶、水合重(m_{bw2})。若每个比重瓶事先都经过校正,在测定时可省去此步骤,直接由 t_1 在比重瓶的校正曲线上求得 t_1 时这个比重瓶的瓶、水合重 m_{bw1},否则要根据 m_{bw2} 计算 m_{bw1}。

(6)含可溶性盐及活性胶体较多的土样,须用惰性液体(如煤油、石油)代替蒸馏水,用真空抽气法排除土样中的空气。抽气时间不得少于 0.5 h,并经常摇动比重瓶,直至无气泡逸出为止。停止抽气后仍需在干燥器中静置 15 min 以上。

(7)真空抽气也可代替煮沸法排除土壤中的空气,并且可以避免在煮沸过程中由于土液溅出而引起的误差,同时较煮沸法快。

(8)风干土样都含有不同数量的水分,需测定土样的风干含水量;用惰性液体测定比重的土样,须用烘干土而不是风干土进行测定,且所用液体须经真空除气。

(9)如无比重瓶也可用 50 mL 容量瓶代替,这时应加水至标线。

[结果计算]

1.用蒸馏水测定时

土粒密度按式(1)计算:

$$\rho_s = \frac{m_s}{m_s + m_{bw1} - m_{bws1}} \cdot \rho_{w1} \tag{1}$$

式中:ρ_s 为土粒密度,g/cm³;ρ_{w1} 为 t_1℃时蒸馏水密度,g/cm³;m_s 为烘干土样质量,g;m_{bw1} 为 t_1℃时比重瓶质量+水质量,g;m_{bws1} 为 t_1℃时比重瓶质量+水质量+土样质量,g。当 $t_1 \neq t_2$ 时,必须将 t_2 时的瓶、水合重(m_{bw2})校正至 t_1℃时的瓶、水合重(m_{bw1})。

由表 3-1 查得 t_1℃ 和 t_2℃ 时水的密度，忽略温度变化所引起的比重瓶的胀缩，t_1℃ 和 t_2℃ 时水的密度差乘以比重瓶容积(V)即得到由 t_2℃ 换算到 t_1℃ 时比重瓶中水重的校正数。比重瓶的容积由式(2)求得：

$$V = \frac{m_{bw2} - m_b}{\rho_{w2}} \tag{2}$$

式中：m_b 为比重瓶质量，g；ρ_{w2} 为 t_2℃ 时水的密度，g/cm。

表 3-1 不同温度下水的密度

温度/℃	密度/(g/cm³)	温度/℃	密度/(g/cm³)	温度/℃	密度/(g/cm³)
0.0～1.5	0.9999	20.5	0.9981	30.5	0.9955
2.0～6.5	1.0000	21.0	0.9980	31.0	0.9954
7.0～8.0	0.9999	21.5	0.9979	31.5	0.9952
8.5～9.5	0.9998	22.0	0.9978	32.0	0.9951
10.0～10.5	0.9997	22.5	0.9977	32.5	0.9949
11.0～11.5	0.9996	23.0	0.9976	33.0	0.9947
12.0～12.5	0.9995	23.5	0.9974	33.5	0.9946
13.0	0.9994	24.0	0.9973	34.0	0.9944
13.5～14.0	0.9993	24.5	0.9972	34.5	0.9942
14.5	0.9992	25.0	0.9971	35.0	0.9941
15.0	0.9991	25.5	0.9969	35.5	0.9939
15.5～16.0	0.9990	26.0	0.9968	36.0	0.9937
16.5	0.9989	26.5	0.9967	36.5	0.9935
17.0	0.9988	27.0	0.9965	37.0	0.9934
17.5	0.9987	27.5	0.9964	37.5	0.9932
18.0	0.9986	28.0	0.9963	38.0	0.9930
18.5	0.9985	28.5	0.9961	38.5	0.9928
19.0	0.9984	29.0	0.9960	39.0	0.9926
19.5	0.9983	29.5	0.9958	39.5	0.9924
20.0	0.9982	30.0	0.9957	40.0	0.9922

2.用惰性液体测定

土粒密度按式(3)计算：

$$\rho_s = \frac{m_s}{m_s + m_{bk} - m_{bk1}} \cdot \rho_k \tag{3}$$

式中：ρ_s 为土粒密度，g/cm³；ρ_k 为 t_1℃ 时煤油或其他惰性液体的密度，g/cm³；m_s 为烘干土样质量，g；m_{bk} 为 t_1℃ 时比重瓶质量＋煤油质量，g；m_{bk1} 为 t_1℃ 时比重瓶质量＋煤油质量＋土样质量,g。

用煤油或其他不知密度的惰性液体时,可将此液体注满比重瓶称重,并测定液体温度,以液体质量除以比重瓶容积,便可求得此液体在该温度下的密度。

[注意事项]

1.测定允许误差

样品须进行两次平行测定,取其算术平均值,小数点后取 2 位。两次平行测定结果允许差为 0.02。

2.比重瓶的校正

(1)洗净比重瓶(容量 50 mL),置于烘箱中(105 ℃)烘干,取出放入干燥器中,冷却后称其质量(精确至 0.001 g)。

(2)向比重瓶内加入煮沸过并已冷却的蒸馏水(或煤油),使水面近至刻度。

(3)将盛水的比重瓶全部放入恒温水槽中,控制温度,使槽中水的温度自 5 ℃逐步升高到 35 ℃。在不同温度下,调整各比重瓶液面到标准刻度(或达到瓶塞口),然后塞紧瓶塞,擦干比重瓶外部,称其质量(精确至 0.001 g)。

(4)用上述称得的不同温度下相应的[瓶+水(或煤油)]质量的数值作纵坐标,以温度为横坐标,绘制出比重瓶校正曲线。每一比重瓶都必须做相应的校正曲线。

3.1.2 土壤容重的测定

[实验原理]

用一定容积的环刀(一般为 100 cm³)切割未搅动的自然状态土样,使土样充满其中,烘干后称量计算单位容积的烘干土重量。本法适用于一般土壤,对坚硬和易碎的土壤不适用。

[仪器与设备]

(1)环刀,容积为 100 cm³。

(2)天平,感量为 0.1 g 和 0.01 g。

(3)烘箱。

(4)环刀托。

(5)削土刀。

(6)钢丝锯。

(7)干燥器。

(8)一般实验室常用仪器和设备。

[实验内容与步骤]

1.准备工作

用凡士林在环刀内壁薄薄地涂抹一层,同时准备一定数量的铝盒,将铝盒逐个编号并称量,记录铝盒的重量(准确到 0.1 g),记为 G_0。

2. 采样

在野外采样点选择好土壤剖面点，挖掘土壤剖面并按土壤发生层次自下而上在每个土壤发生层次中部平稳打入环刀，待环刀全部进入土壤后，用铁锹挖去环刀周围的土壤，取出环刀，小心脱出环刀上端的环刀托，然后用削土刀削平环刀两端的土壤，使得环刀内土壤容积一定（注：在采样过程中，每一个操作步骤都要小心确保不扰动环刀内的土壤，如发现环刀内土壤亏缺或松动，则应该弃掉已采集土样，重新采集。测定土壤表层容重要做 5 个重复，底层做 3 个重复；测定表层土壤含水量要做 3 个重复，底层做 2 个重复）。

3. 烘干

将已采集好的环刀内土壤样品小心地全部转移到已知重量的铝盒内，称量铝盒及新鲜土壤样品地重量，记为 G_1。将样品带回室内，放在 105 ℃烘箱内烘干至恒重，称量烘干土及铝盒重量，记为 G_2。

[结果计算]

1. 环刀容积的计算

环刀容积的计算参考式（4）：

$$环刀容积(V) = \pi r^2 h \tag{4}$$

式中：V 为环刀容积，cm^3；r 为环刀有刃口一端的半径，cm；h 为环刀高度，cm。

2. 土壤含水量计算

土壤含水量的计算参考式（5）：

$$土壤含水量(W) = \frac{(G_1 - G_2) \times 100}{(G_2 - G_0)} \tag{5}$$

式中：G_0 为铝盒的质量，g；G_1 为铝盒＋湿土的质量，g；G_2 为烘干土及铝盒质量，g。

3. 土壤容重的计算

土壤容重的计算参考式（6）：

$$土壤容重 = \frac{(G_1 - G_0) \times 100}{V \times (100 + W)} \tag{6}$$

式中：W 为土壤含水量，%；V 为环刀容积，cm^3；G_0 为铝盒的质量，g；G_1 为铝盒＋湿土的质量，g。

4. 实验记录表

实验记录表见表 3-2。

表 3-2　实验记录表

项目	重复 1	重复 2
铝盒重/g		
铝盒及新鲜土壤样品重/g		
铝盒及烘干土壤样品重/g		
环刀容积/cm^3		
土壤容重/(g/cm^3)		

5.测定误差

允许平行绝对误差<0.03 g,取算术平均值。

3.1.3 土壤孔隙度计算

土壤孔隙度通常用土壤孔隙容积(包括大、小孔隙)占土壤容积(固相+孔隙)的百分比,或者单位体积土壤中孔隙所占的体积百分数,即

$$孔隙度=\frac{孔隙容积}{土壤容积}\times100\%$$

在已知密度和容重的条件下,

$$土壤孔隙度=\left(1-\frac{土壤容重}{土壤密度}\right)\times100\%$$

实验3.2 土壤颗粒粒径分布的测定与土壤质地分析

土壤颗粒(soil particle),也称为土粒,是构成土壤固相骨架的基本颗粒,它们的数目众多,大小(粗细)和形状迥异,矿物组成和理化性质变化甚大,尤其是粗土粒与细土粒的成分和性质几乎完全不同。通常根据土粒直径大小及其性质上的变化,将其划分为若干组,称为土壤颗粒粒级。土壤颗粒粒径分布是指土壤各粒级的土粒所占的百分含量,又叫土粒机械组成。土壤质地(soil texture)是根据机械组成划分的土壤类型。土壤颗粒粒径分布与土壤质地是土壤一种十分稳定的自然属性,反映母质来源及成土过程某些特性,对肥力有很大影响,是制定土壤利用规划、进行土壤改良和管理时必须重视的性质。

土壤颗粒粒径分布的测定方法有筛分法和比重计法等。筛分法因为粒径段的划分受限于筛层数,所以对粒径分布的测量略显粗糙,在一定程度上影响了结果的精度。目前,我国土壤分析实验室一般都采用比重计法进行土壤颗粒粒径分布的测定,比重计法适用于各种颗粒粒径的分布测定。试样经处理制成悬浮液,根据司笃克斯定律,用特制的甲种土壤比重计于不同时间测定悬液密度的变化,并根据沉降时间、沉降深度及比重计读数计算出土粒粒径大小及其含量百分数。土壤质地在已知特定粒径土壤颗粒所占的百分比后,依据不同分类制,判断其质地类型。

本实验具体介绍简易比重计法测定土壤颗粒粒径分布的原理及步骤,参考中华人民共和国农业行业标准方法 NY/T 1121.3—2006 和《土壤农化分析》(鲍士旦,第3版)。土壤质地分析采用国际制土壤质地三角图判断方法。

[实验原理]

分散的土粒在静水中由于重力作用而沉降,沉降的速度依土粒粒径的大小而有所差异,分散后的土壤悬浊液中<0.05 mm粒径可根据 Stoke's 定律[如式(1)],利用静水沉降方法测定土壤各粒级的含量。

$$V = \frac{2}{9} \cdot \frac{(\rho_s - \rho_w) g\, r^2}{\eta} \tag{1}$$

式中：V 为土粒沉降速度，cm/s；r 为土粒半径，cm；g 为重力加速度，981 cm/s^2；ρ_s 为土粒密度，2.65 g/cm^3；ρ_w 为水的密度，1 g/cm^3；η 为水的黏滞系数，0.01005 g/(cm·s)。

该定律是细小的球形（实际土粒不是球形）颗粒在一定密度和黏滞度的流体中，在重力作用下作匀速沉降运动，其沉降速度与颗粒半径平方成比。水中每一颗粒都受重力 F_g［如式(2)］和方向相反的浮力 F_A［如式(3)］之合力所支配，

$$F_g = mg = V\rho_s g \tag{2}$$
$$F_A = V\rho_w g \tag{3}$$

式中：m 为颗粒质量，g；V 为颗粒体积，cm^3；g 为重力加速度，981 cm/s^2；ρ_s 为颗粒密度，2.65 g/cm^3；ρ_w 为水密度，1 g/cm^3。

驱使球形颗粒向下运动的合力 $F_合$［如式(4)］应该是：

$$F_合 = F_g - F_A = V(\rho_s - \rho_w) g = \frac{4}{3}\pi r^2(\rho_s - \rho_w) g \tag{4}$$

沉降的球形颗粒在水中下降时还会受到与重力相反的黏滞阻力 $F_阻$［如式(5)］的作用：

$$F_阻 = 6\pi\eta r v \tag{5}$$

式中：η 为水的黏滞系数(Pa·s)；r 为颗粒半径(cm)；v 为颗粒在水中的沉降速度(cm/s)。

当颗粒做匀速运动时，驱使颗粒向下运动的重力与浮力之合力应与黏滞阻力数值相等［如式(6)］，方向相反：

$$F_合 = -F_阻 \tag{6}$$

因此有式(7)：

$$\frac{4}{3}\pi r^3(\rho_s - \rho_w) g = 6\pi\eta r v \tag{7}$$

由于颗粒做匀速下降运动，颗粒在 t 时间内下降深度为 h，将 $v = h/t$ 带入(7)式中，则有式(8)：

$$t = \frac{9h\eta}{2g(\rho_s - \rho_w)\, r^2} \tag{8}$$

根据式(8)可编制成土壤颗粒分析吸取悬液时间 t 和深度 h 表，便于分析操作。应用 Stoke's 定律有不少假设条件事实上有些是达不到的，但有几个假设条件是实验必须注意的。

(1)颗粒必须比液体(水)分子大得多，否则颗粒在沉降时会受布朗运动的影响而改变沉降的路径；颗粒太大，下沉时不可能是恒速运动，容易引起湍流，故颗粒粒径不应过大。按 Stoke's 式计算的各颗粒粒径范围应为 0.001～0.05 mm。

(2)颗粒必须是光滑的、非弹性的球形，虽然不是球形，但是充分分散的土粒可以近似视为球形。

(3)悬液的密度应当是使颗粒在液体中自由沉降，而彼此互不影响，所以一般土壤悬液的密度以<3%为宜，不能>5%，因此测定时，黏土、壤土一般称 10～15 g，砂土称 15～30 g，配制成 1 000 mL 悬浊液。

测定悬浊液中的各级土粒含量的方法有吸管法和比重计法。具体提取各级细粒的方法，

主要于 1 000 mL 量筒中进行提取。吸管法是在量筒中的一定深度,按 Stoke's 式计算的各粒径所需时间提取土粒悬浊液,烘干后称重,再计算小于相应粒径的累积量,两次测定的累积量相减,即得某一粒径范围的土粒量。土壤比重计(如鲍氏比重计)法测定各粒级含量是根据 Stoke's 定律计算出的各粒级沉降一定深度所需要的时间,放入比重计进行快速测量,但其精度远不及吸管法。

[试剂与材料]

(1) 0.5 mol/L 氢氧化钠,用于酸性土壤。

(2) 0.5 mol/L 草酸钠,用于中性土壤。

(3) 0.5 mol/L 偏磷酸钠,用于碱性土壤。

[仪器与设备]

(1)甲种比重计。

(2)沉降筒。

(3)搅拌棒。

(4)天平。

(5)漏斗。

(6)温度计。

(7)电热板。

(8)三角瓶。

(9)洗瓶。

(10)带秒针的时钟。

[实验内容与步骤]

1.称取土样

称取 2 mm 孔径筛风干的土样 50 g 于 500 mL 三角瓶中,加水湿润。

2.制备悬液

根据土壤 pH 加入不同的分散剂(石灰性土壤加 60 mL 0.5 mol/L 偏磷酸钠溶液,中性土壤加 20 mL 0.5 mol/L 草酸钠溶液,酸性土壤加 40 mL 0.5 mol/L 氢氧化钠溶液),再加水于三角瓶中,使土液体积约为 250 mL。摇匀后静置 2 h,并每隔 15 min 左右摇动一次。盖上小漏斗,然后放在电热板上加热煮沸。在未煮沸前应经常摇动三角瓶,以防土粒沉积黏附瓶底,结成硬块或烧焦而影响分散,并可能因冷热不均而发生破裂。煮沸后保持沸腾 60 min。将冷却的三角瓶中悬液全部倒入沉降筒,用蒸馏水定容到 1 000 mL。放置于温差变化小的室内平稳桌面上,避免阳光直射,并准备比重计、秒表、温度计(0.1 ℃)、记录纸等。

3.测量悬液温度

将温度计插入有水的沉降筒中,并将其与装待测悬液的沉降筒放在一起,记录水温,即代表悬液的温度。

4.测定悬液比重

用搅拌棒搅动悬液 1 min,测定液温,记录开始时间(以搅拌棒离开液面的那一时刻记为第 0 秒),按表 3-3 中所列温度、时间和粒径的关系,根据当时的液温和待测的粒级最大直径值,查表 3-4 选定测比重计读数的时间。提前 30 s,将比重计轻轻地、垂直地插入悬液中,放在沉降筒的中心位置,并略为扶住其玻璃杆,使它不上下左右晃动,直到基本稳定为止,到了选定的时间即测记比重计读数。立即取出比重计,洗去土粒,以备下次使用,并测量悬液温度。将读数经必要的校正计算后,即代表直径小于所选定的毫米数的颗粒累积含量。按照上述步骤,就可分别测出<0.02 mm、<0.002 mm 各级土粒的比重计读数。

[结果计算]

土粒含量根据式(9)计算:

$$小于某粒径土粒含量 = \frac{校正后读数}{烘干土样重} \times 100\% \tag{9}$$

烘干土样重根据式(10)计算:

$$烘干土样重(g) = 比重计读数 - 温度校正值 - 分散剂校正值 \tag{10}$$

分散剂校正值根据式(11)计算:

$$分散剂校正值(g/L) = \frac{分散剂摩尔质量 \times 加入量(mL)}{100} \tag{11}$$

将相邻两粒径的土粒累积百分数值相减,即为该两粒径范围内的粒级百分含量。

表 3-3　甲种鲍氏比重计温度校正表

温度/℃	校正值	温度/℃	校正值	温度/℃	校正值	温度/℃	校正值
6.0~8.5	−2.2	16.5	−0.9	22.5	+0.8	28.5	+3.1
9.0~8.5	−2.1	17.0	−0.8	23.0	+0.9	29.0	+3.3
10.0~10.5	−2.0	17.5	−0.7	23.5	+1.1	29.5	+3.5
11.0	−1.9	18.0	−0.5	24.0	+1.3	30.0	+3.7
11.5~12.0	−1.8	18.5	−0.4	24.5	+1.5	30.5	+3.8
12.5	−1.7	19.0	−0.3	25.0	+1.7	31.0	+4.0
13.0	−1.6	19.5	−0.1	25.5	+1.9	31.5	+4.2
13.5	−1.5	20.0	0	26.0	+2.1	32.0	+4.6
14.0~14.5	−1.4	20.5	+0.15	26.5	+2.2	32.5	+4.9
15.0	−1.3	21.0	+0.3	27.0	+2.5	33.0	+5.2
15.5	−1.2	21.5	+0.45	27.5	+2.6	33.5	+5.5
16.0	−1.1	22.0	+0.62	28.0	+2.9	34.0	+5.8

表 3-4　在不同温度时各粒级的比重计测定时间表(国际制)

温度/℃	<0.02 mm		<0.002 mm	
	分	秒	时	分
5	9	30	17	36
6	9	14	17	5
7	8	58	16	35
8	8	42	16	5
9	8	26	15	36
10	8	10	15	9
11	7	56	14	43
12	7	43	14	19
13	7	31	13	55
14	7	19	13	33
15	7	8	13	12
16	6	57	12	52
17	6	47	12	33
18	6	37	12	14
19	6	28	11	56
20	6	17	11	3
21	6	8	11	2
22	5	59	11	5
23	5	51	10	50
24	5	43	10	35
25	5	35	10	20
26	5	28	10	7
27	5	20	9	5
28	5	13	9	40
29	5	7	9	28
30	4	59	9	16

［土壤质地名称的确定］

根据砂粒(0.02~2.0 mm)、粉粒(0.002~0.02 mm)及黏粒(<0.002 mm)粒级含量(%)，在土壤质地分类三角坐标图(图 3-1)上查得土壤质地名称。

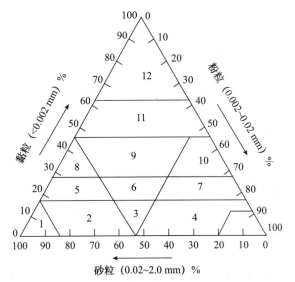

1.砂土及壤砂土；2.砂壤；3.壤土；4.粉壤；5.砂黏壤；6.黏壤；7.粉黏壤；
8.砂黏土；9.壤黏土；10.粉黏土；11.黏土；12.重黏土

图 3-1　国际制土壤质地三角图《土壤学》，2012)

实验 3.3　　土壤团聚体分级及稳定性的测定

　　土壤团聚体(soil aggregate)是指土壤所含大小、形状不一，有多级孔隙以及机械稳定性和水稳性团聚体的总和，是一种良好的土壤结构体。土壤结构状况通常由测定土壤团聚体的数量和分布来鉴别，它对土壤的通气、透水、蓄水和养分的保存和释放有良好作用，对于土壤肥力的判定和改良具有重要的意义。

　　土壤团聚体可分为非水稳定性和水稳定性两种，非水稳定性团聚体组成可用干筛法测定，将样品置于套筛上，通过往返均速筛动筛分样品。水稳定性团聚体组成可用湿筛法测定，将样品置于套筛上，浸在室温下去离子水中，同时通过往返均速筛动筛分样品。

　　本实验具体介绍干筛法和湿筛法对土壤团聚体分级的测定，参考中华人民共和国农业行业标准方法 NY/T 1121.19—2008 和 NY/T 1121.20—2008。

[实验原理]

　　筛分法根据土壤大团聚体在水中的崩解情况识别其水稳定性程度，测定分干筛和湿筛两个程序进行，最后筛分出各级团聚体，分别称其质量，再换算为占土样的质量百分数。

[仪器与设备]

　　(1)筛子 5 套，孔径为 5 mm、2 mm、1 mm、0.5 mm、0.25 mm。

　　(2)振荡式机械筛分仪。

（3）水桶 5 只。

（4）三角瓶。

（5）玻璃棒。

（6）天平，感量为 0.01 g。

（7）洗瓶。

[实验内容与步骤]

1.干筛法

先用烘干法测定土壤含水量，称取风干土样 200 g，放入最大孔径 5 mm 的土筛上面，套筛自上而下孔径分别为 5 mm、2 mm、1 mm、0.5 mm 和 0.25 mm，底层安放底盒，以收取<0.25mm 的土壤团聚体，套筛顶部有筛盖。装好土样后，用振荡式机械筛分仪在最大功率下振荡2 min，从上部依次取筛，将各级筛网上的土样分别收集称重，即得到>5 mm、2～5 mm、1～2 mm、0.5～1 mm、0.25～0.5 mm 和<0.25 mm 的各级团聚体质量，按照每级团聚体重量比例准备50 g 土壤样品用于湿筛。

2.湿筛法

将 50 g 土样平铺于套筛上（从上到下的顺序为 5 mm、2 mm、1 mm、0.5 mm、0.25 mm）。调整桶内水面的高度，使筛子移动到最高位置时最上一层筛子中的团聚体刚好淹没在水面以下。先在水面下浸泡 10 min，然后以每分钟 30 次的速度上下振荡 5 min，将每个筛子上的水稳性团聚体分别冲洗入已称重的三角瓶中，在低温电热板上烘干、称重。

[结果计算]

团聚体平均质量直径（MWD）、几何平均直径（GMD）、土壤团聚体破坏率（PAD）和不稳定团粒指数（E_{LT}）可作为重要参考指标衡量土壤团聚体的稳定性，MWD 值和 GMD 值越大表明团聚体的平均粒径团聚度越高，稳定性越强；而 PAD 值与 E_{LT} 值越低表明土壤团聚体稳定性越好。

利用各粒级团聚体数据，计算各粒级团聚体的含量、>0.25 mm 团聚体含量、土壤团聚体破坏率（PAD）、不稳定团粒指数（E_{LT}）、平均重量直径（MWD）和几何平均直径（MD）的计算公式如下：

$$各粒级团聚体含量 = \frac{各级团聚体烘干重(g)}{土样烘干重(g)} \times 100\% \tag{1}$$

$$>0.25 \text{ mm 团聚体含量} = \frac{粒径>0.25 \text{ mm 团聚体质量}(g)}{团聚体总质量(g)} \times 100\% \tag{2}$$

$$土壤团聚体破坏率(PAD) = \frac{[>0.25 \text{ mm 干筛团聚体含量}(\%)] - [>0.25 \text{ mm 湿筛团聚体含量}(\%)]}{[>0.25 \text{ mm 干筛团聚体含量}(\%)]} \times 100\% \tag{3}$$

$$稳定团粒指数(E_{LT}) = \frac{土样烘干重(g) - >0.25 \text{ mm 湿筛团聚体烘干重}(g)}{土样烘干重(g)} \times 100\% \tag{4}$$

$$平均重量直径(MWD,mm) = \sum_{i=1}^{n} X_i W_i \tag{5}$$

$$几何平均直径(GMD,mm) = \exp\left(\frac{\sum_{i=1}^{n} W_i \ln X_i}{\sum_{i=1}^{n} W_i}\right) \tag{6}$$

式中:X_i 为某一级别范围内团聚体的平均直径(mm);W_i 为对应于 X_i 的团聚体百分含量(%)。

[注意事项]

(1)取样时,注意风干土样不宜太干,四分法取样时,应细心,以免影响分析结果。

(2)在进行湿筛时,应将土样均匀地分布在整个筛面上。

(3)将筛子放到水桶里时,应慢放,避免团粒从筛中冲出。

(4)经干筛和湿筛后,各粒级中有石块、砾石等需要挑出,计算质量时扣除挑出的石块、砾石质量。

实验 3.4 土壤水分含量的测定

土壤水分含量是表征土壤水分状况的一个指标,又称为土壤含水量、土壤含水率、土壤湿度等。进行土壤水分含量的测定有两个目的:一是为了解田间土壤的实际含水状况,以便及时进行灌溉、保墒或排水,以保证作物的正常生长;或联系作物长相、长势及耕栽培措施,总结丰产的水肥条件;或联系苗情症状,为诊断提供依据。二是风干土样水分的测定,为各项分析结果计算的基础。

土壤含水量的常用测定方法有中子仪法、TDR 法和重量法。中子仪设备昂贵,又需专门的防护设备,一次性投入大,特别是对人存在潜在的辐射危害,因此并不能广泛应用;TDR 在国内的使用主要依赖进口,且价格较高,其应用也受到一定限制;目前,我国土壤分析实验室一般都采用重量法测定土壤含水量。

本实验具体介绍使用重量法测定土壤含水量,参考中华人民共和国农业行业标准方法 NY/T 1121.21—2008 和《土壤农化分析》(鲍士旦,第 3 版)。

[实验原理]

土壤样品在(105±2)℃烘至恒重时的失重,即为土壤样品所含水分的质量。测定时把土样放在 105～110 ℃的烘箱中烘至恒重,则失去的质量为水分质量,即可计算土壤水分百分数。在此温度下土壤吸着水被蒸发,而结构水不致破坏,土壤有机质也不致分解。

[仪器与设备]

(1)土钻。

(2)土壤筛,孔径 1 mm。

(3)铝盒,小型直径约 40 mm,高约 20 mm;大型直径约 55 mm,高约 28 mm。

（4）分析天平，感量为 0.001 g 和 0.01 g。

（5）小型电热恒温烘箱。

（6）干燥器，内盛变色硅胶或无水氯化钙。

（7）一般实验室常用仪器和设备。

[实验内容与步骤]

1.试样的选取和制备

风干土样：选取有代表性的风干土壤样品，压碎，通过 1 mm 筛，混合均匀后备用。

新鲜土样：在田间用土钻取有代表性的新鲜土样，刮去土钻中的上部浮土，将土钻中部所需深度处的土壤约 20 g，捏碎后迅速装入已知准确质量的大型铝盒内，盖紧，装入木箱或其他容器，带回室内，将铝盒外表擦拭干净，立即称重，尽早测定水分。

2.测定步骤

风干土样水分的测定。将铝盒在 105 ℃恒温箱中烘烤约 2 h，移入干燥器内冷却至室温，称重，准确到至 0.001 g。用角勺将风干土样拌匀，舀取约 5 g，均匀地平铺在铝盒中，盖好，称重，准确至 0.001 g。将铝盒盖揭开，放在盒底下，置于已预热至（105±2）℃的烘箱中烘烤 6～8 h 至恒重。取出，盖好，移入干燥器内冷却至室温（约需 20 min），立即称重。风干土样水分的测定应做两份平行测定。

新鲜土样水分的测定。将盛有新鲜土样的大型铝盒在分析天平上称重，准确至 0.01 g。揭开盒盖，放在盒底下，置于已预热至（105±2）℃的烘箱中烘烤 12 h。取出，盖好，移入干燥器内冷却至室温（约需 30 min），立即称重。新鲜土样水分的测定应做三份平行测定。

注：烘烤规定时间后 1 次称重，即达恒重。

[结果计算]

计算结果如式（1）：

$$水分 = \frac{m_1 - m_2}{m_1 - m_0} \times 100\% \tag{1}$$

式中：m_0 为烘干空铝盒质量，g；m_1 为烘干前铝盒及土样质量，g；m_2 为烘干后铝盒及土样质量，g。

[注意事项]

（1）本标准用于测定除石膏性土壤和有机土（含有机质 20％以上的土壤）以外的各类土壤的水分含量。

（2）结果保留小数后 1 位。

实验 3.5　　　　　　　土壤温室气体排放的测定

气候变暖是当前严重威胁地球生态系统的全球变化问题,温室气体排放是导致全球变暖的主要原因,CO_2、CH_4 和 N_2O 是制暖潜力较高、对全球变暖"贡献"较大的三种主要温室气体,其在大气中的浓度持续增加。土壤是温室气体的重要来源。其中,植物根系呼吸和土壤生物代谢与生物化学过程分解土壤有机质产生 CO_2(亦称土壤呼吸),是占比最高、"贡献"最大的温室气体。在厌氧条件下,土壤微生物将土壤有机质先分解为单糖,再将单糖分解为酸,进而分解产生 CH_4,因此,稻田和天然湿地等厌氧生境是主要的 CH_4 来源,其制暖潜力约为 CO_2 的 23 倍;在有氧条件下,CH_4 会被甲烷氧化菌氧化,从而将土壤变成 CH_4 的汇(即产生 CH_4 吸收功能)。N_2O 具有极高的制暖潜力,其增温潜势约为 CO_2 的 300 倍。土壤 N_2O 排放主要源于微生物参与的土壤氮循环过程,硝化作用、反硝化作用、硝化细菌反硝化和硝态氮异化还原成铵作用等都能产生 N_2O,其中硝化作用(特别是自养硝化)和反硝化作用(特别是细菌异养反硝化)是产生土壤 N_2O 的主要途径。土壤温室气体监测方法多样,包括箱法-气相色谱法、吸收光谱法、微气象学法等,如可通过静态箱-气相色谱法监测土壤温室气体排放,使用 LI-7820 土壤气体通量测量系统原位观测温室气体排放通量,或通过碱液吸收法监测土壤 CO_2 排放速率,本实验主要参考(GB/T 36198—2018/ISO10381—7:2005)和《陆地生态系统温室气体排放观测方法研究、应用及结果比对分析》等相关资料,介绍广泛使用的静态箱-气相色谱法定量分析三种主要温室气体排放速率。

[实验原理]

将静态箱罩在土壤表层形成密闭空间,在限定时间内多次收集静态箱内的气体样品,使用气相色谱仪对气样进行温室气体浓度分析,根据温室气体浓度随时间的变化率计算土壤温室气体排放速率。

[材料与设备]

(1)静态箱(含底座和小风扇,如图 3-2。注:静态箱及底座尺寸和形状可根据研究目的和对象变化进行调整)。

(2)外接电源。

(3)针管(含三通阀门)。

(4)气样袋(50 mL。注:气样袋体积可根据研究目的和对样品量需求而调整)。

(5)Agilent 7890A 气相色谱仪(含氢火焰离子化检测器和电子捕获检测器)。

(6)自动进样系统(含测样瓶,可选)。

(7)高纯氮气。

(8)干燥空气。

(9)标准温室气体样品。

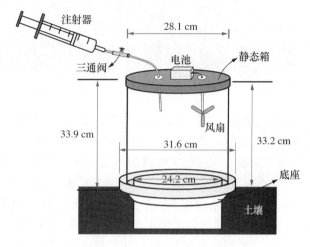

图 3-2　静态箱及底座示意图

[实验内容与步骤]

1.底座安装

在研究点选定具有代表性的样方,提前将静态箱底座固定在样方中央(根据实验目的可调整,每个样方可设置多个静态箱底座用于监测),研究期内不移动底座以免对土壤产生过度干扰。

2.气样采集

选择无雨日上午 9:00—11:00 采样。采样时,将静态箱扣在底座上方,将静态箱与外接电池连接驱动箱内小风扇,采用水封等手段确保静态箱与底座之间无缝隙,以免漏气导致监测结果错误。分别于 0 min、10 min、20 min、30 min 时间点使用采样针管抽取适量气样样品(采样间隔时间可根据实验需求和研究点情况进行调整),将气样转移至样品袋中保存。完成所有样点的样品收集后,将气样带回实验室分析,样品分析尽量在 48 h 内完成。

3.气体浓度测定

重复测定标准样品 3 次以确定仪器稳定性和准确性。将气体样品转移至测样瓶中,置于连接气象色谱仪的自动进样系统,或者使用注射器手动进样到气相色谱仪,测定样品中三种温室气体浓度,气相色谱仪色谱配置与分析条件见表 3-5,样品分析三种气体色谱图见图 3-3。样品测定间隙需测试标准气体以确定仪器稳定性。

表 3-5　色谱配置及工作条件

指标	CH_4	CO_2	N_2O
色谱柱	Poropack Q	Poropack Q	Poropack Q
载气/流量/(mL/min)	高纯 N_2 30	高纯 N_2 30	高纯 N_2 30
柱箱温度/℃	60	60	60
转化器	—	镍触媒, 375 ℃	—
检测器及温度/℃	FID 250	FID 250	ECD 300
空气/高纯 H_2	空气, 500 mL/min H_2, 50 mL/min	空气, 500 mL/min H_2, 50 mL/min	—
出峰时间/min	1.28	2.75	2.65

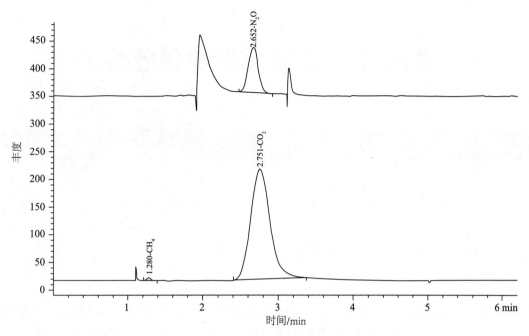

图 3-3　样品分析色谱图

[结果计算]

气体排放速率采用式(1)计算：

$$F = \rho \times \frac{V}{A} \times \frac{P}{P_0} \times \frac{T_0}{T} \times \frac{dC_1}{dt}$$ (1)

式中：F 为气体排放速率，$mg/(m^2 \cdot h)$；ρ 为标准状态下气体密度，kg/m^3；V 为静态箱体积，m^3；A 为静态箱底面积，m^2；P 为大气压；T 为采样时绝对温度；$\frac{dC_1}{dt}$ 为气体浓度随时间的变化率，$mg/(kg \cdot h)$；P_0 和 T_0 分别为标准状态下的标准大气压和绝对温度。

第 4 章 土壤化学性质分析

土壤 pH 的测定

土壤 pH 是指土壤溶液中氢离子浓度的负对数,通常用来反映土壤酸碱性质。土壤 pH 对土壤中养分存在的形态和有效性、土壤的理化性质、植物生长发育、微生物活动,以及土壤的许多化学反应和化学过程都有很大的影响。

土壤 pH 的测定可分为电位法和比色法两大类。比色法不需要贵重仪器,受测量条件限制较少,便于野外测定,但准确度低(0.5pH)。随着分析仪器的进展,比色法现在仅在田间约测时使用。目前,我国土壤分析实验室一般都采用电位法,具有准确(0.2pH)、快速、方便等优点。采用电位法测定土壤 pH 时,需要将土壤制成悬浊液,而悬浊液的制定可采用蒸馏水、氯化钾溶液[$c(KCl) = 1.0$ mol/L]或氯化钙溶液[$c(CaCl_2) = 0.01$ mol/L]处理土壤。但土壤在氯化钾或氯化钙溶液中的 pH 较在水中者为低,因此,测定结果应注明。同时,在测定土壤 pH 时,选择一个合适的水土比例是非常重要的,水土比愈大,pH 愈高。国际土壤学会规定水土比为 2.5:1,在我国例行分析中以 1:1、2.5:1、5:1 较多。为使测定结果更接近田间的实际情况,水土比以 1:1 或 2.5:1 较好,盐土用 5:1。

本实验介绍电位法测定土壤 pH 的原理及步骤,参考中华人民共和国农业行业标准方法 NY/T 1121.1—2006 和《土壤农业化学分析方法》(鲁如坤,1999)。

[实验原理]

用 pH 计测定土壤悬浊液 pH 时,常用玻璃电极为指示电极,甘汞电极为参比电极。当 pH 玻璃电极和甘汞电极插入土壤悬浊液时,构成一电池反应,两者之间产生一个电位差,由于参比电极的电位是固定的,因而该电位差的大小决定于试液中的氢离子活度,其负对数即为 pH,在 pH 计上直接读出 pH。

[试剂与材料]

(1)邻苯二甲酸氢钾($C_8H_5O_4K$,分析纯)。

(2)磷酸氢二钠(Na_2HPO_4,分析纯)。

(3)磷酸二氢钾(KH_2PO_4,分析纯)。

(4)氯化钾(KCl,分析纯)。

(5)pH 为 4.01(25 ℃)标准缓冲溶液。称取经 110~120 ℃烘干 2~3 h 的邻苯二甲酸氢钾 10.21 g 溶于蒸馏水,移入 1 L 容量瓶中,用蒸馏水定容,贮于塑料瓶。

(6)pH 为 6.87(25 ℃)标准缓冲溶液。称取经 110~130 ℃烘干 2~3 h 的磷酸氢二钠

3.53 g 和磷酸二氢钾 3.39 g 溶于蒸馏水,移入 1 L 容量瓶中,用蒸馏水定容,贮于塑料瓶中。

（7）pH 为 9.18(25 ℃)标准缓冲溶液。称取经平衡处理的硼砂($Na_2B_4O_7 \cdot 10H_2O$)3.80 g 溶于无 CO_2 的蒸馏水,移入 1 L 容量瓶中,用蒸馏水定容,贮存塑料瓶。

（8）硼砂($Na_2B_4O_7 \cdot 10H_2O$)。将硼砂放在盛有蔗糖和食盐饱和水溶液的干燥器内平衡两昼夜。

（9）去除 CO_2 的蒸馏水。

[仪器与设备]

（1）酸度计。

（2）pH 玻璃电极-饱和甘汞电极或复合电极。

（3）搅拌器。

[实验内容与步骤]

1.仪器校准

将仪器温度补偿器调节到与试液、标准缓冲溶液同一温度值。将电极插入与土壤浸提液 pH 接近的标准缓冲溶液中,调节仪器,使标准溶液的 pH 与仪器标示值一致。移出电极,用水冲洗,以滤纸吸干,插入 pH 为 6.87 的标准缓冲溶液中,检查仪器读数,两标准溶液之间允许绝对差值 0.1 pH 单位。反复几次,直至仪器稳定。如超过规定允许差,则要检查仪器电极或标准液是否有问题。当仪器校准无误后,方可用于样品测定。

2.土壤水浸 pH 样品的制备

称取通过 2 mm 孔径筛的风干试样 10 g(精确至 0.01 g)于 50 mL 高型烧杯中,加去除 CO_2 的蒸馏水 25 mL(土液比为 1∶2.5),用搅拌器搅拌 1 min,使土粒充分分散,放置 30 min 后进行测定。

3.土壤水浸 pH 的测定

将电极插入试样悬液中(注意玻璃电极球泡下部位于土液界面处,甘汞电极插入上清液;如果是复合电极,直接将复合电极的玻璃球泡插入试样上清液),轻轻转动烧杯以除去电极的水膜,促使快速平衡,静置片刻,按下读数开关,待读数稳定时记下 pH。放开读数开关,取出电极,以蒸馏水冲洗,用滤纸条吸干水分后即可进行第二个样品的测定。每测 5~6 个样品后,需要用标准溶液检查定位。

[结果计算与表示]

直接读取 pH,无须计算。

[注意事项]

（1）长时间存放不用的玻璃电极需要在水中浸泡 24 h,使之活化后才能使用。暂时不用的玻璃电极可浸泡在水中;长期不用时,需要干燥保存。甘汞电极腔内要充满饱和氯化钾溶液,在室温下应该有少许氯化钾结晶存在,但氯化钾结晶不宜过多,以防堵塞电极与补测溶液的通路。玻璃电极的内电极与球泡之间、甘汞电极内电极和多孔陶瓷末端芯之间不得有气泡。

（2）电极在悬浮液中所处的位置对测定结果有影响，要求将甘汞电极插入上部清液中，尽量避免与泥浆接触。

（3）pH 计读数时摇动烧杯会使读数偏低，要在摇动后稍加静止再读数。

（4）标准溶液在室温下一般可保存 1～2 月，在 4 ℃冰箱中可延长保存期限。用过的标准溶液不要倒回原液中混存，发现浑浊、沉淀，就不能够再使用。

（5）温度影响电极和水的电离平衡。测定时，要用温度补偿器调节至标准缓冲液、待测液温度保持一致。标准溶液 pH 随温度稍有变化，校准仪器时可参照附表。

（6）在连续测量 pH＞7.5 的样品后，建议将玻璃电极在 0.1 mol/L 盐酸溶液中浸泡一下，防止电极由碱引起的响应迟钝。

（7）重复试验结果允许绝对相差：中性、酸性土壤≤0.1 pH 单位，碱性土壤≤0.2 pH 单位。

实验 4.2　土壤交换性酸的测定

土壤交换性酸（exchangeable acidity）是指能被中性盐置换进入溶液的结合态氢离子和铝离子，它的存在表明土壤中交换性盐基被交换性氢离子和铝离子代替，是对作物最有害的一种土壤酸度形态，也是改良酸性土壤时确定石灰施用量的重要参考指标。因此，在土壤酸碱度的测定中，除测定土壤 pH 外，还需要测定土壤交换性酸。

土壤交换性酸的测定通常采用氯化钾溶液[c（KCl）＝1.0 mol/L]置换法，置换方式又分为平衡法和淋洗法。试验比较发现，一次平衡法所测得的交换性酸仅为淋洗法结果的 45%～81%，这种差异与土壤吸附交换性氢和铝的松紧程度有关。从大批量例行分析的要求考虑，只能选择淋洗法，且试验证明，淋洗法适用于所有酸性土壤。如果土壤用氯化钾溶液以 1∶25 的比例淋洗，可以得到较好的再现性，相对误差小于 5%。

本实验介绍氯化钾淋洗-滴定法测定土壤交换性酸的原理及步骤，参考中华人民共和国环境保护标准方法 HJ 649—2013 和《土壤农业化学分析方法》（鲁如坤，1999）。

[实验原理]

在酸性土壤中，土壤永久电荷引起的酸度（可交换性 H^+ 和 Al^{3+}）用氯化钾法[c（KCl）＝1.0 mol/L]淋洗时被 K^+ 交换而进入溶液，当用氢氧化钠标准溶液直接滴定淋洗时，不但滴定了土壤中原有的交换性 H^+，也滴定了交换性 Al^{3+} 水解产生的 H^+，所得结果为交换性 H^+ 和 Al^{3+} 的总和，称为交换性酸总量。

另取一份淋洗液，加入足量的氟化钠溶液，使 Al^{3+} 与 F^- 形成络合离子 AlF_6^{3-}，从而防止了 Al^{3+} 的水解，再用标准氢氧化钠溶液滴定，所得结果为交换性 H^+。两者之差为交换性 Al^{3+}。

[试剂与材料]

（1）新鲜煮沸蒸馏水。将蒸馏水在烧杯中煮沸蒸发（蒸发量 10%），加盖冷却后密封备用，应现用现制。

（2）盐酸溶液，$c(HCl)=1.0$ mol/L。量取 83 mL 浓盐酸（$\rho=1.19$ g/mL）用蒸馏水稀释到 1 L。

（3）氯化钾溶液，$c(KCl)=1.0$ mol/L。称取 74.55 g 氯化钾，溶于水中，移入 1 L 容量瓶中，加蒸馏水稀释至标线，混匀。

（4）邻苯二甲酸氢钾标准溶液，$c(C_8H_5KO_4)=0.01$ mol/L。称取已通过 $105\sim110$ ℃干燥的基准试剂邻苯二甲酸氢钾 0.510 6 g 溶于适量蒸馏水中，移入 250 mL 容量瓶中，加入新鲜煮沸蒸馏水稀释至标线，混匀。

（5）氢氧化钠标准溶液，$c(NaOH)=0.01$ mol/L。称取 0.4 g 氢氧化钠溶于适量水中，待溶液冷却后移入 1 L 容量瓶，稀释至标线，混匀，贮存于聚乙烯塑料容器中。用邻苯二甲酸氢钾标准溶液进行标定。

标定方法：吸取邻苯二甲酸氢钾标准溶液 25.00 mL 于烧杯中，在烧杯中放入搅拌子，插入电极时用氢氧化钠溶液滴定，直到 pH 达到 7.80 ± 0.08，稳定 30 s。同时做空白试验，连续测定三次，取三次标定结果的平均值。氢氧化钠标准溶液浓度按照式（1）进行计算：

$$c_1=\frac{c_2\times V_2}{V_1-V_0} \tag{1}$$

式中：c_1 为氢氧化钠标准溶液浓度，mol/L；c_2 为邻苯二甲酸氢钾溶液的浓度，mol/L；V_0 为空白试验消耗氢氧化钠溶液的体积，mL；V_1 为标定时消耗氢氧化钠溶液的体积，mL；V_2 为邻苯二甲酸氢钾溶液的体积，mL。

（6）氟化钠溶液，$c(NaF)=1.0$ mol/L。称取 42.0 g 氟化钠溶于水中并稀释到大约 900 mL，用盐酸溶液调节至 pH 为 7.0，将溶液移入 1 000 mL 容量瓶中，加水稀释至标线，混匀。

（7）石英砂，$30\sim60$ 目。使用前在 300 ℃加热 2 h。

[仪器与设备]

（1）土壤筛：孔径 2.0 mm（10 目）。

（2）pH 计：精度为 0.01 个 pH 单位。

（3）磁力搅拌器。

（4）微量滴定管：最小刻度为 0.02 mL。

（5）一般实验室常用仪器和设备。

[实验内容与步骤]

1.试样的制备

称取通过 2.0 mm 筛孔的风干土样 5.00 g，放在已铺好滤纸的漏斗内，用氯化钾溶液少量多次地淋洗，每次加入氯化钾溶液必须待漏斗中的滤液干后再加进行。滤液承接在 250 mL 容量瓶中，近刻度时用氯化钾溶液定容。

2.空白试样的制备

用石英砂代替土壤样品，按照与试样制备相同的步骤，制备空白样品提取液。

3.可交换酸的测定

移取 100 mL 试样提取液至烧杯中，煮沸 5 min，使可能存在于溶液中的二氧化碳挥发，冷却至室温,以 pH 计为指示,用氢氧化钠溶液滴定至 pH 为 7.08±0.08,记录消耗氢氧化钠溶液体积(V_1)。用同样的方法滴定空白试样提取液,记录消耗氢氧化钠溶液体积($V_空$)。

[结果计算]

(1)样品中的可交换酸度按照式(2)进行计算。

$$E_A = \frac{(V_1 - V_空) \times c_{NaOH} \times 1\,000 \times V}{V_s \times m} \times \frac{100 + w}{100} \tag{2}$$

式中:E_A 为烘干土壤中可交换酸度,mmol/kg;V_1 为直接滴定土壤样品消耗氢氧化钠体积,mL;$V_空$ 为空白样品所消耗氢氧化钠体积,mL;c_{NaOH} 为氢氧化钠溶液浓度,mol/L;V 为提取液最终定容体积,mL;V_s 为滴定时移取的提取液体积,mL;m 为风干的质量,g;w 为风干土壤含水率,质量分数。

(2)土壤样品中的可交换氢和可交换铝,按照式(3)和式(4)进行计算。

$$E_{H^+} = \frac{(V_2 - V_1) \times c_{NaOH} \times 1\,000 \times V}{V_s \times m} \times \frac{100 + w}{100} \tag{3}$$

$$E_{Al} = E_A - E_{H^+} \tag{4}$$

式中:E_{H^+} 为土壤样品的可交换氢,mmol/kg;E_{Al} 为土壤样品的可交换铝,mmol/kg;V_2 为加入氟化钠后土样消耗氢氧化钠体积,mL;V_0 为加入氟化钠后空白样品消耗氢氧化钠体积,mL;其他参数的含义见式(2)。

[注意事项]

(1)土壤样品浸提后应尽快滴定,避免长时间暴露在空气中,造成误差。

(2)控制滴定速度,应尽快稳定至 pH 在 7.80 左右。

(3)每批样品至少做 2 个空白试验。

(4)每批样品至少做 10% 平行样品。当测定值 ≤10.0 mmol/kg 时,最大允许相对偏差为 ±20%;当测定值在 10.0~100 mmol/kg 时,最大允许相对偏差为 ±10%;当测定值 ≥100 mmol/kg 时,最大允许相对偏差为 ±5%;

(5)pH 计使用前必须用 pH 标准缓冲溶液进行校正。

(6)当测定结果 <10 mmol/kg 时,保留小数点后两位;当测定结果 ≥10 mmol/kg 时,保留三位有效数字。

实验 4.3　　土壤阳离子交换量的测定

土壤阳离子交换量(cation exchange capacity,CEC)是指土壤胶体所能吸附和交换的各种阳离子的容量,单位为 cmol(+)/kg。土壤胶体所能吸附的阳离子包括 K^+、Na^+、Ca^{2+}、Mg^{2+}、NH_4^+、H^+、Al^{3+} 等。阳离子交换量是土壤的一个很重要的化学性质,可直接反映土壤的保肥、供肥性能和缓冲能力,是改良土壤和合理施肥的重要依据。

土壤阳离子交换量的测定受多种因素的影响,如交换剂的种类、盐溶液浓度和 pH、淋洗方法等。土壤学者为了便于比较,人为地规定一个具体测定方法,并规定其测定条件。中性乙酸铵法是我国土壤和农化实验室所采用的常规分析方法,具有一系列的优点,适合于酸性和中性土壤阳离子交换量的测定。但中性乙酸铵法操作程序烦琐且费时,我国原环境保护部制定了《土壤阳离子交换量的测定　三氯化六氨合钴浸提-分光光度法》(HJ 889—2017)测定土壤阳离子交换量。

本实验介绍乙酸铵法和三氯化六氨合钴浸提-分光光度法测定土壤阳离子的原理和步骤,分别参考《土壤农业化学分析方法》(鲁如坤,1999)和 HJ 889—2017。

4.3.1　乙酸铵法

[实验原理]

用乙酸铵溶液[$c(CH_3COONH_4) = 1$ mol/L,pH=7],反复处理土壤,使土壤成为 NH_4^+ 饱和土。然后用离心法将多余的乙酸铵用 95% 乙醇反复洗去后,用蒸馏水将土壤洗入凯氏瓶中,加固体氧化镁蒸馏。蒸馏出来的氨用硼酸溶液吸收,然后用盐酸标准溶液滴定。根据 NH_4^+ 的量计算土壤阳离子交换量。此法主要适用于酸性和中性土壤。

[试剂与材料]

(1)乙酸铵溶液,$c(CH_3COONH_4) = 1.0$ mol/L,pH=7.0。称取 77.09 g 乙酸铵用水溶解,稀释至近 1 L,用稀乙酸调节 pH 至 7.0,然后稀释至 1 L。

(2)乙醇,$\varphi(CH_3CH_2OH) = 95\%$,工业用,必须无 NH_4^+。

(3)液态石蜡,化学纯。

(4)甲基红-溴甲酚绿混合指示剂。分别称取 0.099 g 溴甲酚绿和 0.066 g 甲基红,放于玛瑙研钵中,加入少量 95% 乙醇,研磨至指示剂全部溶解为止,最后加入 95% 乙醇至 100 mL。此液应用稀盐酸或氢氧化钠调节 pH 至 4.5。

(5)硼酸-指示剂溶液。称取 20 g 硼酸(H_3BO_3,化学纯)溶于 1 L 水中。每升硼酸溶液中加入甲基红-溴甲酚绿混合指示剂 20 mL,并用稀酸或稀碱调至紫红色(葡萄酒色),此时溶液的 pH 为 4.5。

(6)盐酸标准溶液,$c(HCl) = 0.05$ mol/L。每升水中加入 4.5 mL 浓盐酸,充分混匀,用硼砂标定。

(7) pH 为 10 的缓冲溶液。称取 67.5 g 氯化铵(NH_4Cl,化学纯)溶于无二氧化碳的水中,加入新开瓶的浓氨水(化学纯,$\rho = 0.9$ g/cm³,含氨 25%)570 mL,用水稀释至 1 L,贮于塑料瓶中,并注意防止吸入空气中的二氧化碳。

(8)K-B指示剂。0.5 g 酸性铬蓝 K 和 1.0 g 萘酚绿 B,与 100 g 于 105 ℃ 烘过的氯化钠一同研磨,越细越好,贮于棕色瓶中。

(9)固体氧化镁。氧化镁(MgO,化学纯)放在镍蒸发器皿内,在 500～600 ℃ 高温电炉中灼烧 30 min,冷却后贮藏在密闭的玻璃器皿中。

(10)纳氏试剂。称取 134 g 氢氧化钾(KOH,分析纯)溶于 460 mL 蒸馏水中;20 g 碘化钾(KI,分析纯)溶于 50 mL 蒸馏水中,加入大约 3 g 碘化汞(HgI,分析纯),使溶解至饱和状态,然后将以上两种溶液混合即成。

[仪器与设备]

(1)离心机:转速 3 000~4 000 r/min。

(2)离心管:100 mL。

(3)凯氏瓶:150 mL。

(4)锥形瓶:250 mL。

(5)蒸馏装置(图 4-1)。

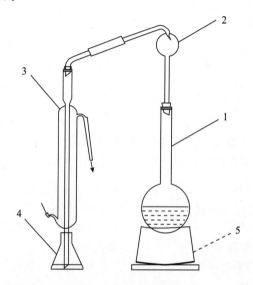

1.凯氏蒸馏瓶;2.定氮球;3.直形冷凝管;4.接收瓶;5.加热装置。

图 4-1 凯氏氮蒸馏装置

[实验内容与步骤]

(1)称取通过 0.25 mm 筛孔的风干土样 2.00 g(质地轻的土壤称 5.00 g),将其小心放入 100 mL 离心管。沿离心管壁加入少量乙酸铵溶液,用带橡皮头玻璃棒充分搅拌,使其成为均匀的泥浆状态。再加乙酸铵溶液至总体积约为 60 mL,并充分搅拌均匀,然后用乙酸铵溶液洗净橡皮头玻棒,溶液收入离心管内。

(2)将离心管在粗天平上成对平衡(用乙酸铵溶液使其平衡),平衡好的离心管对称放入离心机中离心 3~5 min,转速 3 000~4 000 r/min,弃去离心管中的上清液。如此用乙酸铵溶液处理 3~5 次,直到最后浸出液中无钙离子反应为止。

(3)将载土的离心管的管口向下用自来水冲洗外部,加入少量不含铵离子的 95% 乙醇,用带橡皮头玻璃棒充分搅拌,使其成为均匀的泥浆状态,再加乙醇约 60 mL,用带橡皮头玻璃棒充分搅拌,以便洗去土粒表面多余的乙酸铵,切不可有小土团存在。

(4)将离心管放在粗天平的两盘上,用乙醇溶液使之质量平衡,并对称放入离心机,离心 3~5 min,转速 3 000~4 000 r/min,弃去乙醇。如此反复 3~4 次,直至最后一次乙醇溶液中无 NH_4^+ 为止,用纳氏试剂检查。

(5)洗净多余的铵离子后,用水冲洗离心管的外壁,往离心管内加入少量水,并搅拌成糊状,用水把泥浆洗入 150 mL 的凯氏瓶中,并用橡皮头玻璃棒擦洗离心管的内壁,使全部土壤转入凯氏瓶内,加 2 mL 液态石蜡和 1 g 氧化镁,立即把凯氏瓶装在蒸馏装置上。

(6)将盛有 25 mL 硼酸指示剂吸收液的锥形瓶用缓冲管连接在冷凝管下端。通入蒸汽,随后摇动凯氏瓶内容物使其混合均匀。打开凯氏瓶下的电炉,接通冷凝系统的流水,用螺丝调节蒸汽流速度,使其一致,蒸馏 20 min,馏出液约达 80 mL 以后,用纳氏试剂检查蒸馏是否完全。检查方法:取下缓冲管,在冷凝管下端取几滴馏出液于白瓷比色板的孔穴中,立即往馏出液内加入 1 滴纳氏试剂,如无黄色反应,即为蒸馏完全。

(7)将缓冲管连同锥形瓶内的吸收液一起取下,用水冲洗缓冲管的内外壁(洗入锥形瓶内),然后用盐酸标准溶液滴定。

(8)同时做空白试验。

[结果计算]

样品中阳离子含量按照式(1)进行计算:

$$CEC(+) = \frac{c \times (V - V_0) \times 10^{-1}}{m} \times 1\ 000 \tag{1}$$

式中:CEC(+)为土样样品阳离子交换量,cmol/kg;c 为盐酸标准溶液的浓度,mol/L;V 为盐酸标准溶液的体积,mL;V_0 为空白试验盐酸标准溶液的用量,mL;m 为土样的质量,g;10^{-1} 为将 mmol 换算成 cmol 的系数;1 000 为换算成每千克土的交换量。

[注意事项]

(1)淋洗液中钙离子的检查方法:取最后一次乙酸铵浸出液 5 mL 于试管中,加 pH 为 10 的缓冲溶液 10 mL,加少许 K-B 指示剂。如溶液呈蓝色,为无钙离子;如呈紫色,为有钙离子,还要用乙酸铵继续浸提。

(2)当测定结果<10 cmol/kg 时,保留小数后一位;当测定结果≥10 cmol/kg 时,保留三位有效数字。

4.3.2　三氯化六氨合钴浸提-分光光度法

[实验原理]

在(20±2) ℃ 条件下,用三氯化六氨合钴溶液,c [Co(NH_3)_6Cl_3]=1.66 cmol/L,作为浸提液浸提土壤,土壤中的阳离子被三氯化六氨合钴交换下来进入溶液。三氯化六氨合钴在 475 nm 处有特征吸收,吸光度与浓度呈正比,根据浸提前后浸提液吸光度差值,计算土壤阳离子交换量。

[试剂与材料]

(1)三氯化六氨合钴[Co(NH_3)_6Cl_3,优级纯]。

(2)三氯化六氨合钴溶液,c [Co(NH_3)_6Cl_3]=1.66 cmol/L。准确称取 4.458 g 三氯化六氨合钴溶于水中,定容至 1 000 mL,4 ℃ 低温保存。

[仪器与设备]

(1)振荡器:振荡频率可控制在 150～200 次/min。

(2)离心机:转速可达 4 000 r/min,配备 100 mL 圆底塑料离心管(具密封盖)。

(3)分光光度计:配备 10 nm 光程比色皿。

(4)分析天平:感量为 0.001 g 和 0.01 g。

(5)尼龙筛:孔径 1.7 mm(10 目)。

(6)一般实验室常用仪器和设备。

[实验内容与步骤]

1.试样的制备

称取通过 1.7 mm 筛孔的风干土样 3.50 g,置于 100 mL 离心管中,加入 50.0 mL 三氯化六氨合钴溶液,旋紧离心管密封盖,置于振荡器上,在(20±2) ℃条件下振荡(60±5)min,调节振荡频率,使土壤浸提液混合物在振荡过程中保持悬浮状态。以 4 000 r/min 离心 10 min,收集上清液于比色管中,24 h 内完成分析。

2.空白试样的制备

量取 3.50 mL 蒸馏水或去离子水置于 100 mL 离心管中(代替土壤),按照"1.试样的制备"中相同步骤进行实验室空白试样的制备。

3.标准曲线的建立

分别量取 0 mL、1.00 mL、3.00 mL、5.00 mL、7.00 mL、9.00 mL 的三氯化六氨钴溶液于 6 个 10 mL 比色管中,分别用水稀释至标线,三氯化六氨钴的浓度分别为 0 cmol/L、0.166 cmol/L、0.498 cmol/L、0.830 cmol/L、1.16 cmol/L、1.49 cmol/L。用 10 mm 比色皿在波长为 475 nm 处,以水为参比,分别测量吸光度。以标准系列溶液中三氯化六氨合钴溶液的浓度(cmol/L)为横坐标,以其对应吸光度为纵坐标,建立标准曲线。

4.试样的测定

按照与"3.标准曲线的建立"相同的步骤进行试样测定。

5.空白试样的测定

按照与试样测定相同的步骤进行空白试样的测定。

[结果计算]

样品中阳离子含量按照式(2)进行计算:

$$CEC(+)(cmol/kg) = \frac{\rho \times V}{m \times 23.0 \times 10^3} \times 100 \qquad (2)$$

式中:CEC(+)为土壤阳离子交换量,cmol/kg;ρ 为从工作曲线上查找 Na 的浓度,mg/L;V 为测读液体积,100 mL;23.0 为钠离子(Na^+)的摩尔质量,g/mol;10^3 为把毫升换成升的除数;m 为土样的质量,g。

[注意事项]

1.方法检出限

当取样量为 3.50 g,浸提液体积为 50.0 mL,使用 10 mm 光程比色皿时,本标准测定的阳离子交换量的方法检出限为 0.8 cmol/kg,测定下限为 3.2 cmol/kg。

2.干扰和消除

当试样中溶解的有机质较多时,有机质在 475 nm 处也有吸收,影响离子交换量的测定结果。可同时在 380 nm 处测量试样吸光度,用来校正可溶有机质的干扰。假设 A_1 和 A_2 分别为试样在 475 nm 和 380 nm 处测量所得的吸光度,则试样校正吸光度(A)为:$A = 1.025 A_1 - 0.205 A_2$。

3.质量保证与质量控制

每批样品应做标准曲线,标准曲线的相关系数不应小于 0.999。每批样品应至少做 10% 的平行样,当样品量少于 10 个时,平行样不少于 1 个。

实验 4.4　　　　土壤交换性盐基总量及其组成的测定

土壤交换性盐基是指土壤有机无机复合体吸附的碱金属和碱土金属离子（K^+、Na^+、Ca^{2+}、Mg^{2+}），其总和为交换性盐基总量。土壤交换性盐基总量是土壤吸附性能的计量指标之一，也是土壤形成和属性的重要指标之一，它直接关系土壤的供肥、保肥和缓冲能力，也影响着土壤的结构性。

测定交换性盐基的方法很多，目前认为，以乙酸铵溶液作为交换性盐基的提取剂是合适的。这是因为当用乙酸溶液提取时，可以与阳离子交换量（CEC）的测定相结合，从而省了操作步骤；另外，乙酸铵易溶于水，也易分解，有利于后续测定。乙酸铵浸出液含有土壤可交换性的 K^+、Na^+、Ca^{2+}、Mg^{2+}，可直接用火焰光度法测定 K^+、Na^+ 含量，原子吸收分光光度法测定 Ca^{2+}、Mg^{2+}，具有快速方便的特点。Ca^{2+}、Mg^{2+} 的测定也可采用此方法。

本实验介绍乙酸铵交换-中和滴定法测定土壤交换性盐基总量及其组成的原理及步骤，主要参考《土壤农业化学分析方法》（鲁如坤，1999）。并根据土壤可交换性的 K^+、Na^+、Ca^{2+}、Mg^{2+} 含量占土壤阳离子交换量（CEC）的百分比计算土壤盐基饱和度。

4.4.1　酸性和中性土壤交换性盐基总量的测定

[实验原理]

采用乙酸铵交换-中和滴定法。土壤样品用中性乙酸铵溶液处理后的浸出液，包含全部交换性盐基，它们都以乙酸盐状态存在。将浸出液蒸干、灼烧，使乙酸铵分解逸出，其他乙酸盐转化为碳酸盐，最后大部分转化为氧化物。残渣溶解于一定量的盐酸标准溶液中，过量盐酸以氢氧化钠标准溶液滴定，按实际消耗酸量计算交换性盐基总量。

[试剂与材料]

（1）乙酸铵溶液，c（CH_3COONH_4）=1.0mol/L，pH=7.0。称取 77.09 g 乙酸铵用水溶解，稀释至近 1 L，用稀乙酸调节 pH 至 7.0，然后稀释至 1 L。

（2）甲基红指示剂。称取 0.1 g 甲基红溶于 100 mL 95％乙醇中。

（3）氢氧化钠标准溶液，c(NaOH)=0.05 mol/L。称取 2.0 g 氢氧化钠（NaOH，分析纯）溶于 1 L 无二氧化碳水中，用标准酸或邻苯二甲酸氢钾标定其精确浓度。

（4）盐酸标准溶液，c(HCl)=0.1 mol/L。量取 9.0 mL 浓盐酸，用蒸馏水定容至 1 L。用已标定好的氢氧化钠标准溶液标定其精确浓度。

（5）pH 为 10 的缓冲溶液。称取 67.5 g 氯化铵（NH_4Cl，化学纯）溶于无二氧化碳的水中，加入新开瓶的浓氨水（化学纯，ρ=0.9 g/cm^3，含氨25％）570 mL，用水稀释至 1 L，贮于塑料瓶中，并注意防止吸入空气中的二氧化碳。

（6）K-B 指示剂。称取 0.5 g 酸性铬蓝 K 和 1.0 g 萘酚绿 B，与 100 g 于 105 ℃烘过的氯化钠一同研磨，越细越好，贮于棕色瓶中。

[仪器与设备]

(1)离心机:转速 3 000～4 000 r/min。

(2)离心管:100 mL。

(3)水浴锅。

(4)瓷蒸发皿(100 mL)。

(5)高温电炉。

(6)一般实验室常用仪器和设备。

[实验内容与步骤]

(1)称取通过 0.25 mm 筛孔的风干土样 2.00 g(质地轻的土壤称 5.00 g),将其小心放入 100 mL 离心管。沿离心管壁加入少量乙酸铵溶液,用带橡皮头玻璃棒充分搅拌,使其成为均匀的泥浆状态。再加乙酸铵溶液至总体积约为 60 mL,并充分搅拌均匀,然后用乙酸铵溶液洗净橡皮头玻棒,溶液收入离心管内。

(2)将离心管在粗天平上成对平衡(用乙酸铵溶液使其平衡),平衡好的离心管对称放入离心机中离心 3～5 min,转速 3 000～4 000 r/min,将上清液收集于 250 mL 容量瓶中。如此用乙酸铵溶液处理 3～5 次,直到最后浸出液中无钙离子反应为止。

(3)吸取 50～100 mL 浸提液放入瓷蒸发皿中,在水浴锅上蒸干。蒸干后的瓷蒸发皿放入 470～500 ℃高温电炉中灼烧 15 min,冷却后加盐酸标准溶液 10.00 mL,用橡皮头玻璃棒小心擦洗瓷蒸发皿的内壁并搅匀,使残渣溶解,慎防产生的二氧化碳气体溅失溶液,低温加热 5 min,冷却后,加 1 滴甲基红指示剂,用氢氧化钠标准溶液滴定至突变为黄色。

[结果计算]

土壤交换盐基总量可按式(1)进行计算:

$$交换性盐基总量(cmol/kg)\left(\frac{1}{2}Ca^{2+}+\frac{1}{2}Mg^{2+}+K^{+}+Na^{+}\right)$$

$$=\frac{(c_1\times V_1-c_2\times V_2)\times t_s}{m}\times 100 \tag{1}$$

式中:c_1 为盐酸标准溶液的浓度,mol/L;V_1 为盐酸标准溶液的体积,mL;c_2 为氢氧化钠标准溶液的浓度,mol/L;V_2 为氢氧化钠标准溶液的体积,mL;t_s 为分取倍数;m 为土样的质量,g。

[注意事项]

淋洗液中钙离子的检查方法:取最后一次乙酸铵浸出液 5 mL 于试管中,加 pH 为 10 的缓冲溶液 10 mL,加少许 K-B 指示剂。如溶液呈蓝色,表示无钙离子;如呈紫色,表示有钙离子,还要用乙酸铵继续浸提。

4.4.2 酸性和中性土壤交换性钾和钠的测定

[实验原理]

采用乙酸铵交换-火焰光度法。用乙酸铵溶液交换的土壤浸出液中的交换性钾和钠,可直接在火焰光度计上测定,大量 NH_4^+ 的存在并不影响钾和钠离子的测定,然后在工作曲线上查出待测液中钾和钠的浓度。为了使标准溶液中离子成分与待测液相近,钾和钠的标准溶液必须用乙酸铵溶液配制。

[试剂与材料]

(1)钠标准溶液,$\rho(Na)=1\ 000$ mg/L。称取 2.542 1 g 氯化钠(NaCl,分析纯),经 105 ℃烘 4 h,溶于蒸馏水,定容至 1 L。

(2)钾标准溶液,$\rho(K)=1\ 000$ mg/L。称取 1.906 8 g 氯化钾(KCl,分析纯),经 105 ℃烘 4 h,溶于蒸馏水,定容至 1 L。

(3)钾、钠标准系列混合溶液。分别吸取不同量的钙标准溶液和镁标准溶液,用乙酸铵溶液定容配制成含钾(K)和钠(Na)各为 5 mg/L、10 mg/L、15 mg/L、20 mg/L、30 mg/L、50 mg/L 系列的混合标准溶液。

(4)乙酸铵溶液,$c(CH_3COONH_4)=1.0$ mol/L,pH=7.0。称取 77.09 g 乙酸铵用水溶解,稀释至近 1 L,用稀乙酸调节 pH 至 7.0,然后稀释至 1 L。

[仪器与设备]

(1)火焰光度计。
(2)一般实验室常用仪器和设备。

[实验内容与步骤]

1.标准曲线的建立

将配好的钾、钠标准系列混合溶液,以最大浓度定为火焰光度计上检流计的满度,然后从低浓度到高浓度依次进行测定,记录检流计读数,以检流计读数为纵坐标,钾(或钠)浓度(mg/L)为横坐标,绘制工作曲线。

2.试样的测定

将乙酸铵溶液交换的土壤浸出液直接在火焰光度计上测定钾和钠,记录检流计读数。然后从工作曲线上查得待测液的钾(或钠)的浓度(mg/L)。

[结果计算]

土壤交换钾和钠可按式(2)和式(3)进行计算:

$$\text{交换性钾(cmol/kg)}(K^+)=\frac{\rho\times V}{m\times 39.1\times 10^3}\times 100 \tag{2}$$

$$\text{交换性钠(cmol/kg)}(Na^+)=\frac{\rho\times V}{m\times 23.0\times 10^3}\times 100 \tag{3}$$

式中:ρ 为从工作曲线上查得钾(K)或钠(Na)浓度;V 为测读液体积,250 mL;39.1 为钾离子(K^+)的摩尔质量,g/moL;23.0 为钠离子(Na^+)的摩尔质量,g/moL;10^3 为将毫升换算成升的除数;m 为土样的质量,g。

[注意事项]

(1)乙酸铵浸出液中如果有漂浮的枯枝落叶等粗有机质,应先过滤去除,避免阻塞喷雾装置。

(2)火焰光度计使用方法参照仪器说明书。

(3)在成批样品的测定过程中,要按一定时间间隔用标准溶液校正仪器。

4.4.3　酸性和中性土壤交换性钙镁的测定

4.4.3.1　乙酸铵交换-原子吸收分光光度法

[实验原理]

以中性乙酸铵溶液为土壤交换剂,浸出液中的交换性钙镁,可直接用原子吸收分光光度法测定。测定时所用的钙镁标准溶液中应同时加入同量的乙酸铵溶液,以消除基本效应。此外,在土壤浸出液中,还应加入释放剂锶(Sr),以消除铝、磷和硅对钙测定的干扰。

[试剂与材料]

(1)钙标准溶液,$\rho(Ca)=1\ 000$ mg/L。称取 2.497 2 g 碳酸钙(CaCO$_3$,分析纯),经 110 ℃烘 4 h,溶于无盐酸溶液[$c(HCl)=1.0$ mol/L]中,煮沸赶去二氧化碳,用蒸馏水洗入 1 000 mL 容量瓶中,定容。

(2)镁标准溶液,$\rho(Mg)=1\ 000$ mg/L。称取 1.000 g 金属镁(光谱纯)溶于少量盐酸溶液[$c(HCl)=6.0$ mol/L]中,用蒸馏水洗入 1 000 mL 容量瓶中,定容。

(3)钙、镁标准系列混合溶液。分别吸取不同量的钙标准溶液和镁标准溶液,用乙酸铵溶液定容配制成含钙(Ca)1 mg/L、4 mg/L、8 mg/L、12 mg/L、16 mg/L、24 mg/L 和含镁(Mg)0.5 mg/L、1.0 mg/L、2.0 mg/L、3.0 mg/L、4.0 mg/L、5.0 mg/L 的混合溶液。各混合溶液中应先加入氯化锶溶液,使配制溶液中含锶(Sr)1 000 mg/L。

(4)氯化锶溶液,$\rho(SrCl_2 \cdot 2H_2O)=30$ g/L。称取 30 g 氯化锶(SrCl$_2$·2H$_2$O,分析纯),用去离子水溶解后定容至 1 L。

(5)乙酸铵溶液,$c(CH_3COONH_4)=1.0$ mol/L,pH=7.0。称取 77.09 g 乙酸铵用水溶解,稀释至近 1 L,用稀乙酸调节 pH 至 7.0,然后稀释至 1 L。

[仪器与设备]

(1)原子吸收分光光度计。

(2)一般实验室常用仪器和设备。

[实验内容与步骤]

1.标准曲线的建立

用钙镁标准系列溶液在选定工作条件的原子吸收分光光度计上用 422.7 nm(钙)和

285.2 nm(镁)波长处测定吸收值,绘制浓度-吸收值曲线,并计算其相关系数。

2.样品的测定

吸取乙酸铵处理土壤的浸出液 20 mL 于 25 mL 容量瓶中,加入氯化锶溶液 2.5 mL,用乙酸铵溶液定容。定容后的溶液直接在与标准曲线相同条件下测定吸收值。

[结果计算]

土壤交换钙和镁可按公式(4)和式(5)进行计算:

$$交换性钙(cmol/kg)\left(\frac{1}{2}\ Ca^{2+}\right)=\frac{\rho \times V \times t_s}{m \times 20.04 \times 10^3} \times 100 \tag{4}$$

$$交换性镁(cmol/kg)\left(\frac{1}{2}\ Mg^{2+}\right)=\frac{\rho \times V \times t_s}{m \times 12.153 \times 10^3} \times 100 \tag{5}$$

式中:ρ 为从工作曲线上查得测读液的钙(或镁)浓度,mg/L;V 为测读液体积,25 mL;20.04 为钙$\left(\frac{1}{2}Ca^{2+}\right)$的摩尔质量,g/mol;12.153 为镁$\left(\frac{1}{2}Mg^{2+}\right)$的摩尔质量,g/mol;$10^3$ 为将 mL 换算成 L 的除数;m 为土样的质量,g。

[注意事项]

(1)乙酸铵浸出液中如果有漂浮的枯枝落叶等粗有机质,应先过滤去除,避免阻塞喷雾装置。

(2)原子吸收分光光度计测定钙、镁的条件参照仪器说明书。

(3)在成批样品的测定过程中,要按一定时间间隔用标准溶液校正仪器。

4.4.3.2　乙酸铵交换-EDTA 络合滴定法

[实验原理]

土壤样品用中性乙酸铵溶液处理后的浸出液,蒸干后用稀盐酸溶解残渣,然后用 EDTA 标准溶液滴定。因为 EDTA 在一定 pH 条件下能与 Ca^{2+}、Mg^{2+} 形成稳定的络合物。根据所消耗的 EDTA 量,即可计算溶液中的 Ca^{2+}、Mg^{2+} 含量。

[试剂与材料]

(1)pH＝10 的缓冲溶液。称取 67.5 g 氯化铵(NH_4Cl,化学纯)溶于无二氧化碳的水中,加入新开瓶的浓氨水(化学纯,ρ＝0.9 g/cm^3,含氨 25％)570 mL,用水稀释至 1 L,贮于塑料瓶中,并注意防止吸入空气中的二氧化碳。

(2)K-B 指示剂。称取 0.5 g 酸性铬蓝 K 和 1.0 g 萘酚绿 B,与 100 g 于 105 ℃烘过的氯化钠一同研磨,越细越好,贮于棕色瓶中。

(3)EDTA 标准溶液,$c(C_{10}H_{14}O_8N_2Na_2 \cdot 2H_2O)$＝ 0.010 0 mol/L。先将乙二胺四乙酸二钠($Na_2H_2C_{10}H_{12}O_8N_2 \cdot 2H_2O$,分析纯)在 80 ℃下干燥 2 h,保存于干燥器中。称取干燥后的乙二胺四乙酸二钠 3.722 5 g,溶于无二氧化碳水中,微热溶解,冷却后定容至 1 L,贮存于塑料试剂瓶中。

(4)氢氧化钠溶液，$c(NaOH) = 2$ mol/L。称取 8.0 g 氢氧化钠（NaOH，分析纯）溶于 100 mL 无二氧化碳水中。

(5)1：3 盐酸溶液。浓盐酸（HCl，$\rho \approx 0.9$ g/cm^3，分析纯）和水以 1：3 的比例混合。

(6)1：1 氨水。浓氨水（NH$_4$OH，$\rho \approx 0.88$ g/cm^3，分析纯）和水等体积混合。

[仪器与设备]

(1)烧杯：200 mL。

(2)碱式滴定管：25 mL。

(3)一般实验室常用仪器和设备。

[实验内容与步骤]

(1)吸取乙酸铵处理土壤的浸出液 25 mL，4 份，分别放入 200 mL 烧杯中，低温蒸干，往蒸干的烧杯中加 3～5 滴 1：3 盐酸溶液，溶解残渣，并加少量水擦洗烧杯内壁，加水使溶液总体积控制在 40 mL 左右。

(2)将其中 2 份用作 Ca^{2+} 和 Mg^{2+} 含量的测定。用 1：1 氨水中和溶液到中性（用 pH 试纸检查），加 pH 为 10 的缓冲溶液 3.5 mL，再加 K-B 指示剂 0.1 g，用 EDTA 标准溶液滴定到纯蓝色，记录消耗 EDTA 溶液体积（V_1）。同时做空白试验，记录消耗 EDTA 溶液体积（V_0）。

(3)另 2 份用作 Ca^{2+} 的测定。用氢氧化钠溶液调节待测液到 pH 为 12，加 K-B 提示剂 0.1 g，用 EDTA 标准溶液滴定到纯蓝色，记录消耗 EDTA 溶液体积（V_2）。同时做空白试验，记录消耗 EDTA 溶液体积（V_0）。

[结果计算]

土壤交换钙和镁可按式(6)和式(7)进行计算：

$$交换性钙(cmol/kg)\left(\frac{1}{2}Ca^{2+}\right) = \frac{(V_2 - V'_0) \times c \times 2 \times t_s}{m} \times 100 \qquad (6)$$

$$交换性镁(cmol/kg)\left(\frac{1}{2}Mg^{2+}\right) = \frac{[(V_1 - V_0) - (V_2 - V'_0)] \times c \times 2 \times t_s}{m} \times 100 \qquad (7)$$

式中：V_1 为滴定镁、钙含量用去 EDTA 溶液的体积，mL；V_0 为滴定钙、镁含量空白用去 EDTA 溶液的体积，mL；V_2 为滴定钙用去 EDTA 溶液的体积，mL；V'_0 为滴定钙空白用去 EDTA 溶液的体积，mL；c 为 EDTA 标准溶液的浓度，mol/L，折合为 1/2Ca^{2+} 或 1/2Mg$^+$ 的摩尔浓度时必须乘 2；t_s 为分取倍数；m 为土样的质量，g。

[注意事项]

乙酸铵浸出液中如果有漂浮的枯枝落叶等粗有机质，应先过滤后进行测定。否则这些有机物质中的钙镁经蒸干后加酸溶解时，亦被浸提入溶液中，影响土壤交换性钙镁的测定结果。

4.4.4　土壤盐基饱和度的计算

土壤盐基饱和度是用交换性盐基离子总量占阳离子交换量的百分比计算而得，见式(8)。

$$\text{盐基饱和度} = \frac{\frac{1}{2}\,Ca^{2+} + \frac{1}{2}\,Mg^{2+} + K^+ + Na^+}{CEC(+)} \times 100\% \tag{8}$$

式中:$(\frac{1}{2}Ca^{2+} + \frac{1}{2}Mg^{2+} + K^+ + Na^+)$为用乙酸铵交换-中和滴定法测得或乙酸铵交换测得的交换性盐基离子之和,cmol/kg;CEC(+)为用乙酸铵交换法测得阳离子交换量,cmol/kg。

实验 4.5　土壤氧化还原电位的测定

土壤氧化还原电位(soil redoxpotential)指土壤中氧化态物质和还原态物质的相对浓度变化而产生的电位,用 E_h 表示。土壤氧化还原性质是土壤一个重要化学性质,影响土壤形成过程中物质的转化、迁移和土壤剖面的发育,控制土壤元素的形态和有效性,制约土壤环境中某些污染物的形态、转化和归趋。

国内外测定氧化还原电位的常用方法是铂电极直接测定法。这种方法是基于铂电极本身难以腐蚀、溶解,而可作为一种电子传导者。当铂电极与介质(土壤、水等)接触时,它们之间将发生电子传递过程,最终在铂电极表面建立平衡电位。直接测定法简便易行,且对一般还原性土壤有着实际的参考价值。但因受土壤中平衡时间的影响较大,精度不如铂电极去极化法。去极化法是根据铂电极正极极化或负极极化后,在去极化过程中铂电极电位值的动态变化特点,将两去极化曲线直线化后外推,由其相交点求得平衡时的电位值,即 E_h 值。

本实验介绍电位法测定现场土壤氧化还原电位的原理及步骤,主要参考 HJ 746—2015。

[实验原理]

将铂电极和参比电极插入新鲜或湿润的土壤中(土壤水分状态评价见附录 4-1),土壤中的可溶性氧化剂或还原剂从铂电极上接受或给予电子,直至在电极表面建立起一个平衡电位,测量该电位与参比电极电位的差值,再与参比电极相对于氢标准电极的电位值相加,即得到土壤的氧化还原电位。

[试剂与材料]

(1)醌氢醌($C_{12}H_{10}O_4$)。

(2)铁氰化钾{$K_3[Fe(CN)_6]$}。

(3)亚铁氰化钾[$K_4Fe(CN)_6 \cdot 3H_2O$]。

(4)琼脂,$\omega = 0.5\%$。

(5)氯化钾(KCl)。

(6)氧化还原缓冲溶液。将适量粉末态醌氢醌加至 pH 缓冲溶液中获得悬浊液,或等摩尔的铁氰化钾-亚铁氰化钾(mol/mol)的混合溶液。标准氧化还原缓冲溶液的电位值参见附录 4-2。

（7）氯化钾溶液，$c(KCl)=1.00$ mol/L。称取 74.55 g 氯化钾于 1 000 mL 容量瓶中，用水稀释至标线，混匀。

（8）氯化钾溶液，$c(KCl)=3.00$ mol/L。称取 223.65 g 氯化钾于 1 000 mL 容量瓶中，用水稀释至标线，混匀。

（9）电极清洁材料：细砂纸、去污粉、棉布。

[仪器与设备]

（1）电位计：输入阻抗不小于 10 GΩ，灵敏度为 1 mV。

（2）氧化还原电极：铂电极，需在空气中保存并保持清洁。两种不同类型的铂电极的结构见图 4-2。

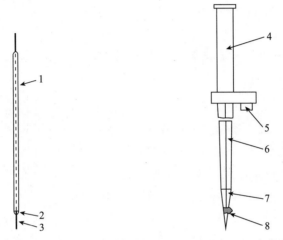

1.绝缘材料；2.铜杆；3.铂丝；4.把手；5.插孔；6.钢杆；7.环氧树脂；
8.暴露的铂丝束。

图 4-2   氧化还原电极的结构

（3）参比电极：银-氯化银电极，也可以使用其他电极，如甘汞电极。参比电极相对于标准氢电极的电位见附录 4-3。银-氯化银电极应保存于 1.00 mol/L 或 3.00 mol/L 的氯化钾溶液中，氯化钾的浓度与电极中的使用浓度相同，或直接保存于含有相同浓度氯化钾溶液的盐桥中。

（4）不锈钢空心杆：直径比氧化还原电极大 2 mm，长度应满足氧化还原电极插入土壤中所要求的深度。

（5）盐桥：连接参比电极和土壤，盐桥的结构如图 4-3。

（6）手钻：直径大于盐桥参比电极 3～5 mm。

（7）温度计：灵敏度为 ±1 ℃。

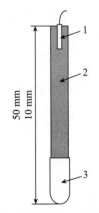

1.银-氯化银电极；2.琼脂氯化钾溶液（$\omega=0.5\%$）；3.陶瓷套。

图 4-3   氧化还原电位测量中的盐桥结构

[实验内容与步骤]

1.选点

按照 HJ/T 166—2004 的相关要求,根据背景资料与现场考察结果、污染物空间分异性和对土壤污染程度的基本判断选择测量现场。在选定的测量点位,应清除瓦砾、石子等大颗粒杂质。

2.电极和盐桥的现场布置

氧化还原电极和盐桥的现场布置见图 4-4。氧化还原电极和盐桥之间的距离应在 0.1~1 m,两支氧化还原电极分别插入不同深度的土壤中。电极插入的土壤层的水分状态,按附录 4-1 中的分类应为新鲜或潮湿。如表层土壤干燥,盐桥应放在新鲜或潮湿土层的孔内,参比电极避免阳光直射。

3.测定

在每个测量点位,先用不锈钢空心杆在土壤中分别钻两个比测量深度浅 2~3 cm 的孔,再迅速插入铂电极至待测深度。每个测量深度至少放置两个电极,且两个电极之间的距离为 0.1~1 m,铂电极至少在土壤中放置 30 min,然后连接电位计。

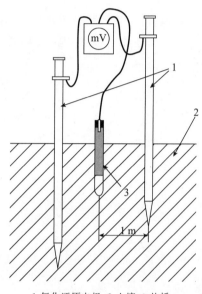

1.氧化还原电极;2.土壤;3.盐桥。

图 4-4 氧化还原电极和盐桥的布置

在距离氧化还原电极 0.1~1 m 处的土壤中安装盐桥,并应保证盐桥的陶瓷套与土壤有良好接触。1 h 后开始测定,记录电位计的读数(E_m)。如果 10 min 内连续测量相邻两次测定值的差值≤2 mV,可以缩短测量时间,但至少需要 30 min。读取电位的同时,测量参比电极处的温度(注:在读数间隔期间要将铂电极从毫伏计上断开,因为氯化钾会从盐桥泄漏到土壤中,2 h 会达到最大泄漏量。如果断开不能解决问题,要从土壤中取出盐桥,下次测量前再重新安装。)。

[结果计算]

土壤的氧化还原电位(mV),按照式(1)进行计算。

$$E_h = E_m + E_r \qquad\qquad (1)$$

式中:E_h 为土壤的氧化还原电位,mV;E_m 为仪器读数,mV;E_r 为测试温度下参比电极相对于标准氢电极的电位值,mV(附录 4-3)。

[注意事项]

(1)本方法适用于水分状态为附录 4-1 中给出的新鲜或湿润土壤的氧化还原电位的测定。

(2)使用同一支铂电极连续测试不同类型的土壤后,仪器读数常出现滞后现象,此时应在测定每个样品后对电极进行清洗净化。必要时,将电极放置于饱和 KCl 溶液中浸泡,待参比电极恢复原状方可使用。

（3）如果土壤水分含量低于 5％，应尽量缩短铂电极与参比电极间距离，以减小电路中的电阻。

（4）铂电极在一年之内使用且每次使用前都要检查铂电极是否损坏或污染。如果铂电极被污染，可用棉布轻擦，然后用蒸馏水冲洗。

（5）铂电极使用前，应用氧化还原缓冲溶液检查其响应值，如果其测定电位值与氧化还原缓冲溶液的电位值之差大于 10 mV，应进行净化或更换。同样也要检测参比电极。参比电极可以相互检测，但至少需要 3 个参比电极轮流连接，当一个电极的读数和其他电极的读数差别超过 10 mV 时，可视为该电极有缺陷，应弃用。

（6）结果保留整数位。

附录 4-1

表 4-1 土壤水分状态评价

土壤评价	性质	土壤鉴别	
		＞17％	＜17％
干	水分含量低于凋萎点	固体，坚硬，不可塑，湿润后严重变黑	颜色浅，湿润后严重变黑
新鲜	水分含量介于田间土壤水分含量与凋萎点之间	半固体，可塑，用手碾成 3 mm 细条时会破裂和碎散，湿润后颜色轻微加深	湿润后颜色轻微加深
湿润	水分含量接近于田间水分含量，不存在游离水	可塑，碾成 3 mm 细条时无破裂，湿润后颜色保持不变	接触的手指轻微湿润，挤压时，没有水出现，湿润后颜色保持不变
潮湿	存在游离水，部分土壤孔隙空间饱和	质软，可碾成＜3 mm 细条	接触的手指迅速湿润，挤压时有水出现
饱和	所有孔隙饱和，存在游离水	所有孔隙饱和，存在游离水	所有孔隙饱和，存在游离水
充满	表层土壤含有水分	表层土壤含有水分	表层土壤含有水分

附录 4-2

表 4-2 标准氧化还原缓冲溶液电位值（醌氢醌）

参比电极	pH＝4/mV			pH＝7/mV		
	20 ℃	25 ℃	30 ℃	20 ℃	25 ℃	30 ℃
饱和银-氯化银	268	263	258	92	86	79
饱和甘汞电极	223	218	213	47	41	34
饱和氢电极	471	462	454	295	285	275

表 4-3   标准氧化还原缓冲溶液电位值(铁氰化钾-亚铁氰化钾)

pH	E_h/mV	pH	E_h/mV
0	771	8	160
1	770	9	30
2	750	10	-150
3	710	11	-320
4	620	12	-480
5	500	13	-560
6	390	14	-620
7	270		

表 4-4   标准氧化还原缓冲溶液电位值(标准氢电极)

浓度/(mol/L)	E_h/mV
0.01	415
0.007	409
0.004	401
0.002	391
0.001	383

注:用 0.001 mol/L 的铁氰化钾和亚铁氰化钾溶液测量最为准确。铁氰化钾和亚铁氰化钾溶液的浓度均相等。

附录 4-3

表 4-5   不同温度对应的参比电极相对于标准氢电极的电位值   mV

温度/℃	甘汞电极 0.1 mol/L KCl	甘汞电极 1 mol/L KCl	甘汞电极 饱和 KCl	银-氯化银 1 mol/L KCl	银-氯化银 3 mol/L KCl	银-氯化银 饱和 KCl
50	331	274	227	221	188	174
45	333	273	231	224	192	182
40	335	275	234	227	196	186
35	335	277	238	230	200	191
30	335	280	241	233	203	194
25	336	283	244	236	205	198
20	336	284	248	239	211	202
15	336	286	251	242	214	207
10	336	287	254	244	217	211
5	335	285	257	247	221	219
0	337	288	260	249	224	222

第5章 土壤微生物性质分析

土壤微生物量碳、氮含量的测定

土壤微生物量是土壤有机质的活性部分,也是土壤中最活跃的因子。一方面,土壤微生物参与土壤有机质的分解、腐殖质的形成、土壤养分(氮、磷、硫等)转化和循环等各个生化过程,是土壤有机质和土壤养分转化和循环的动力;另一方面,土壤微生物量本身是土壤养分的储备库,是植物生长可利用养分的一个重要来源。因此,研究土壤微生物量对了解土壤肥力、土壤养分植物有效性以及土壤养分转化与循环具有重要意义。目前,测定土壤微生物碳、氮的主要方法有氯仿熏蒸培养法和氯仿熏蒸浸提法。本实验采用土壤微生物生物量的测定-熏蒸提取法(GB/T 39228—2020),然后采用重铬酸钾氧化-分光光度法(HJ 615—2011)测定提取液中有机碳含量,采用凯氏定氮法(HJ 717—2014)测定提取液中全氮含量。

[实验原理]

熏蒸提取法的原理:土壤样品经氯仿熏蒸处理,活体微生物被杀死,细胞破裂,释放出微生物有机质。然而,熏蒸对非活体土壤有机质没有显著影响。因此,采用 0.5 mol/L K_2SO_4 溶液定量提取氯仿熏蒸 24 h 后土壤样品和未熏蒸的土壤样品,测定浸提液中全碳和全氮的含量,根据两者浸提液中全碳和全氮含量的差值,可以计算土壤微生物量碳氮含量。

重铬酸钾氧化-分光光度法的原理:在加热的条件下,有机碳被过量的重铬酸钾-硫酸溶液氧化,重铬酸钾中的六价铬(Cr^{6+})被还原为三价铬(Cr^{3+}),其含量与样品组有机碳的含量呈正比,于 585 nm 波长处测定吸光度,根据三价铬(Cr^{3+})的含量计算有机碳含量。

凯氏定氮法的原理:提取液中的全氮在硫代硫酸钠、浓硫酸、高氯酸和催化剂的作用下,经氧化还原反应全部转化为铵态氮。消解后的溶液碱化蒸馏出的氨,被硼酸吸收,用标准盐酸溶液滴定,根据标准盐酸溶液的用量来计算提取液中全氮的含量。

[试剂与材料]

(1)浓硫酸,$\rho(H_2SO_4)=1.84$ g/mL。

(2)浓盐酸,$\rho(HCl)=1.19$ g/mL。

(3)高氯酸,$\rho(HClO_4)=1.768$ g/mL。

(4)硫酸汞($HgSO_4$,分析纯)。

(5)无水乙醇,$\rho(C_2H_6O)=0.79$ g/mL。

(6)碳酸钾(K_2CO_3,分析纯)。

(7)无乙醇氯仿:市售的氯仿($CHCl_3$,分析纯)都含有乙醇(作为稳定剂),使用前必须除去乙醇。即量取 500 mL 氯仿于 1 000 mL 分液漏斗中,加入 50 mL 硫酸溶液[$\rho(H_2SO_4)=$ 5%],充分摇匀,弃除下层硫酸溶液,如此进行 3 次。再加入 50 mL 去离子水,摇匀,弃去上部的水分,如此进行 5 次。将下层的氯仿转移存放在棕色瓶中,并加入约 20 g 无水碳酸钾(K_2CO_3,分析纯),在冰箱的冷藏室中保存备用。

(8)硫酸钾溶液,$c(K_2SO_4)=0.5$ mol/L。称取硫酸钾(K_2SO_4,分析纯)87.10 g,先溶于 300 mL 去离子水中,加热溶解,转移溶液至 1 000 mL 容量瓶中,再加少量去离子水溶解残余的硫酸钾,转移溶液至同一容量瓶中,如此反复多次,最后定容至 1 000 mL。

(9)重铬酸钾溶液,$c(1/6K_2Cr_2O_7)=0.27$ mol/L。称取经 130 ℃ 烘干 2~3 h 的重铬酸钾($K_2Cr_2O_7$,分析纯)80.00 g,溶于 1 000 mL 去离子水中。该溶液贮存于试剂瓶中,4 ℃ 保存。

(10)葡萄糖标准使用液,$\rho(C_6H_{12}O_6)=10.00$ g/mL。称取 10.00 g 葡萄糖($C_6H_{12}O_6$,分析纯)于适量去离子水中,溶解完全后转移至 1 000 mL 容量瓶中,定容。该溶液贮存于试剂瓶中,有效期为一个月。

(11)还原剂:将五水合硫代硫酸钠($Na_2S_2O_3 \cdot 5H_2O$,分析纯)研磨后过 0.25 mm(60 目)筛,临用现配。

(12)混合催化剂:称取 200 g 硫酸钾、6 g 五水合硫酸铜($CuSO_4 \cdot 5H_2O$,分析纯)、6 g 二氧化钛(TiO_2,分析纯)于玻璃研钵中充分混匀、研细,试剂瓶中保存。

(13)氢氧化钠溶液,$\rho(NaOH)=400$ g/L。称取 400 g 氢氧化钠(NaOH,分析纯)于烧杯中,加去离子水 600 mL,搅拌使之全部溶解,冷却后定容至 1 L。

(14)硼酸溶液,$\rho(H_3BO_3)=20$ g/L。称 20 g 硼酸(H_3BO_3,分析纯)溶于 1 000 mL 水中,再加入 20 mL 混合指示剂(按体积比 100:2 加入混合指示剂)。

(15)混合指示剂:称取 0.5 g 溴甲酚绿和 0.1 g 甲基红,溶解在 100 mL 95% 的乙醇(C_2H_6O,分析纯)中,用稀氢氧化钠或盐酸(HCl,分析纯)调节使之呈淡紫色,此溶液 pH 应为 4.5。

(16)盐酸标准溶液,$c(HCl)\approx0.05$ mol/L。移液管吸取 4.20 mL 浓盐酸(HCl,分析纯),用蒸馏水稀释至 1 000 mL,此溶液浓度约为 0.05 mol/L,准确浓度可用基准物质标定。

[仪器与器皿]

1.仪器

培养箱、真空干燥器、真空泵、振荡仪、凯氏氮定氮装置、天平、恒温加热器、消煮炉、冰箱、离心机。

2.器皿

广口玻璃瓶、烧杯、聚乙烯塑料瓶、三角瓶、移液管、定量滤纸、具塞消解玻璃管、土壤筛(10 目和 60 目)。

[实验内容与步骤]

1.土壤样品的预处理

新鲜土壤样品立即去除植物残体、根系和可见的土壤动物(如蚯蚓)等,然后过筛(10 目)或放在低温下(2~4 ℃)保存。如果土壤太湿无法过筛,进行晾干时必须经常翻动土壤,避免局部风干导致微生物死亡。过筛后的土壤样品调节到 40% 左右的田间持水量,在室温下放在密闭的装置中预培养 1 周,密闭容器中要放入两个适中的烧杯,分别加入水和稀 NaOH 溶液,以保持其湿度和吸收释放的 CO_2。预培养后的土壤最好立即分析或放在低温下($2\sim4$ ℃)保存。

2.土壤样品的熏蒸

准确称取 3 份相当于 10 g(精确至 0.000 1 g)烘干土重的鲜土放入铝盒或烧杯中,放入干燥器中。干燥器中放入一只盛有 60 mL 无乙醇氯仿和沸石的烧杯、一只盛有氢氧化钠溶液的烧杯,并在真空干燥器的底部放入少量蒸馏水和滤纸,目的是用于吸收熏蒸过程中产生的 CO_2 并保持空间内一定的湿度。将真空干燥器盖好后,使用凡士林密封各处空隙,用真空泵抽真空后保持氯仿沸腾 3 min,关闭真空干燥器阀门,并用黑色塑料袋将其完全包裹,避光熏蒸 24 h 后,打开真空干燥器阀门,有空气吸入声音则表示熏蒸成功。取出氯仿和氢氧化钠,更换底部蒸馏水,多次抽真空直至土壤样品无氯仿气味为止。

3.土壤提取液的制备

将熏蒸土壤和未熏蒸土壤分别无损地转移到 200 mL 聚乙烯塑料瓶中,加入 40 mL 浓度为 0.5 mol/L 的硫酸钾溶液(土液比 1∶4),恒温振荡浸提 30 min 后,过滤获得浸提液。

4.提取液中有机碳含量的测定

标准曲线绘制:分别量取 0 mL、0.50 mL、1.00 mL、2.00 mL、4.00 mL、6.00 mL 葡萄糖标准溶液于 100 mL 具塞玻璃消解管中,其对应有机碳质量分别为 0 mg、2.00 mg、4.00 mg、8.00 mg、16.00 mg、24.00 mg。每支消解管中加 0.1 g 硫酸汞和 5.00 mL 重铬酸钾溶液,摇匀。再缓慢加入 7.5 mL 硫酸,轻轻摇匀。开启恒温加热器,设置温度为 135 ℃。当温度升至接近 100 ℃时,将上述具塞消解玻璃管开塞,放入恒温加热器的加热孔中,以仪器温度显示 135 ℃ 开始计时,加热 30 min。然后关掉恒温加热器开关,取出具塞消解管,水浴冷却至室温。向每个具塞消解管中缓慢加入去离子水,定容至 100 mL 刻线,加塞摇匀。以去离子水为参比,于波长 585 nm 处测定吸光度。以零浓度校正吸光度为纵坐标,以对应有机碳质量(mg)为横坐标,绘制标准曲线。

样品测定:准确吸取浸提液 5.0 mL 放入消解管中,加入 0.1 g 硫酸汞和 5.00 mL 重铬酸钾溶液,摇匀。再缓慢加入 7.5 mL 硫酸,轻轻摇匀。按照上述标准曲线的测定进行消解、冷却与定容,于波长 585nm 处测定吸光度。

5.提取液中全氮含量的测定

消煮:准确吸取 10 mL 提取液于凯氏氮消解瓶中,加入 5 mL 浓硫酸,使用干燥的长颈漏斗将 0.5 g 还原剂加到凯氏氮消解瓶底部,置于消解器(或电热板)加热,待冒烟后停止加热。冷却后,加入 1.1 g 混合催化剂,摇匀,继续在消解器(或电热板)上消煮。消煮时保持微沸状态,使白烟到达瓶颈 1/3 处回旋,待消煮液全部变成灰白色稍带绿色后,表明消煮完全,再继续消煮 1 h,完毕冷却。同时做两个试剂空白试验。

蒸馏:将消解液全部转入蒸馏瓶中,并用去离子水洗涤凯氏氮消解瓶 4~5 次,总用量不超过 80 mL,连接到凯氏氮蒸馏装置上(图 5-1)。在 250 mL 锥形瓶中加入 20 mL 硼酸溶液和 3 滴混合指示剂,用于吸收馏出液,导管尖伸入吸收液液面以下。将蒸馏瓶呈 45 ℃ 斜置,缓缓沿壁加入 20 mL 氢氧化钠溶液,使其在瓶底形成碱液层。迅速连接定氮球和冷凝管,摇动蒸馏瓶使溶液充分混匀,开始蒸馏,待馏出液体积约 100 mL 时,蒸馏完毕。用少量已调节至 pH

为 4.5 的水洗涤冷凝管的末端。

滴定:用盐酸标准溶液滴定蒸馏后的馏出液,溶液颜色由蓝绿色变成红紫色,记录所用盐酸标准溶液的体积。

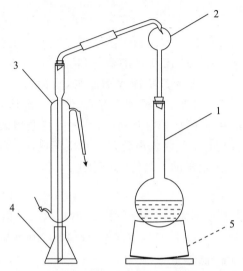

1.凯氏蒸馏瓶;2.定氮球;3.直形冷凝管;4.接收瓶;5.加热装置。

图 5-1　凯氏氮蒸馏装置

[结果计算]

1.土壤微生物量碳含量的计算

土壤微生物量碳的含量采用式(1)计算:

$$\omega(B_c) = \frac{E_c}{K_{Ec}} \tag{1}$$

式中:$\omega(B_c)$ 为微生物量碳含量的质量分数,mg/kg;E_c 为熏蒸土样有机碳与未熏蒸土样有机碳含量的差值,mg/kg;K_{Ec} 为转换系数,取值 0.38。

熏蒸土样有机碳与未熏蒸土样有机碳含量分别采用式(2)计算:

$$\omega(C) = \frac{(V_0 - V_1) \times c \times 3 \times f \times 1\,000}{m \times W_{dm}} \tag{2}$$

式中:$\omega(C)$ 为土壤有机碳的质量分数,mg/kg;V_0 为滴定空白试样时所消耗的 $FeSO_4$ 体积,mL;V_1 为滴定土壤样品时所消耗的 $FeSO_4$ 体积,mL;c 为 $FeSO_4$ 溶液的浓度,mol/L;3 为碳($\frac{1}{4}C$)的毫摩尔质量,$M(\frac{1}{4}C) = 3$ mg/mmol;f 为样品的稀释倍数;W_{dm} 为土壤样品的干物质含量,%;m 为称取土壤样品的质量,g。

2.土壤微生物量氮含量的计算

土壤微生物量氮含量采用式(3)计算:

$$N_c = 0.54 E_N \tag{3}$$

式中:N_c 为土壤微生物量氮含量的质量分数,μg/g;E_N 为经 24 h 氯仿熏蒸后的土壤样品中全氮含量与未经熏蒸土壤样品的全氮含量的差值。

土壤样品中全氮的含量采用式(4)计算:

$$\omega_N = \frac{(V_1 - V_0) \times c_{HCl} \times 14.0 \times 1\,000}{m \times W_{dm}} \qquad (4)$$

式中:ω_N 为土壤样品中全氮的含量,mg/kg;V_1 为滴定土壤样品时消耗盐酸标准溶液的体积,mL;V_1 为滴定空白样品时消耗盐酸标准溶液的体积,mL;c_{HCl} 为盐酸标准溶液的浓度,mol/L;14.0 为氮的摩尔质量,g/mol;W_{dm} 为土壤样品的干物质含量,%;m 为称取土壤样品的质量,g。

[注意事项]

(1)氯仿致癌,操作时应在通风橱中进行。

(2)打开真空干燥器时要听声音,如没有空气进去的声音,实验需重做。

(3)浸提液应立即测定有机碳和全氮的含量,或者在 −18 ℃下保存。

(4)结果保留 3 位有效数字,按科学计数法表示。

实验 5.2　土壤微生物呼吸速率的测定

土壤呼吸强度是土壤微生物活性的重要标志,反映了土壤中微生物有机质残体分解的速度和强度。目前,测定土壤微生物呼吸作用的实验室方法有:压力补偿系统静态系统中 O_2 消耗量的测定法、静态系统中 CO_2 释放量的测定-滴定法、静态系统中 CO_2 释放量的测定-库伦定量法、流动系统中 CO_2 释放量的测定-红外气体分析法、流动和静态系统中 CO_2 释放量的测定-气相色谱法等。每一种测定方法都有优缺点,而 O_2 消耗量法和 CO_2 释放量法获得的结果并不完全一致,因此采用哪一种方法都需要结合试验目的认真考虑。本实验采用静态系统中 CO_2 释放量的测定-滴定法测定土壤的呼吸速率(GB/T 32720—2016)。该方法简单,适合于大量土壤样品的分析测定。

[实验原理]

在封闭器皿中培养土壤,释放出的 CO_2 由 NaOH 吸收。根据反滴定未中和的 NaOH,计算消耗掉的 NaOH,然后计算出 CO_2 的释放量。

[试剂与材料]

(1)去 CO_2 水。蒸馏水煮沸,冷却后贮存于带盖子的长颈瓶中,瓶盖中装有氢氧化钙[$Ca(OH)_2$,分析纯]可以去除 CO_2。

(2)氢氧化钠溶液,$c(NaOH) = 0.05$ mol/L。称 2.00 g 氢氧化钠(NaOH,分析纯)于烧杯中,加蒸馏水 200 mL,搅拌使之全部溶解,冷却后转入 1 L 容量瓶中,用蒸馏水定容至 1 L。

(3)盐酸溶液,$c(HCl) = 0.1$ mol/L。移液管吸取 8.40 mL 浓盐酸(HCl,分析纯),用蒸馏水稀释定容至 1 L。

(4)氯化钡溶液,$c(BaCl_2) = 0.5$ mol/L。称取 10.40 g 氯化钡($BaCl_2$,分析纯)于烧杯中,

加去 CO_2 蒸馏水,搅拌使之全部溶解,定容至 100 mL。

(5)指示剂:将 0.1 g 酚酞溶解于 100 mL 60%乙醇溶液(体积分数)中。

[仪器与设备]

带旋转盖的广口瓶(250 mL)或带橡胶塞的贮存瓶(1 L)、离心管(需钻若干小孔以方便气体交换)或带孔的尼龙袋、酸式滴定管、烧杯、容量瓶。

[实验内容与步骤]

称取 20～25 g 新鲜土壤样品到离心管(图 5-2 左)或塑料袋(图 5-2 右)中,将离心管或塑料袋悬置于广口瓶中(图 5-2),广口瓶底部预先装有 20 mL 的氢氧化钠溶液。广口瓶密封后,于恒温如(22±1)℃培养室中培养 24 h。在密闭瓶口时,用空气(低 CO_2 浓度)置换瓶内气体,然后移出离心管(或塑料袋),加入 2 mL 的氯化钡溶液,使 CO_2 以碳酸钡的形式沉淀。加入 3～4 滴指示剂,用盐酸溶液滴定剩余的氢氧化钠溶液。

测定至少重复 3 次,同时设置空白对照(即不装土壤样品的广口瓶)。

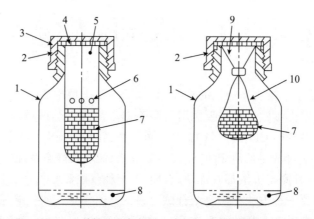

1.广口瓶(250 mL);2.旋转盖;3.倾倒圈;4.密闭垫;5.悬置的离心管;6.气体交换口;7.土壤样品;8.氢氧化钠溶液;9.塑料线;10.有微孔的尼龙袋。

图 5-2 测定土壤呼吸作用的广口瓶培养装置

[结果计算]

CO_2 形成速率的计算根据式(5):

$$R_{CO_2} = \frac{2.2 \times (\overline{V}_b - \overline{V}_p)}{24 \times m_{sm} \times w_{sd}} \tag{1}$$

式中:R_{CO_2} 为 CO_2 形成速率,mg CO_2/(g·h);$\overline{V}_b$ 为空白对照所消耗的 HCl 的平均体积,mL;$\overline{V}_p$ 为土壤样品消耗的 HCl 的平均体积,mL;m_{sm} 为新鲜土壤的质量,g;w_{sd} 为新鲜土壤换算成干土的转换系数,即土壤干重占湿重的比率;2.2 为系数,即 1 mL 0.1 mol/L HCl 相当于 2.2 mg CO_2,mg/(mL·d);24 为将天转化为小时的系数,h/d。

[注意事项]

实验室测定基础呼吸时,在第一个小时经常观察到 CO_2 释放量升高,这可能与土壤样品准备过程中移动或者混合土壤颗粒时增加营养有关,也可能与短期内气体 CO_2 与溶液中 CO_2 的平衡有关。获得稳定基础呼吸状态的培养时间决定于土壤样品中易获得的碳化合物的初始含量。

CO_2 释放量法不能区分微生物代谢释放的 CO_2 与非生物因素产生的 CO_2。对于碱性土壤或有机质含量高的土壤,非生物因素释放的 CO_2 量比较大,推荐采用 O_2 消耗量法。

实验 5.3　　土壤氧化还原酶活性的测定

土壤酶是土壤生态系统中物质代谢和能量流动的重要驱动力,参与土壤有机质的矿化分解,土壤酶的质量和活性大小表征土壤肥力的高低以及碳和养分循环速率的快慢,是土壤环境质量和生态系统健康的重要指标。土壤酶主要来源于土壤微生物,主要包括氧化还原酶、水解酶、转移酶、裂合酶四大类。氧化还原酶类主要包括脱氢酶、多酚氧化酶、过氧化氢酶、过氧化物酶、硝酸还原酶、亚硝酸还原酶、硫酸盐还原酶等。脱氢酶普遍存在于活体微生物中,是电子传递体系中催化有机质脱氢作用的第一酶,因此脱氢酶活性可以反映处理体系中微生物的量及其对有机物的降解能力。土壤多酚氧化酶和过氧化氢酶可以驱动土壤中芳香族化合物和过氧化物的分解与转化,从而消除土壤中芳香族污染物和过氧化物对土壤质量的不良影响。

目前,土壤酶活性的测定方法比较多,但还没有统一方法,常见的有分光比色分析法、荧光分析法、放射性同位素分析法和物理方法如滴定法等,其中常用的是传统的分光比色分析法和新型的荧光分析法。

5.3.1　土壤脱氢酶活性的测定(TTC 还原法)

[实验原理]

氢受体 2,3,5-氯化三苯基四氮唑(2,3,5-Triphenyl Tetrazolium Chloride,TTC)在细胞呼吸过程中接受氢后,被还原为三苯基甲臜(Triphenyl Formazone,TF),TF 呈现红色,在波长 485nm 处有最大吸收峰。因此,根据红色的深浅,测出相应的吸光度值,从而计算 TF 的生成量,求出脱氢酶的活性。

[实验试剂]

(1)三苯基甲臜(TF)标准溶液,$\rho(TF)=1$ mg/mL。准确称取 0.500 0 g 三苯基甲臜,加蒸馏水溶解,定容至 500 mL。

(2)1% TTC 溶液(土壤测定),$\rho(TTC)=10$ g/L。称取 2,3,5-氯化三苯基四氮唑 1.000 0 g,加蒸馏水溶解,定容至 100 mL。

(3)葡萄糖溶液,$c(葡萄糖)=0.1$ mol/L。准确称取 18.016 g 葡萄糖($C_6H_{12}O_6$,分析纯),加蒸馏水溶解,定容至 1 000 mL。

(4)盐酸溶液,$c(HCl)=0.1$ mol/L。移液管吸取 8.40 mL 浓盐酸(HCl,分析纯),用蒸馏水稀释定容至 1 000 mL。

(5)Tris 溶液,c(Tris)$=0.1$ mol/L。称取 12.11 g Tris 置于 1 L 烧杯中,加入约 500 mL 蒸馏水,充分搅拌溶解,转入 1 L 容量瓶中,加蒸馏水定容。

(6)Tris-HCl 缓冲溶液(pH=7.6),c(Tris)$=0.05$ mol/L。量取 0.1 mol/L Tris 溶液 50 mL,加入 38.5 mL 0.1 mol/L 的盐酸溶液,调节 pH 至 7.6,定容到 100 mL。高温高压灭菌后,室温储存。注意:应使溶液冷却至室温后再调定 pH,因为 Tris 溶液的 pH 随温度的变化差异很大,温度每升高 1 ℃,溶液的 pH 大约降低 0.03 个单位。

(7)亚硫酸钠溶液,ρ(Na$_2$SO$_3$)$=3.6$ g/L。称取 3.600 0 g 亚硫酸钠(Na$_2$SO$_3$,分析纯),加蒸馏水溶解,定容至 10 000 mL。

(8)甲醛(CH$_2$O,分析纯)。

(9)甲苯(C$_7$H$_8$,分析纯)。

(10)连二亚硫酸钠(Na$_2$S$_2$O$_4$,分析纯)。

[仪器与器皿]

1.仪器
天平、恒温培养箱或水浴锅、恒温振荡仪、低温离心机、分光光度计等。

2.器皿
烧杯、容量瓶、移液管、具塞试管、锡箔纸、玻璃比色皿等。

[实验内容与步骤]

1.标准曲线的绘制
分别吸取 0 mL、0.10 mL、0.20 mL、0.40 mL、0.6 mL、0.9 mL 的 1 mg/mL 的 TF 标准溶液于 50 mL 棕色容量瓶中,用蒸馏水定容,则标准系列 TF 质量浓度分别为 0 μg/mL、1 μg/mL、2 μg/mL、4 μg/mL、8 μg/mL、12 μg/mL、16 μg/mL。于 492 nm 处测定吸光度,绘制标准工作曲线。

2.土壤样品的测定
取 2.00 g 过 1.25 mm 筛的新鲜土壤样品于 50 mL 离心管中,加入 2 mL 0.1mol/L 的葡萄糖溶液、2 mL 1% TTC 溶液和 2 mL Tris-HCl 缓冲液(pH=7.6),充分混匀。同时设置不加土壤样品和葡萄糖溶液的空白对照样品。

将所有样品置于 37 ℃下暗室恒温培养 24 h 后,加入 0.5 mL 甲醛溶液终止反应,再加入 5 mL 甲苯作为萃取剂,180 r/min 摇床萃取 30 min 后,4 000 r/min 离心 5 min,于 492 nm 下测量吸光值。

[结果计算]

土壤脱氢酶活性以每克干土在 1 d 产生的 TF 毫克数表示,按式(1)计算:

$$X=\frac{(C_1-C_2)\times V}{m\times f}\tag{6}$$

式中:X 为土壤样品中脱氢酶的含量,mg/(g·d);C_1 为加土壤样品由标准曲线求得的 TF 的含量,mg/mL;C_2 为未加土壤和基质样品由标准曲线求得 TF 的含量,mg/mL;V 为显色定容体积,mL;m 为新鲜土壤的质量,g;f 为烘干土壤占新鲜土壤的比例。

[注意事项]

结果保留 3 位有效数字。

5.3.2　土壤过氧化氢酶活性的测定(高锰酸钾滴定法)

[实验原理]

高锰酸钾滴定法的原理:在 4 ℃条件下,土壤过氧化氢酶酶促分解过氧化氢,用高锰酸钾标准溶液滴定反应剩余的过氧化氢,用所消耗的高锰酸钾标准溶液体积数表示过氧化氢酶活性。

紫外分光光度法原理:过氧化氢酶能酶促过氧化氢分解生成水和氧气。通过加入定量过量的过氧化氢,与土壤作用一段时间后,加入量与剩余量之差即为被酶催化反应消耗的过氧化氢,以此表示酶活性。过氧化氢(H_2O_2)在 240 nm 处有强烈吸收,通过测定与土壤反应后溶液在此波长下的吸光度,即可得到溶液中过氧化氢的浓度,从而可计算酶的活性。

[实验试剂]

(1)甲苯(C_7H_8,分析纯)。

(2)过氧化氢溶液,$\rho(H_2O_2)=0.3\%$。准确量取 30% 的过氧化氢溶液 25 mL,用水定容至 250 mL,此溶液不稳定,需临时配制。使用前,用 0.1 mol/L 高锰酸钾标准溶液标定,即准确吸取 1.00 mL 0.3% 过氧化氢溶液于 50 mL 三角瓶中,加入 5.00 mL 水,5 mL 0.2 mol/L 硫酸溶液,用 0.1 mol/L 高锰酸钾溶液标定。

(3)硫酸溶液,$c(H_2SO_4)=1.5$ mol/L。移取 42 mL 浓硫酸(H_2SO_4,分析纯),缓慢注入 400 mL 水,冷却后定容到 500 mL。

(4)高锰酸钾溶液,$c(1/5KMnO_4)=0.01$ mol/L。称取 3.16 g 纯高锰酸钾($KMnO_4$,分析纯),溶于 1 L 蒸馏水中,缓慢煮沸 15 min,冷却,于暗处放置 2 周,过滤,贮于棕色瓶中,备用。每次使用前准确浓度采用草酸钠溶液(GB/T 601—2016)进行标定高锰酸钾的浓度,即吸取 10 mL 0.1 mol/L 草酸钠标准溶液于 250 mL 三角瓶中,并加蒸馏水至 80 mL 左右,投入几粒玻璃球,再加 5 mL 1∶3 硫酸酸化,在电炉上加热煮沸 2 min,取下稍冷,趁热(70～80 ℃)用高锰酸钾溶液滴定,滴至微红色,且 30 s 不褪色即达终点,记下消耗高锰酸钾的体积(mL)。

(5)饱和铝钾矾溶液,铝钾矾即明矾[$KAl(SO_4)_2 \cdot 12H_2O$,分析纯]。在 20 ℃时溶解度为 10.84 g,30 ℃时溶解度为 15.41 g。

[仪器与器皿]

1.仪器

天平、冰箱、酸式滴定管、恒温振荡仪、紫外分光光度计。

2.器皿

具塞三角瓶、移液管、容量瓶、烧杯等。

[实验内容与步骤]

1.高锰酸钾滴定法测定土壤过氧化氢酶的活性

称取 2.00 g(精确至 0.01 g)过 1 mm 筛风干土壤样品于 150 mL 具塞三角瓶中,加入 40 mL 蒸馏水和 5 mL 0.3% H_2O_2 溶液。同时设置空白样品,即三角瓶中加入 40 mL 蒸馏水和 5 mL 0.3%过氧化氢溶液,而不加土样。振荡 20 min 后取出,加入 1 mL 饱和铝钾矾溶液,立即过滤于盛有 5 mL 1.5 mol/L 硫酸溶液的三角瓶中,滤干后,吸取滤液 25 mL,用 0.1 mol/L 高锰酸钾溶液滴定,滴定至紫色褪去出现浅粉色为终点。根据空白样品和土壤样品的滴定差,求出相当于分解过氧化氢所消耗的高锰酸钾标准溶液。

2.紫外分光光度法测定土壤过氧化氢酶活性

称取 2.00 g(精确至 0.01 g)过 1 mm 筛风干土壤样品于 150 mL 具塞三角瓶中,加入 40 mL 蒸馏水和 5 mL 0.3% H_2O_2 溶液,在振荡机上振荡 20 min。取下后迅速加入 1 mL 饱和铝钾矾溶液,立即过滤于盛有 5 mL 1.5 mol/L 硫酸溶液的三角瓶中,滤干后,将滤液直接在 240 nm 处用 1 cm 石英比色皿测定吸光度 A_s。同时做不加土壤的对照样品 A_0 和不加基质的对照样品 A_k。

[结果计算]

1.高锰酸钾滴定法测定酶活性的计算

过氧化氢酶活性(mg H_2O_2/g 土·20 min)以 1 g 风干土壤在 20 min 所消耗 H_2O_2 的质量来表示,按照式(2)计算:

$$E = (V - V_s)C \times \frac{51}{V_0} \times \frac{17}{m \times W_{dm}} \tag{2}$$

式中:E 为过氧化氢酶活性,mg H_2O_2/g·土(20 min);V 为 V_0 体积(25 mL)的空白样品所消耗的高锰酸钾标准溶液的滴定体积,mL;V_s 为 V_0 体积(25 mL)土壤样品所消耗的高锰酸钾标准溶液的滴定体积,mL;C 为高锰酸钾的浓度,mol/L;V_0 为吸取滤液的体积,25 mL;m 为土壤质量,g;W_{dm} 为土壤样品的干物质含量,%。

2.紫外分光光度法酶活性的计算

$$E = \frac{A_e \times T}{m \times W_{dm}} \tag{3}$$

$$A_e = A_0 - A_s + A_k \tag{4}$$

$$T = \frac{C \times V}{A_0} \times \frac{51}{V_0} \times 17 \tag{5}$$

式中:E 为土壤过氧化氢酶活性,mg H_2O_2/g 土·20 min;m 为风干土壤样品的质量,g;W_{dm} 为土壤样品的干物质含量,%;T 为单位吸光度相当于过氧化氢的毫克数;A_0 为无土对照即空白溶液的吸光度;A_s 为样品溶液的吸光度;A_k 为无基质对照溶液的吸光度;C 为高锰酸钾的浓度,mol/L;V 为吸取 V_0 体积(25 mL)的无土对照即空白溶液用高锰酸钾滴定所消耗的高锰酸钾溶液的体积。

[注意事项]

(1)因高锰酸钾溶液浓度容易发生变化,故在每次测定时,须用草酸钠标准溶液标定。

(2)高锰酸钾容量法虽然简单,但是滴定过程人为误差大,操作比较费时。

(3)采用紫外分光光度法测定土壤过氧化氢酶活性时,必须在振荡后将溶液过滤到盛有硫酸的器皿中,而不能按传统容量法那样加酸后再过滤。因为加酸后再过滤,会使土壤中酸溶性有机物质溶解到溶液中来,使过滤后的溶液产生颜色,从而影响吸光度。

(4)采用紫外分光光度法测定过氧化氢酶活性时,不能在过滤前加酸,所以采用将溶液过滤到盛有酸容器中,这样做就有可能延长酶与基质的作用时间,从而使结果偏高。为了缩短过滤时间,可加入饱和铝钾矾溶液。

5.3.3　土壤多酚氧化酶活性的测定(邻苯三酚比色法)

[实验原理]

土壤多酚氧化酶能够催化邻苯三酚产生紫色没食子酸(3,4,5-三羟基苯甲酸),产物在430 nm 处有特征吸收峰,通过吸光值变化即可表征土壤多酚氧化酶活性。

[实验试剂]

(1)邻苯三酚溶液,ρ(邻苯三酚)$=1\%$。称取 1.00 g 邻苯三酚($C_6H_6O_3$,分析纯),加蒸馏水溶解,定容至 100 mL。

(2)乙醚($C_4H_{10}O$,分析纯)。

(3)重铬酸钾标准溶液。称取 0.661 9 g 重铬酸钾($K_2Cr_2O_7$,分析纯),溶解于 1 L 0.5 mol/L 的盐酸溶液中,相当于 0.1 mg/mL 的紫色没食子酸溶液。

(4)柠檬酸-磷酸缓冲液,pH=4.6。称取 35.01 g 二水合磷酸二氢钠($Na_2HPO_4 \cdot 2H_2O$,分析纯)于烧杯中,加蒸馏水溶解,转入 1 L 容量瓶中,定容,得到 0.2 mol/L 磷酸二氢钠溶液。称取 21.01 g $C_4H_2O_7 \cdot H_2O$ 于烧杯中,加蒸馏水溶解,转入 1 L 容量瓶中,定容,得到 0.1 mol/L 柠檬酸溶液。分别量取 0.2 mol/L Na_2HPO_4 溶液 9.35 mL 和 0.1 mol/L 柠檬酸溶液 10.65 mL,两者混合均匀,即得到柠檬酸-磷酸缓冲液(pH=4.6)。

(5)盐酸溶液,c(HCl)$=0.5$ mol/L。移液管吸取 42 mL 浓盐酸(HCl,分析纯),用蒸馏水稀释定容至 1 000 mL。

[仪器与器皿]

1.仪器

天平、恒温振荡仪、紫外分光光度计。

2.器皿

具塞三角瓶、移液管、容量瓶、烧杯等。

[实验内容与步骤]

1.标准曲线的绘制

吸取 0 mL、0.31 mL、0.62 mL、1.25 mL、2.5 mL、5.00 mL、10.00 mL 重铬酸钾标准溶液于 10 mL 有刻度的比色管中,用 0.5 mol/L 的盐酸溶液定容,即得到了相当于 0 μg/mL、3.125 μg/mL、6.25 μg/mL、12.5 μg/mL、25 μg/mL、50 μg/mL、100 μg/mL 的紫色没食子酸溶液。

打开分光光度计或酶标仪,预热 30 min 以上,调节波长至 430 nm,蒸馏水调零。

吸取 1 mL 稀释好的重铬酸钾标准溶液于比色皿中,430 nm 处测定吸光值 A,根据吸光值和标准溶液的浓度,绘制标准曲线。

2.土壤样品的测定

取 1.00 g 过 1 mm 筛的新鲜土样置于 100 mL 磨口三角瓶中,然后注入 10 mL 1% 的邻苯三酚溶液,磨口三角瓶不加塞子,将磨口三角瓶放在恒温振动培养箱中在 30 ℃ 恒温培养 2 h。取出后加 4 mL 柠檬酸-磷酸缓冲液(pH=4.5),再加入 25 mL 乙醚萃取 30 min。将含红紫椋精的着色乙醚相萃取液在波长 430 nm 处比色,根据标准曲线计算红紫椋精浓度。

[结果计算]

土壤多酚氧化酶(PPO)活性以每克干土每小时产生 1 μg 红紫椋精定义为一个酶活力单位,[红紫椋精,μg/(g·h)]表示。

$$PPO = \frac{C \times V}{m \times w_{md} \times T} \tag{11}$$

式中:PPO 为土壤多酚氧化酶的活性,μg/(g·h);C 为根据标准曲线计算得到的土壤样品提取液中的紫色没食子酸含量,μg/mL;V 为萃取剂乙醚的体积,mL;m 为风干土壤样品的质量,g;w_{dm} 为土壤样品的干物质含量,%;T 为反应时间,h。

实验 5.4　　土壤水解酶活性的测定

土壤中水解酶类主要包括蔗糖酶、淀粉酶、脲酶、蛋白酶、脂肪酶、磷酸酶、纤维素分解酶、芳基硫酸酯酶、β-葡萄糖苷酶、荧光素二乙酸酯酶等。水解酶参与土壤中有机物的转化,能裂解有机化合物中的糖苷键、酯键、肽键、酸酐键以及其他键,把高分子化合物水解成为植物和微生物利用的营养物质。例如土壤中蔗糖酶(转化酶)活性与土壤中的腐殖质、水溶性有机质和黏粒的含量以及微生物的数量及其活动呈正相关。蛋白酶参与土壤中存在的氨基酸、蛋白质以及其他含蛋白质氮的有机化合物的转化,它们的水解产物是高等植物的氮源之一。土壤磷酸酶活性是评价土壤磷素生物转化方向与强度的指标,可以表征土壤的肥力状况,特别是磷状况。因此,土壤酶通过催化土壤中各种有机无机物质的转化,直接或间接影响着生态系统的物质循环和功能。

5.4.1 土壤蔗糖酶活性的测定(3,5-二硝基水杨酸比色法)

[实验原理]

土壤蔗糖酶将蔗糖酶促水解为还原糖,还原糖与3,5-二硝基水杨酸在沸水浴中反应,生成橙色的3-氨基-5-硝基水杨酸,颜色深度与还原糖量呈正相关。因而,通过测定还原糖量来表示蔗糖酶的活性。

[试剂与材料]

(1)甲苯(C_7H_8,分析纯)。

(2)蔗糖溶液,ρ(蔗糖)=80 g/L。称取 8.00 g(精确至 0.01 g)蔗糖($C_{12}H_{22}O_{11}$,分析纯),加蒸馏水溶解,定容至 100 mL。

(3)葡萄糖标准溶液,ρ(葡萄糖)=1 g/L。预先将葡萄糖($C_6H_{12}O_6$,分析纯)置于98~100 ℃烘箱中干燥 2 h。正确称取 1.000 0 g(精确至 0.000 1 g)葡萄糖于 250 mL 烧杯中,用蒸馏水溶解后,转移至 1 L 容量瓶中,定容,摇匀备用(4 ℃冰箱中保存期不超过 7 d)。若该溶液发生浑浊和出现絮状物现象,则应弃之,重新配制。

(4)磷酸盐缓冲溶液,pH=5.5。称取 11.867 g(精确至 0.000 1 g)二水合磷酸氢二钠($Na_2HPO_4 \cdot 2H_2O$,分析纯),用蒸馏水溶解,定容至 1 L(A 液);称取 9.078 g(精确至 0.000 1 g)磷酸二氢钾(KH_2PO_4,分析纯),用蒸馏水溶解,定容至 1 L(B 液);取 A 液 5 mL,B 液 95 mL,混合均匀即得。

(5)氢氧化钠溶液,c(NaOH)=2 mol/L。称取 80.00 g 氢氧化钠(NaOH,分析纯),用蒸馏水溶解,冷却后定容至 1 000 mL。

(6)3,5-二硝基水杨酸试剂(DNS 试剂)。称取 0.50 g(精确至 0.000 1 g)3,5-二硝基水杨酸($C_7H_4N_2O_7$,分析纯),溶解于 20 mL 的 2 mol/L 氢氧化钠溶液中,然后加入 50 mL 蒸馏水,再称取 30 g(精确至 0.01 g)酒石酸钾钠($NaKC_4H_4O_6 \cdot 4H_2O$,分析纯),溶于上述溶液中,用蒸馏水定容至 100 mL(保存期不超过 7 d)。

[仪器与器皿]

1.仪器

分光光度计、天平、恒温培养箱、水浴锅。

2.器皿

烧杯、容量瓶、比色管、移液管、三角瓶、漏斗、定量滤纸等。

[实验内容与步骤]

1.标准曲线的绘制

分别吸取 0 mL、0.10 mL、0.20 mL、0.30 mL、0.40 mL、0.50 mL 的 1 g/L 葡萄糖标准溶液于 6 支 50 mL 具塞的比色管中,然后分别加入 1.00 mL、0.90 mL、0.80 mL、0.70 mL、0.60 mL、0.50 mL 蒸馏水(使每支比色管中溶液体积为 1 mL)。每支比色管中均加入 3 mL

的 DNS 试剂,混匀。将比色管置于沸水浴中准确反应 5 min(从比色管放入重新沸腾时开始计时),取出后立即置于冷水浴中冷却至室温,加蒸馏水定容至 50 mL。以空白管调零在波长 540 nm 处比色。以吸光值为纵坐标,以葡萄糖浓度为横坐标绘制标准曲线。

2.土壤样品的测定

称取 5.00 g 土壤(精确至 0.000 1 g)(如果含量高可适当减少土壤质量),置于 50 mL 具塞的比色管中,加入 15 mL 80 g/L 蔗糖溶液,5 mL 磷酸盐缓冲溶液(pH=5.5)和 5 滴甲苯。摇匀混合后,放入恒温培养箱中(37±1)℃培养 24 h,取出后迅速过滤。准确吸取滤液 1.00 mL,放入 50 mL 具塞的比色管中,加入 3 mL 的 DNS 试剂,混匀,沸水水浴 5 min(从放入比色管后重新沸腾时开始计时),取出后立即置于冷水浴中冷却至室温,加蒸馏水定容至 50 mL,在分光光度计上于 540 nm 处比色。

[结果计算]

蔗糖酶活性以 24 h,1 g 风干土壤可水解蔗糖生成葡萄糖毫克数表示,按式(1)计算:

$$X = \frac{(C_1 - C_2) \times V \times N}{m \times f} \tag{1}$$

式中:X 为土壤样品中蔗糖酶的含量,[mg/(g·24 h)];C_1 为加基质样品由标准曲线求得的葡萄糖含量,mg/mL;C_2 为未加基质样品由标准曲线求得的葡萄糖含量,mg/mL;V 为显色定容体积,mL;N 为分取倍数,即浸出液体积(mL)/吸取滤液体积(mL);m 为烘干土重,g;f 为风干土壤占新鲜土壤的比例。

[注意事项]

(1)每一个土壤样品应该做一个无基质对照,以等体积的水代替基质(80 g/L 蔗糖水溶液),其他操作与样品实验相同,以排除土样中原有的蔗糖、葡萄糖对实验结果的影响。

(2)整个实验设置一个无土对照,不加土样,其他操作与样品实验相同,以检验试剂纯度和基质自身分解,即空白试验。

(3)如果样品吸光值超过标准曲线的最大值,则应该增加分取倍数或减少培养的土样。

(4)结果保留三位有效数字。

5.4.2　土壤纤维素酶活性的测定(3,5-二硝基水杨酸比色法)

[实验原理]

纤维素是植物残体进入土壤的碳水化合物的重要组分之一。在土壤纤维素酶的作用下,纤维素水解成纤维二糖;在纤维二糖酶的作用下,纤维二糖分解成葡萄糖。葡萄糖与 3,5-二硝基水杨酸在沸水浴中反应,生成橙色的 3-氨基-5-硝基水杨酸,颜色深度与还原糖量呈正相关。因而,通过测定还原糖量来表示纤维素酶的活性。

[试剂与材料]

(1)甲苯(C_7H_8,分析纯)。

(2)羧甲基纤维素溶液,ρ(羧甲基纤维素钠)=1 g/L。称取 1.00 g(精确至 0.01 g)羧甲基纤维素钠{[C₆H₇O₂(OH)₂OCH₂COONa]ₙ,分析纯},用 50％乙醇溶解,定容至 100 mL。

（3）葡萄糖标准溶液,ρ(葡萄糖)＝1 g/L。预先将葡萄糖置于 80 ℃烘箱中干燥约 12 h。称取 1.000 0 g(精确至 0.000 1 g)葡萄糖于 250 mL 烧杯中,用蒸馏水溶解后,转移至 1 L 容量瓶中,定容,摇匀备用(4 ℃冰箱中保存期不超过 7 d)。若该溶液发生浑浊和出现絮状物现象,则应弃之。

（4）醋酸盐缓冲溶液,pH＝5.5。量取 11.55 mL 冰醋酸(C₂H₄O₂,分析纯),用蒸馏水溶解,定容至 1 L(A 液);称取 16.40 g(精确至 0.01 g)醋酸钠(C₂H₃O₂Na,分析纯)或 27.22 g(精确至 0.01 g)醋酸钠(C₂H₃O₂Na·3H₂O,分析纯),用蒸馏水溶解,定容至 1 L(B 液);取 A 液 11 mL,B 液 88 mL,混合均匀即得醋酸盐缓冲溶液。

（5）氢氧化钠溶液,c(NaOH)＝2 mol/L。称取 80.00 g 氢氧化钠(NaOH,分析纯),用蒸馏水溶解,冷却后定容至 1 000 mL。

（6）3,5-二硝基水杨酸试剂(DNS 试剂):称取 0.50 g(精确至 0.000 1 g)3,5-二硝基水杨酸(C₇H₄N₂O₇,分析纯),溶解于 20 mL 的 2 mol/L 氢氧化钠溶液中,然后加入 50 mL 蒸馏水,再称取 30 g(精确至 0.01 g)酒石酸钾钠(NaKC₄H₄O₆,分析纯),溶于上述溶液中,用蒸馏水定容至 100 mL(保存期不超过 7 d)。

［仪器与器皿］

1.仪器

分光光度计、天平、恒温培养箱、水浴锅。

2.器皿

烧杯、容量瓶、比色管、移液管、三角瓶、漏斗、定量滤纸等。

［实验内容与步骤］

1.标准曲线的绘制

分别吸取 0 mL、0.10 mL、0.20 mL、0.30 mL、0.40 mL、0.50 mL 的 1 g/L 葡萄糖标准溶液于 6 支 50 mL 具塞的比色管中,然后分别加入 1.00 mL、0.90 mL、0.80 mL、0.70 mL、0.60 mL、0.50 mL 蒸馏水(使每支比色管中溶液体积为 1 mL)。每支比色管中均加入 3 mL 的 DNS 试剂,混匀。将比色管置于沸水浴中准确反应 5 min(从比色管放入重新沸腾时开始计时),取出后立即置于冷水浴中冷却至室温。以空白管调零在波长 540 nm 处比色。以吸光值为纵坐标,以葡萄糖浓度为横坐标绘制标准曲线。

2.土壤样品的测定

称取 15.00 g 土壤(精确至 0.000 1 g)(如果含量高可适当减少土壤质量)于 150 mL 三角瓶中,加入 5 mL 1％羧甲基纤维素钠溶液、5 mL 醋酸盐缓冲溶液(pH＝5.5)和 5 滴甲苯。摇匀混合后,放入恒温培养箱中(37±1)℃培养 72 h。

培养结束后,过滤。准确吸取滤液 1.00 mL,放入 50 mL 具塞的比色管中,加入 3 mL 的 DNS 试剂,混匀,沸水水浴 5 min(从放入比色管后重新沸腾时开始计时),取出后立即置于冷水浴中冷却至室温,在分光光度计上于 540 nm 处比色。

为了消除土壤中原有的蔗糖、葡萄糖而引起的误差,每一土样需要做不加基质(羧甲基纤维素钠)的对照,每一批实验需要做不加土壤的空白对照。

如果样品吸光值超过标准曲线的最大值,则应该增加分取倍数或减少培养的土壤样品。

[结果计算]

纤维素酶活性用 1 g 风干土壤在 72 h 生成葡萄糖的毫克数表示,按式(2)计算:

$$X = \frac{(C_{样品} - C_{无土} - C_{无基质}) \times N}{m \times f} \tag{2}$$

式中:X 为土壤样品中纤维素酶的含量,mg/(g·72h);$C_{样品}$ 为土壤样品由标准曲线求得的葡萄糖的毫克数,mg;$C_{无土}$ 为未加土壤样品由标准曲线求得葡萄糖的毫克数,mg;$C_{无基质}$ 为未加基质的样品由标准曲线求得葡萄糖的毫克数,mg;N 为分取倍数,即浸出液体积(mL)/吸取滤液体积(mL);m 为烘干土重,g;f 为风干土壤占新鲜土壤的比例。

[注意事项]

(1)每一个土壤样品应该做一个无基质对照,以等体积的水代替基质(1 g/L 羧甲基纤维素钠溶液),其他操作与样品实验相同,以排除土样中原有的蔗糖、葡萄糖对实验结果的影响。

(2)整个实验设置一个无土对照,不加土样,其他操作与样品实验相同,以检验试剂纯度和基质自身分解,即空白试验。

(3)如果样品吸光值超过标准曲线的最大值,则应该增加分取倍数或减少培养的土样。

(4)结果保留三位有效数字。

5.4.3 土壤脲酶活性的测定(苯酚钠-次氯酸钠比色法)

[实验原理]

土壤中脲酶活性的测定是以尿素为基质,经土壤脲酶酶促基质水解生成氨,氨与苯酚-次氯酸钠在常温条件下作用生成蓝色靛酚,颜色深度与生成氨的量呈正比,用比色法测定氨的量来表示脲酶活性。

[实验试剂]

(1)次氯酸钠溶液。根据市售次氯酸钠溶液浓度稀释试剂,至活性氯的浓度为 0.9 %。

(2)尿素溶液,ρ(尿素)=100 g/L。称取 10 g(精确至 0.01 g)尿素(CH_4N_2O,分析纯),用蒸馏水溶解,定容至 100 mL。

(3)柠檬酸盐缓冲溶液,pH=6.7。称取 184 g(精确至 0.01 g)柠檬酸($C_6H_8O_7$,分析纯),溶于 600 mL 蒸馏水中;称取 147.50 g 氢氧化钾(KOH,分析纯)溶于 350 mL 水中;将两溶液合并,用 1 mol/L 氢氧化钠(NaOH,分析纯)将 pH 调至 6.7,用水定容至 1 000 mL。

(4)苯酚钠溶液,c(苯酚)=1.35 mol/L。称取 62.5 g(精确至 0.01 g)苯酚钠(C_6H_5ONa,分析纯)溶于少量乙醇,加 2 mL 甲醇(CH_4O,分析纯)和 18.5 mL 丙酮(C_3H_6O,分析纯),用乙醇定容至 100 mL(A 液)。称取 27 g(精确至 0.01 g)氢氧化钠,用水溶解后定容至 100 mL(B 液)。将 A、B 溶液保存在 4 ℃冰箱中。使用前将 A 液、B 液各 20 mL 混合,用水定容至 100 mL。

(5)氨的标准溶液,ρ(氨)=100 g/L。精确称取 0.471 7 g(精确至 0.000 1 g)经干燥箱 105 ℃ 烘干 3 h 的硫酸铵[(NH$_4$)$_2$SO$_4$,分析纯]溶于水并定容至 1 000 mL,得到 1 mL 含有 0.1 mg 氨的储备溶液。使用前,将上述溶液用水稀释 10 倍,配制成浓度为 0.01 mg/mL 的工作液。

[仪器与器皿]

1.仪器

电子天平、恒温培养箱、分光光度计。

2.器皿

烧杯、容量瓶、移液管、三角瓶。

[实验内容与步骤]

1.标准曲线的绘制

分别吸取 0 mL、1.00 mL、3.00 mL、5.00 mL、7.00 mL、9.00 mL、11.00 mL、13.00 mL 氨 的标准工作液(0.01 mg/mL)移于 50 mL 容量瓶中,然后加水 20 mL。再依次加入 4 mL 苯酚 钠溶液和 3 mL 次氯酸钠溶液,边加边摇匀。20 min 后显色,定容,即配成氨浓度为0 μg/mL、 0.2 μg/mL、0.6 μg/mL、1.0 μg/mL、1.4 μg/mL、1.8 μg/mL、2.2 μg/mL、2.6 μg/mL 的一组标准浓 度。1 h 内在分光光度计 578 nm 波长处比色。然后以氨浓度为横坐标,吸光值为纵坐标,绘 制标准曲线。

2.土样中脲酶活性的测定

称取 5 g 土样(精确至 0.000 1 g)(如含量高可适当减少称样量)于 100 mL 具塞三角瓶 中,加入 1 mL 甲苯,以使土样全部湿润为宜;放置 15 min 后,加入 10 mL 100 g/L 尿素溶液和 20 mL 柠檬酸盐缓冲溶液(pH 为 6.7),摇匀后在(37±1)℃恒温箱培养 24 h。

培养结束后过滤,过滤后吸取 1.00 mL 滤液至 50 mL 容量瓶中,再依次加入 4 mL 苯酚钠 溶液和 3 mL 次氯酸钠溶液,边加边摇匀。20 min 后显色,用水定容至 50 mL。1 h 内在分光 光度计 578 nm 波长处比色(靛酚的蓝色在 1 h 内保持稳定)。

3.空白样品的测定

设置无土和无基质对照,即考查各种溶液和土壤中氨氮存在带来的影响。相当于其他实 验中所做的空白对照。无土对照:不加土样,其他与实验同,以检验试剂纯度。整个实验设 1 个无基质对照:以等体积水代替基质,其他与实验相同。

[结果计算]

脲酶活性以 24 h、1 g 风干土壤可水解生成氨量的毫克数表示,按式(3)计算:

$$U_{re} = \frac{(C_1 - C_2) \times V \times N}{m \times f} \tag{3}$$

式中:U_{re} 为土壤样品中脲酶的含量,mg/(g·24 h);C_1 为加基质样品由标准曲线求得的氨的 含量,μg/mL;C_2 为未加基质样品由标准曲线求得氨的含量,μg/mL;V 为显色定容体积,mL; N 为分取倍数,即浸出液体积(mL)/吸取滤液体积(mL);m 为烘干土重,g;f 为风干土壤占新鲜土壤的比例。

[注意事项]

(1)每一个样品应该做一个无基质对照,以等体积的蒸馏水代替基质,其他操作与样品实验相同,以排除土样中原有的氨对实验结果的影响。

(2)整个实验设置一个无土对照,不加土样,其他操作与样品实验相同,以检验试剂纯度和基质自身分解。

(3)如果样品吸光值超过标准曲线的最大值,则应该增加分取倍数或减少培养的土样。

(4)结果保留 3 位有效数字。

5.4.4　土壤蛋白酶活性的测定(改良茚三酮比色法)

[实验原理]

蛋白酶酶促蛋白物质水解成肽,肽进一步水解成氨基酸。测定氨基酸含量最常用的办法之一是茚三酮比色法,主要分为两个步骤:一是在微酸性环境下茚三酮与氨基酸发生氧化还原反应,氨基酸被氧化为氨、二氧化碳和醛,茚三酮则被还原;二是还原型茚三酮、氨和另一分子茚三酮进一步反应生成二酮茚-二酮茚胺的取代盐,呈蓝紫色,其最大吸光波长为 570 nm,颜色深度与氨基酸的含量呈正相关。因此,依溶液颜色深浅程度与氨基酸含量的关系,求出氨基酸量,以表示蛋白酶活性。

[实验试剂]

(1)盐酸溶液,$c(HCl)=0.1$ mol/L。移液管吸取 8.40 mL 浓盐酸(HCl,分析纯),用蒸馏水稀释定容至 1 000 mL。

(2)Tris 溶液,$c(Tris)=0.1$ mol/L。称取 12.11 g Tris 置于 1 L 烧杯中,加入约 500 mL 的蒸馏水,充分搅拌溶解,转入 1 L 容量瓶中,加蒸馏水定容。

(3)Tris-HCl 缓冲溶液(pH=7.6),$c(Tris)=0.05$ mol/L。量取 50 mL 0.1 mol/L Tris 溶液,加入 38.5 mL 的 0.1 mol/L 盐酸溶液,调节 pH 至 7.6,定容到 100 mL。高温高压灭菌后,室温储存。注意:应使溶液冷却至室温后再调定 pH,因为 Tris 溶液的 pH 随温度的变化差异很大,温度每升高 1 ℃,溶液的 pH 大约降低 0.03 个单位。

(4)酪酸钠溶液,ρ(酪酸钠)=2%。酪酸钠的制备:将市售干酪素溶于 1% 的碳酸钠溶液,并用醋酸使溶液酸化至 pH 为 4.0,使蛋白质沉淀下来。用冷水将沉淀小心洗涤至中性,再用 1∶1 的乙醇-乙醚混合物处理,在通风橱里风干。冷冻保存。称取 2.00 g 酪酸钠,加入 10 mL 0.1 mol/L 的 NaOH 溶液,沸水浴处理 5 min,待膨化后加入 pH 为 7.6 的 Tris-HCl 缓冲液约 80 mL,继续沸水浴处理,直至完全溶解,用同样的缓冲液定容至 100 mL。

(5)Tris-HCl-CaCl₂ 混合溶液。称取 1.11 g 氯化钙($CaCl_2$,分析纯),加 pH 为 7.6 的 0.05 mol/L 的 Tris-HCl 缓冲液溶解,定容至 1 L。

(6)乙酸铅溶液,$c[Pb(CH_3COO)_2]=0.6$ mol/L。称取 195.17 g 乙酸铅[$Pb(CH_3COO)_2$,分析纯]于 1 L 烧杯中,加入约 500 mL 蒸馏水,充分搅拌溶解,转入 1 L 容量瓶中,加蒸馏水定容。

（7）草酸钠-乙酸混合溶液。每 1 000 mL 0.26 mol/L 的草酸钠溶液含有 240.7 mL 的 0.2 mol/L 的乙酸。

（8）茚三酮-乙醇-抗坏血酸混合试剂。称取 2 g 茚三酮、0.02 g 抗坏血酸,溶于 100 mL 无水乙醇。

（9）KIO_3 溶液,$\rho(KIO_3)=0.2\%$。称取 0.2 g KIO_3 于 1 L 烧杯中,加入约 50 mL 的蒸馏水,充分搅拌溶解,转入 100 mL 容量瓶中,加蒸馏水定容。

（10）乙酸-乙酸钠缓冲液,pH=5.8。量取 11.55 mL 冰醋酸到 1 000 mL 容量瓶中,定容至刻度,得到 0.2 mol/L 乙酸溶液。称取 16.4 g 无水醋酸钠溶于 1 000 mL 水中,得到 0.2 mol/L 乙酸钠溶液。量取 94 mL 0.2 mol/L 乙酸钠溶液与 6 mL 0.2 mol/L 乙酸溶液,混合均匀,即得到乙酸-乙酸钠缓冲液。

（11）甘氨酸标准溶液,ρ（甘氨酸）$=0.01\%$。称取 1 g 甘氨酸（$C_2H_5NO_2$,分析纯）溶于 1 000 mL 蒸馏水,再稀释 10 倍。

（12）甲苯（C_7H_8,分析纯）。

[仪器与器皿]

1.仪器

电子天平、恒温培养箱、分光光度计、水浴锅。

2.器皿

烧杯、容量瓶、移液管、刻度试管、三角瓶。

[实验内容与步骤]

1.标准曲线的绘制

分别吸取 0 μL、50 μL、100 μL、150 μL、200 μL、250 μL、300μL 的 0.01％甘氨酸标准溶液,置于 10 mL 刻度试管中（NH_2 浓度分别相当于 0 μg/mL、0.107 μg/mL、0.213 μg/mL、0.320 μg/mL、0.426 μg/mL、0.533 μg/mL、0.639 μg/mL）,加入 2 mL 乙酸-乙酸钠缓冲溶液（pH 为 5.8）,再加入 1.5 mL 茚三酮-乙醇-抗坏血酸混合试剂,混合均匀,沸水浴加热 16 min,取出立即用自来水冷却 15 min,加入 1 mL 0.2 ％ KIO_3 并混合均匀,用蒸馏水定容至 10 mL,1 h 内在 570 nm 处比色测定吸光值。以氨基氮（NH_2）的浓度为横坐标,吸光值为纵坐标,绘制标准曲线。

2.土壤样品的测定

称取 5 g 土壤于三角瓶中,加入 5 mL Tris-HCl-$CaCl_2$ 混合溶液和 1 mL 甲苯,混合均匀后静置 15 min 以抑制微生物活性,然后再加入 5 mL 2 ％的酪酸钠溶液,50 ℃振荡培养 2 h。同时,对照土壤在培养过程中不加酪酸钠溶液,但在培养结束后加入,且加入的酪酸钠也经历 50 ℃、2 h 的振荡培养过程。

培养结束并在对照中加入酪酸钠后,充分混合,置于 0～4 ℃冷藏柜中静置 30 min。取出加入 1.5 mL 的 0.6 mol/L 乙酸铅溶液,17 000 g 离心 10 min,取上清液 1.5 mL,加入 457 μL 草酸钠-乙酸混合溶液,17 000 g 再离心 10 min,小心吸取 1 mL 上清液,加入 2 mL 乙酸-乙酸钠缓冲溶液(pH 为 5.8),再加入 1.5 mL 茚三酮-乙醇-抗坏血酸混合试剂,混合均匀,沸水浴加热 16 min,取出立即用自来水冷却 15 min,加入 1 mL 0.2 ％KIO₃ 并混合均匀,用蒸馏水定容至 10 mL,1 h 内在 570 nm 处比色测定吸光值。

[结果计算]

蛋白酶的活性以 50 ℃培养 2 h,1 g 土壤中 NH₂ 的微克数表示,表示为 μg NH₂/g 烘干土。

$$E = \frac{(C_1 - C_0) \times 150}{m \times f} \tag{4}$$

式中:E 为土壤中蛋白酶的活性,μg NH₂/g 烘干土;C_1 为土壤样品的比色液吸光值在标准曲线上对应的 NH₂ 浓度,μg/mL;C_0 为空白对照样品的比色液吸光值在标准曲线上对应的 NH₂ 浓度,μg/mL;150 为换算为每个样品 NH₂ 总含量的系数;m 为烘干土重,g;f 为风干土壤占新鲜土壤的比例。

结果保留 3 位有效数字。

5.4.5　土壤酸性磷酸酶活性的测定(对硝基苯磷酸盐法)

[实验原理]

本实验以对硝基苯磷酸二钠为基质,基质在土壤酸性磷酸酶的催化下水解生成黄色的对硝基苯酚,该黄色溶液在 410 nm 处有最大吸收光值。以对硝基苯酚的生成来反映土壤酸性磷酸酶的活性。

[实验试剂]

(1)甲苯(C_7H_8,分析纯)。

(2)通用缓冲液。称取 12.1 g 三羟甲基氨基甲烷($C_4H_{11}NO_3$,分析纯)、11.6 g 马来酸($C_4H_4O_4$,分析纯)、14.0 g 柠檬酸($C_6H_8O_7$,分析纯)、6.3 g 硼酸(H_3BO_3,分析纯)和 19.52 g 氢氧化钠(NaOH,分析纯),加适量蒸馏水溶解,定容至 1 L。

(3)pH 为 6.5 改进的通用缓冲液。量取 200 mL 通用缓冲液于 1 000 mL 烧杯中,用 0.1 mol/L盐酸溶液调节 pH 到 6.5,转入 1 L 容量瓶中,加蒸馏水定容。

(4)对硝基苯磷酸二钠溶液,c($C_6H_4NNa_2O_6P \cdot 6H_2O$)=0.05 mol/L。称取 0.930 3 g 六水对硝基磷酸二钠($C_6H_4NNa_2O_6P \cdot 6H_2O$,分析纯),用 pH 为 6.5 缓冲液溶解,并稀释至 50 mL。

(5)氯化钙溶液,c($CaCl_2$)=0.5 mol/L。称取 73.5 g 二水氯化钙($CaCl_2 \cdot 2H_2O$,分析纯),溶解于 700 mL 蒸馏水中,转入 1 L 容量瓶,定容至 1 L。

(6)氢氧化钠溶液,c(NaOH)=0.5 mol/L。称取 20 g 氢氧化钠(NaOH,分析纯),溶解于 500 mL 蒸馏水中,转入 1 L 容量瓶,定容至 1 L。

(7)对硝基苯酚标准溶液,ρ(对硝基苯酚)=1.0 g/L。称取 1.000 g 对硝基苯酚($C_6H_5NO_3$,分析纯),溶解于 500 mL 蒸馏水中,转入 1 L 容量瓶,定容至 1 L,低温保存。

[仪器与器皿]

1.仪器

电子天平、恒温培养箱、分光光度计。

2.器皿

烧杯、容量瓶、移液管、三角瓶、塑料瓶。

[实验内容与步骤]

1.标准曲线的绘制

吸取 1 mL 对硝基苯酚标准溶液(1.0 g/L)到 100 mL 容量瓶中,定容至刻度,得到 0.01 g/L 对硝基苯酚标准工作溶液。

分别吸取 0 mL、1 mL、2 mL、3 mL、4 mL、5 mL 对硝基苯酚标准工作溶液(1.01 g/L)于 50 mL 三角瓶中,分别加入 5 mL、4 mL、3 mL、2 mL、1 mL、0 mL 蒸馏水,即分别含有 0 mg、0.01 mg、0.02 mg、0.03 mg、0.04 mg、0.05 mg 对硝基苯酚。然后,每个三角瓶中加入 1 mL 氯化钙溶液和 4 mL 氢氧化钠溶液,轻摇几秒钟,滤纸过滤,400 nm 比色。以对硝基苯酚溶液浓度及其对应的吸光度,绘制标准曲线。

2.土壤样品的测定

称取 1.00 g 新鲜土壤样品于 50 mL 三角瓶中,加入 0.2 mL 甲苯为抑制剂,然后再加入 4 mL pH 为 6.5 改进的通用缓冲液和 1 mL 对硝基苯磷酸二钠基质溶液。轻轻摇匀,用双层锡箔纸封住瓶口,在 37 ℃下培养 1 h。培养结束后,加入 1 mL 氯化钙溶液和 4 mL 氢氧化钠溶液,轻摇几秒钟,滤纸过滤,400 nm 比色。

对于每一个土壤样品,同时做一个无基质的对照(1 mL 蒸馏水代替对硝基苯磷酸二钠基质溶液)和一个没有加土壤样品的空白对照。

[结果计算]

土壤酸性磷酸酶的活性用 1 g 干土在 1 h 生成的对硝基苯酚的量表示,按式(5)计算:

$$X = \frac{C_{样品} - C_{无土} - C_{无基质}}{m \times f \times T} \tag{16}$$

式中:X 为土壤样品中酸性磷酸酶的含量,mg/(g·h);$C_{样品}$ 为土壤样品由标准曲线求得的对硝基苯酚的毫克数,mg;$C_{无土}$ 为未加土壤样品由标准曲线求得对硝基苯酚的毫克数,mg;$C_{无基质}$ 为未加基质的样品由标准曲线求得对硝基苯酚的毫克数,mg;m 为新鲜土重,g;f 为风干土壤占新鲜土壤的比例;T 为反应时间,2 h。

结果保留 3 位有效数字。

土壤可培养细菌、放线菌和真菌数量的测定

在自然条件下,土壤中的大多数微生物处于休眠状态,一旦供给可利用的碳源(如培养基),一些微生物将快速生长繁殖。因此,根据在培养基上所生长的微生物数量,可以估算土壤中微生物的数量。这种土壤微生物数量测定方法称为培养计数法,主要包括稀释平板计数法(简称稀释平板法)和最大概率计数法(most probable number,MPN)。本实验采用稀释平板法测定土壤中可培养细菌、放线菌和真菌的数量。

[实验原理]

平板菌落计数法是将土壤样品经适当稀释之后,其中的微生物充分分散成单个细胞,取一定量的稀释样液接种到平板上,经过培养,由每个单细胞生长繁殖而形成肉眼可见的菌落,即一个单菌落应代表原样品中的一个单细胞。统计菌落数,根据其稀释倍数和取样接种量即可换算出样品中的含菌数。但是,由于待测样品往往不易完全分散成单个细胞,所以,长成的一个单菌落也可能来自样品中的 $2\sim3$ 个或更多个细胞。因此平板菌落计数的结果往往偏低。为了清楚地阐述平板菌落计数的结果,使用菌落形成单位(CFU)而不以绝对菌落数来表示样品的活菌含量。

[试剂与材料]

(1)细菌培养基:采用牛肉膏蛋白胨培养基。牛肉膏 3 g,蛋白胨 10 g,氯化钠(NaCl,分析纯)5 g,琼脂 $15\sim20$ g,水 1 000 mL,pH 为 $7.0\sim7.2$,121 ℃灭菌 20 min。

(2)放线菌培养基:采用高氏 1 号培养基。可溶性淀粉 20 g,硝酸钾(KNO_3,分析纯)1 g,氯化钠(NaCl,分析纯) 0.5 g,磷酸氢二钾(K_2HPO_4,分析纯)0.5 g,七水硫酸镁($MgSO_4 \cdot 7H_2O$,分析纯) 0.5 g,硫酸亚铁($FeSO_4$,分析纯) 0.01 g,琼脂 20 g,水 1 000 mL,pH 为 $7.2\sim7.4$。配制时,先用少量冷水将淀粉调成糊状,倒入煮沸的水中,在火上加热,边搅拌边加入其他成分,溶化后,补足水分至 1 000 mL。121 ℃灭菌 20 min。

(3)真菌培养基:采用马丁氏琼脂培养基。葡萄糖($C_6H_{12}O_6$,分析纯)10 g,蛋白胨 5 g,磷酸氢钾(KH_2PO_4,分析纯)1 g,$MgSO_4 \cdot 7H_2O$ 0.5 g,1/3 000 孟加拉红(rosebengal,玫瑰红水溶液)100 mL,琼脂 $15\sim20$ g,pH 自然,蒸馏水 800 mL,121 ℃灭菌 30 min。临用前加入 0.03%链霉素稀释液 10 mL,使每毫升培养基中含链霉素 30 μg。

[仪器与设备]

1.仪器

高压蒸汽灭菌器、无菌操作台、烘箱、天平、pH 计。

2.器皿

酒精灯、培养皿、试管、定量移液器及其枪头、锥形瓶、量筒、烧杯、培养皿、锡箔纸、硅胶塞、报纸等。

[实验内容与步骤]

1.器皿的洗涤和包装

(1)洗涤:将实验所用到的玻璃器皿洗干净,烘干备用。

(2)培养皿:将洗净晾干的培养皿底朝里,皿盖朝外,5对、5对相对而放好,然后用报纸包好,待灭菌(干热灭菌法)。

(3)试管、锥形瓶和不锈钢土壤取样器的包装:用锡箔纸包封好试管和锥形瓶瓶口,锡箔纸包裹土壤取样器,干热灭菌(160 ℃下烘 2 h,待温度降到 100 ℃以下后打开烘箱门冷却到 60 ℃后拿出)。

2.培养基和稀释水的配制、灭菌

往干净的 1 L 烧杯中加入 800 mL 蒸馏水,按照各种培养基配方依次称取各种成分,依次加入水中加热溶解。待全部溶解后,加水补足因加热蒸发的水量(注意:加热过程中要不断搅拌培养基,不然琼脂很容易烧焦糊底)。然后用质量浓度为 100 g/L 的 NaOH 溶液将配好的培养基的 pH 调到 7.2~7.4(注意:调 pH 时应缓慢加入 NaOH 溶液,并边加边搅拌)。最后,将培养基分装到三角瓶中,分装量一般不超过锥形瓶总容量的 3/5(若分装量过多,灭菌时培养基会沾污棉花塞或硅胶塞而导致污染)。三角瓶的瓶口包上两层锡箔或塞上配套的硅胶塞,待湿热灭菌[放置于高压灭菌锅,121 ℃(0.103 MPa)下灭菌 15~20 min]。

3.稀释水的准备

取 7 支 18 mm×180 mm 的试管,分别装 9 mL 蒸馏水,塞上硅胶塞或封上锡箔纸,待湿热灭菌。

4.土壤系列稀释液制备

称取新鲜土壤 10.00 g,放入经灭菌的装有 90 mL 水的三角瓶中,在振荡机上振荡 10 min,此为 10^{-1} 土壤稀释液。迅速用灭菌的移液管吸取 10^{-1} 土壤稀释液 1 mL,放入灭菌的装有 9 mL 灭菌水的试管中,混合均匀,此为 10^{-2} 土壤稀释液。再如此依次配制 10^{-3}、10^{-4}、10^{-5} 和 10^{-6} 系列土壤稀释液。上述操作均在无菌条件下进行,以避免污染。

5.微生物的接种与培养

灭菌好的培养基冷却到 50~60 ℃后,在无菌操作台上向已灭菌的培养皿中倾注 18 mL 左右培养基,使其凝固成平板。从两个稀释倍数的土壤稀释液中(细菌和放线菌通常用 10^{-5} 和 10^{-6} 土壤稀释液,真菌用 10^{-2} 和 10^{-3} 稀释液)用无菌枪头吸取 0.10 mL(吸前摇匀)滴加到培养基表面。将蘸有少量酒精的涂布器在火焰上引燃,待酒精燃尽后,冷却 8~10 s。用涂布器将菌液均匀地涂布在培养基表面,涂布时可转动培养皿,使菌液分布均匀。

[结果计算]

在两级稀释度中,选细菌和放线菌的菌落数为 30~200 个、真菌菌落数为 20~40 个的培养皿各 5 个,取其平均值计算出每组的菌落数。如果菌落很多,可将其分成 2~4 等份进行计数。微生物生物量可以通过微生物细胞个体大小和密度计算得到。

$$土壤微生物数量（CFU \cdot g）= \frac{M \times D}{W} \tag{1}$$

式中：M 为菌落平均数；D 为稀释倍数；W 为土壤烘干质量，g。

[注意事项]

（1）将涂布器末端浸在盛有体积分数为 70% 的酒精的烧杯中。取出时，要让多余的酒精在烧杯中滴尽，然后将蘸有少量酒精的涂布器在火焰上引燃。

（2）该方法仅能测定在培养基上迅速生长繁殖，并能够形成菌落或有某种特征的土壤微生物种群，而大部分土壤微生物种群不能在培养基上生长。另外，在培养基上所形成的菌落可能来自多个细胞，也有可能由菌丝（或多个细胞）发育成菌落。因此，培养计数法所测定的微生物数量，通常不到土壤中微生物实际数量的 1%，故不能作为土壤微生物的真实数量。

（3）此外，该方法即使用于测定土壤中可培养的微生物数量，测定结果的精确度和重复性较差。

实验 5.6　土壤 DNA 的提取与测定

长期以来，人们对土壤微生物的研究仅限于极少部分可培养的微生物。实际上，绝大多数环境微生物都是不可或很难被培养的，利用传统的培养方法研究土壤微生物多样性及基因资源信息，具有很强的偏好性，因为可培养的微生物只占自然界微生物总量的 0.01%～10%。1986 年，Pace 第一次以 16S rDNA 为基础确定环境样品中的微生物，使人们对大量不可培养微生物群体有了全新的认识。此后，基于 16S rDNA 基因的指纹图谱分析的现代分子生物学技术得到迅速发展，包括限制性片段长度多态性分析（RFLP）、随机扩增 DNA 多态性分析（RAPD）、单链构象多态性分析（SSCP）、基因芯片（microarray）、PCR-DGGE/TGGE 等，为全面揭示土壤微生物种群结构和遗传多样性提供了重要手段。但是，作为微生物群落分子分析方法的基础，最重要的一步就是从土壤样品中尽量毫无偏差地提取出高质量的、具有代表性的微生物总基因组 DNA。

[实验原理]

从土壤样品中提取 DNA 的方法大致可分为 2 类，即间接提取法和直接提取法。间接提取法首先是对土壤样品进行反复悬浮和离心，去除土壤等杂质，提取土壤微生物细胞，再采用酶裂解细胞提取微生物总 DNA。直接裂解法是不去除土壤等杂质，而是通过物理、化学、酶解等手段相结合，直接裂解土壤中的微生物细胞，使其释放 DNA，再进行提取和纯化。微生物细胞壁裂解方法包括物理方法（研磨、高温、超声波等）、化学方法（高盐浓度 SDS 法等）和酶裂解法（蛋白酶 K、溶菌酶等）。

本实验采用赵裕栋等（2012）研发的 SDS-CTAB 和溶菌酶一起来裂解细胞，利用氯仿除蛋白质，使用 PVPP 柱纯化 DNA 等。该方法的主要原理包括：首先通过筛子过滤除掉了一些大的颗粒杂质，其次在对土壤微生物细胞裂解前，加入 DNA 提取液后，将样品放置在 37 ℃ 摇床（180 r/min）处理 30～45 min。一方面使土壤均质化，利于后续操作；另一方面提取液中的

CTAB 能充分吸收土壤中的腐殖酸等杂质,减少腐殖酸等杂质对 DNA 质量的影响。采用 SDS-溶菌酶法裂解微生物细胞,不仅能够高效地裂解细胞,也不会因浓度太高或处理时间过长造成 DNA 断裂。完成微生物细胞裂解后,直接加入 1/5 体积的氯仿,不仅能够除去部分蛋白质杂质,而且可以防止裂解释放出来的大片段 DNA 重新吸附到土壤颗粒中,增加了获得大片段 DNA 的概率。利用 20% PEG,2.5 mol/L NaCl 4 ℃ 过夜,可专一性的沉淀 DNA,获得的 DNA 样品杂质较少,又不会影响 DNA 的得率。利用 PVPP 柱纯化 DNA 粗品,基本能除去有色物质,且对 DNA 的大小及产量影响不大,操作简便。

[试剂与材料]

(1)100 mmol/L Tris-HCl。

(2)100 mmol/L EDTA-2Na。

(3)100 mmol/L 磷酸钠。

(4)5 mol/L NaCl。

(5)1%[w/v] CTAB,pH 为 8.0。

(6)3 mol/L HCl。

(7)PVPP 200 mmol/L NaH_2PO_4。

[仪器与设备]

超微量紫外分光光度计、台式高速冷冻离心机、涡旋仪 (Qiangen, catalog number: 13000-V1-15)、水浴锅、移液枪、电泳仪等。

[实验内容与步骤]

1.土壤样品的预处理

取出适量的土壤样品经 1 mm 筛子过滤,除去明显的石头颗粒质,将样品放入 50 mL 无菌离心管中备用。

2.土壤 DNA 的提取

称取 10 g 经筛子过滤后的土壤样品加入 50 mL 无菌离心管中,加入 10 mL 裂解缓冲液 (100 mmol/L Tris-HCl,100 mmol/L EDTA-2Na,100 mmol/L 磷酸钠,1.5 mol/L NaCl,1% [w/v] CTAB,pH 为 8.0),振荡混匀,放置在恒温摇床 (37 ℃,200 r/min) 振荡 45 min。向样品中加入溶菌酶(终浓度为 10 mg/mL),混合均匀,37 ℃ 恒温水浴 3 h,每 30 min 温和颠倒混匀 1 次。在样品中加入 SDS(终浓度为 4%),65 ℃水浴 2 h,每 30 min 温和颠倒混匀 1 次(可以使用玻璃棒等将沉淀的土壤搅匀)。直接加入 1/5 体积的氯仿(提前预冷),轻微振荡混匀,4 ℃,3 500 *g* 离心 15 min。取上清液,加入 1/3 体积的 20% PEG,2.5 mol/L NaCl 来沉淀 DNA。放置于 4 ℃冰箱过夜。然后在 4 ℃,3 000 *g* 条件下离心 20 min 来沉淀 DNA。弃去上清液,保留 DNA 沉淀,用 70% 冰乙醇洗涤 DNA 3～4 次,每次静置 20～30 min,自然风干 DNA,加入 200 μL 的 TE。待 DNA 样品溶解后,将 DNA 粗品过 PVPP 柱(先用 3 mol/L HCl 处理 PVPP 过夜,再用 200 mmol/L NaH_2PO_4漂洗至 pH 为 7.0,121 ℃,灭菌备用,吸取 700 μL 灭菌的 PVPP 悬液加入垫有少许棉絮的 1 mL 无菌注射器中,短暂离心即可),4 ℃,

2 200 g 离心 15 min,得到的 DNA 样品放在 $-20\ ^{\circ}\mathrm{C}$ 保存备用。

3.土壤 DNA 的定量和纯度检测

采用微量紫外分光光度计测定 DNA 含量、A_{260}/A_{280}、A_{230}/A_{260} 的比值。一般情况下 OD_{230}/OD_{260} 比值应在 0.4~0.5 为好,A_{230}/A_{260} 比值越高,腐殖酸污染越严重。蛋白质在 280 nm 处有吸收峰,因此 A_{260}/A_{280} 比值经常被用来指示 DNA 中蛋白质的污染程度,当 A_{260}/A_{280} 比值为 1.8~2.2 时,DNA 较纯,当受蛋白质或其他杂质污染时,A_{260}/A_{280} 值则较低。

4.脉冲场电泳检测土壤 DNA

采用 Bio-RAD 公司的脉冲场电泳仪检测提取的土壤 DNA 大小及浓度,脉冲电泳条件: 0.5% 的 TBE 琼脂糖凝胶,6 V/cm,20 h,(注:使用前将电泳槽用无菌去离子水清洗 2 次,避免杂质污染样品)。

实验 5.7　　土壤微生物群落结构的测定

土壤中微生物的数量和种类都十分丰富,主要包括细菌、放线菌、真菌、藻类和原生动物等。磷脂脂肪酸(PLFA)是活体微生物细胞膜的重要组分,不同类群的微生物能通过不同的生化途径合成不同的 PLFA,其中部分 PLFA 可以作为分析微生物量和微生物群落结构等变化的生物标记。PLFA 法就是通过分析这种微生物细胞结构的稳定组分的种类及组成比例来鉴别土壤微生物结构多样性(姚晓东等,2016)。这个方法在 20 世纪 60 年代就被提出,在 70 年代末被引入土壤微生物的研究中,已经有近 50 年的历史,成为土壤微生物生态学研究的经典方法。

[实验原理]

采用有机试剂从土壤中萃取活体微生物细胞 PLFAs,然后水解释放脂肪酸(FAs),经硅胶柱纯化后再甲酯化形成脂肪酸甲酯(FAMEs,Fatty acid methyl esters)。然后采用气相色谱-质谱联用仪(Gas chromatography-mass spectrometry,GC-MS)FAMEs,并可通过"内标对比法"(既加内标,又结合外标做对照)进行准确定量。

土壤中 PLFAs 主要来源于革兰氏阳性菌、革兰氏阴性菌、真菌、放线菌、硫酸盐还原菌、一般性细菌六大类,因此磷脂脂肪酸命名主要考虑碳原子总数、双键数目、双键距离甲基段的位数(ω)及双键的顺反式。例如 16:1ω7c 表示为共计有 16 个碳原子,有一个位于距离甲基端的位数为 7 的双键,双键是顺式。此外,会在碳原子总数前添加前缀,其中 n-表示正构脂肪酸,i-表示异构(甲基位于碳链的 2 号位上),a-表示反异构(甲基位于碳链的 3 号位上),cy-表示碳链中有环丙基,Me-表示中间位置存在甲基团取代基(任慧琴等,2014;孙嘉鸿等,2022)。

[试剂与材料]

(1)氯仿(CHCl₃,分析纯)。

(2)甲醇(CH₃OH,分析纯)。

（3）甲苯（C_7H_8，分析纯）。

（4）氮气（N_2，分析纯）。

（5）正十九烷脂肪酸甲酯（作为内标物）。

（6）SupelcoTM 37 FAMEs 混标（购于美国 Supelco 公司）。

（7）柠檬酸缓冲液（pH＝4.0）。

（8）0.2 mol/L 氢氧化钾溶液。

［仪器与器皿］

GC-MS（Agilent 7890 A-5975 C）、硅胶柱、涡旋振荡仪、MIDI 鉴定软件。

［实验内容与步骤］

1.土壤 PLFAs 的提取

在相当于 4 g 干重的土壤中依次分别加入 3.0 mL 磷酸缓冲液、6.0 mL 氯仿和 12 mL 甲醇，避光振荡 2 h；然后在 3 000 r/min 下离心 10 min，转移上清液到装有 2 mL 三氯甲烷和 12 mL 磷酸缓冲液的分液漏斗中，再向土壤中加入相同体积的磷酸缓冲液、氯仿和甲醇溶液，手工摇动并振荡 30 min 后，再次离心，将上清液转移到分液漏斗中，最后将分液漏斗摇动 2 min，静置过夜，避光保存。

第二天，将分液漏斗中下层溶液收集入大试管（50 mL）中，收集的液体 30～32 ℃水浴，用高纯氮气吹干（氮吹仪），试管内浓缩后样品用 2 份 500 μL 三氯甲烷转移浓缩磷脂到萃取小柱（硅胶柱），洗脱液依次采用 5 mL 三氯甲烷、10 mL 丙酮和 5 mL 甲醇，并收集甲醇相，吹干。在吹干后的样品中加入 1 mL 的甲醇：甲苯（体积比＝1：1）和 1 mL 氢氧化钾溶液（0.2 mol/L），摇匀，37 ℃水浴加热 15 min（水浴锅中），最后用正己烷萃取，收集正己烷相并吹干。

每份提取液中均加一定比例的 1 mg/mL 正十九烷脂肪酸甲酯作为内标物，同时用 Supelco TM 37 FAMEs 混标（购于美国 Supelco 公司）作外标对照。

2.GC-MS 分析

提取液和外标同时用 GC-MS（Agilent 7890 A-5975 C）进行检测分析。柱箱初始温度 80 ℃，保持 2 min；以 50 ℃/min 升速至 150 ℃，保持 2 min；再以 2.5 ℃/min 升速至 195 ℃，保持 3 min 后继续升至 240 ℃，保持 5 min。色谱柱为 30 m×250 μm×0.25 μm，载气为高纯氦气，每针进样量为 1 μL，分流比为 10：1。

［结果计算］

1.PFLAs 定性分析

根据 37 种 FAMEs 混合物的 GC-MS 分析结果，运用美国 MIDI 公司研发的 Sherlock MIS 4.5 全自动系统鉴定微生物细胞中磷脂脂肪酸成分，根据其分子结构划分为不同微生物类群并进行定量分析。将 15：0、17：0、i15：0、a15：0、i16：0、i17：0、16：1ω7c、cy17：0、cy19：0 表征为细菌 i15：0、a15：0、i16：0 和 i17：0 表征为革兰氏阴性菌，16：1ω7c、cy17：0 和 cy19：0 表征为革兰氏阳性菌，18：1ω9c 和 18：2ω9 表征为真菌，10Me16：0 和 10Me18：0 表征为放线菌。

计算:一是所有重复中 FAs 种类总数以及剔除只在一个重复中出现的 FAs 后 FAs 种类总数,分别记作:N、N^-;二是剔除前后每个重复中检测到的 FAs 的种类数,计算变异系数(变异系数＝标准差/平均值),分别记作 n、n^- 和 CV、CV$^-$;三是计算单样品的代表性,分别用 n/N 和 n^-/N^- 表示。

2.PFLAs 定量分析

对在 37 种 FAMEs 混标中有相应对照的 FAs 分别用内标对比法和直接计算法计算。

内标对比法计算式:

$$W_{i样品} = \frac{(A_i/A_s)_{样品}}{(A_i/A_s)_{对照}} \times W_{i对照} \tag{1}$$

式中:$W_{i样品}$ 为样品中待测组分 i 的含量;$(A_i/A_s)_{样品}$ 为样品中组分 i 的峰面积与内标峰面积的比值;$(A_i/A_s)_{对照}$ 为标准对照品中组分 i 的峰面积与内标峰面积的比值;$W_{i对照}$ 为标准对照品中组分 i 的含量,此方法定量准确,但只能用于对照品和样品中共同物质的定量。

直接计算法计算式:

$$W_{i样品} = \frac{A_{i样品}}{A_{s样品}} \times W_{s样品} \tag{2}$$

式中:$W_{i样品}$ 为样品中待测组分 i 的含量;$A_{i样品}$ 为样品中组分 i 的峰面积;$A_{s样品}$ 为样品中内标物峰面积;$W_{s样品}$ 为样品中内标物的含量。由于两种方法对同一样品同一物质的含量计算存在很大差异,因此,进一步利用校正系数 $\overline{K}[\overline{K} = (\sum_{k=1}^{n} \frac{内标对比值}{直接计算值})/n]$ 计算只能用直接计算法得到的 FAs 的含量值进行校正,计算式为:校正值＝直接计算值$\times\overline{K}$。FAs 的含量用 nmol/g(干土重 DW)表示。

[注意事项]

PLFA 法提取条件苛刻、使用的危险试剂过多且步骤复杂、耗时长。如果某种微生物的 PLFA 是未知的,则该微生物仍难以鉴别。

实验 5.8　土壤微生物群落碳代谢功能的测定

由于不同种类的微生物或者不同微生物类群利用碳源的能力不同,因此产生了不同碳源利用模式。基于此原理,美国 BIOLOG 公司于 1989 年创建了 Biolog 微平板分析方法,最初应用于纯种微生物鉴定。1991 年,Garland 和 Mills 首次将 Biolog 微平板分析方法应用于土壤微生物群落的研究,并认为 Biolog 碳素利用法是一种较为先进的研究不同环境下土壤微生物群落结构和多样性的方法。Biolog 平板包括革兰氏阴性板、生态板、MT 板、真菌板、SF-N 和 SFP 板等多种类型,其中 ECO 板在微生物生态研究中的应用较为常见。

Biolog 法具有灵敏度高、测定简便及检测速度快等优点,可最大限度地保留微生物群落原有的代谢特征,是目前用于揭示土壤微生物群落功能多样性的一种相对简单快捷的研究方法。

[实验原理]

Biolog ECO 板有 8×12 共计 96 个微孔,每 32 个孔为 1 个重复,共 3 次重复,除 3 个对照孔内加水外,其他各孔都含有一种有机碳源(31 种碳源)和相同含量的四唑染料。31 种单一碳源可分为六大类:糖类及其衍生物(10 种)、羧酸类(7 种)、氨基酸类(6 种)、多聚物类(4 种)、多胺类(2 种)和芳香化合物类(2 种)。在一定温度条件下,通过将土壤稀释液接种至微孔内进行培养,微生物就可能利用孔中的碳源而发生氧化还原作用,而孔中一旦有电子转移,四唑染料就会变为紫色,同时也表明这种碳源被接种到其中的环境微生物所利用,颜色的深浅可以反映环境微生物对碳源的利用程度。因此,微生物群落的整体活性指标采用培养过程中微平板每孔颜色平均变化率(average well color development,AWCD)来描述;计算 Shannon、Simpson 和 McIntosh 等多样性指数,可表征微生物群落碳代谢功能的丰富度、优势度和均一性;通过主成分分析(principal component analysis,PCA)反映出不同微生物群落的代谢特征。

[试剂与材料]

(1)磷酸缓冲液(pH 为 7.0)。称取磷酸氢钾(KH_2PO_4,分析纯)2.65 g 和磷酸氢二钾(K_2HPO_4,分析纯)6.96 g 于烧杯中,加蒸馏水溶解,转入容量瓶,加蒸馏水至 1 L。121 ℃ 高压灭菌 20 min 后,4 ℃ 保存。

(2)无菌水。在 250 mL 三角瓶中加入 100 mL 蒸馏水,包上双层锡箔纸,121 ℃ 高压灭菌 20 min。

[仪器与器皿]

1.仪器

酶标仪、恒温培养箱、烘箱、摇床、冰箱、Biolog-ECO 微平板、Biolog 自动读板仪、高压灭菌锅、恒温振荡器、排枪、移液枪等。

2.器皿

三角瓶、枪头、V 形槽等。

[实验内容与步骤]

1.土壤稀释液的制备

称取相当于 10 g(精确到 0.01 g)烘干土壤的新鲜土壤,加入装有 90 mL 的灭菌 0.05 mol/L 磷酸缓冲液的 250 mL 三角瓶中,在 28 ℃ 摇床上振荡 30 min,转速为 250 r/min。

在超净台中吸取 1 mL 稀释液,加入有 9 mL 无菌磷酸缓冲液的试管中,制成 10^{-2} 的稀释液,同此法稀释到 10^{-3} 稀释度。

2.ELISA 反应

将 Biolog-ECO 微平板从冰箱中取出,室温下预热到 25 ℃。在超净工作台上,将 10^3 倍的土壤稀释液倒入已经灭菌的 V 形槽中,使用 8 通道移液器从 V 形槽中移取土壤稀释液,加入

Biolog-ECO 微平板中,每孔加 150 μL 稀释液,每个处理设 3 次重复。最后将接种的 Biolog-ECO 微平板放到恒温培养箱(25±1)℃中培养,分别在培养 4 h、24 h、48 h、72 h、96 h、120 h、144 h、168 h 后,采用 Biolog 读数仪读取各孔在 750 nm 和 590 nm 波长下的光吸收。可以根据样品调整不同的培养时间进行读数。

[结果计算]

1.平均颜色变化率(AWCD 值)的计算

将数据导出,计算 AWCD,获得 AWCD 随时间变化的曲线图。AWCD 值表示微生物群落的碳源代谢强度,是土壤微生物活性及功能多样性的一个重要指标,其计算式如(1):

$$AWCD = \frac{\sum(A_i - A_0)}{31} \tag{1}$$

式中:A_i 为 Biolog-ECO 板上除空白孔外的各孔吸光值,A_0 为对照孔的吸光值,31 为 ECO 板中的碳源数量。

2.微生物群落功能多样性指数的计算

碳源利用丰富度指数 S 为被利用碳源种类的总数;Shannon 物种丰富度指数 H 用于评估微生物群落功能的丰富度,计算式如式(2)和式(3);Simpson 指数 D 用于评估微生物群落功能优势度的指数,计算式如式(4):

$$H = -\sum P_i \times ln(A_i) \tag{2}$$

$$P_i = \frac{A_i - A_0}{\sum(A_i - A_0)} \tag{3}$$

$$D = 1 - \sum(P_i)^2 \tag{4}$$

式中:P_i 为第 i 孔的相对吸光值与整个平板相对吸光值总和的比率;A_i 为 Biolog-ECO 板上除空白孔外的各孔吸光值;A_0 为对照孔的吸光值。

[注意事项]

在 Biolog 微平板法研究过程中可采用的预处理方法有很多种,可以根据实际情况进行优化。

第6章 土壤养分元素含量与形态

土壤全氮含量的测定

氮素是作物生长的重要营养元素之一,土壤氮素在土壤肥力中起着相当重要的作用。土壤氮可分为有机态和无机态两大部分,二者之和称为土壤全氮。一般来说,矿质土壤的全氮含量在 0.01%～5%,有机土壤的全氮含量则达 1% 或更高。土壤中氮素总量及各种存在形态与作物生长有着密切的关系,分析土壤全氮及其各形态氮的含量是评价土壤肥力,拟定合理施用氮肥的主要根据。

凯氏消煮法广泛应用于土壤全氮的测定,用硫酸铜、硫酸钾和硒粉作催化剂,加入浓硫酸,在高温处理下将土壤中有机含氮化合物转变成 NH_4^+。同时,根据实际样品情况及分析的要求和目的,可以采取合适的修正法。当难提取性固定态铵的含量高时,凯氏法的测定值偏低,这时可采取 HF-HCl 法破坏黏土矿物,从而较准确地测定了包括固定态铵在内的全氮。凯氏法不包括 NO_2^--N 和 NO_3^--N,因此,当土壤 NO_2^--N 和 NO_3^--N 含量较高时,在方法中就必须加入将 NO_2^--N 和 NO_3^--N 还原成 NH_4^+ 的步骤。

本实验介绍凯氏法测定土壤全氮的方法原理及步骤,主要参考《土壤农业化学分析方法》(鲁如坤,1999)和 HJ 717—2014。

[实验原理]

土壤中的全氮在硫代硫酸钠、浓硫酸、高氯酸和催化剂的作用下,经氧化还原反应全部转化为铵态氮。消解后的溶液碱化蒸馏出的氨被硼酸吸收,用标准盐酸溶液滴定,根据标准盐酸溶液的用量来计算土壤中全氮含量。

[试剂与材料]

除非另有说明,本试验所用试剂均为符合国家标准的分析纯化学试剂,实验室用水为无氨水。

(1)无氨水。每升水中加入 0.10 mL 浓硫酸蒸馏,收集馏出液于具塞玻璃容器中,也可使用新制备的去离子水。

(2)浓硫酸,$\rho(H_2SO_4)=1.84$ g/mL,优级纯。

(3)浓盐酸,$\rho(HCl)=1.19$ g/mL。

(4)高氯酸,$\rho(HClO_4)=1.768$ g/mL。

(5)无水乙醇,$\rho(C_2H_6O)=0.79$ g/mL。

(6)硫酸钾(K_2SO_4)。

(7)五水合硫酸铜（$CuSO_4 \cdot 5H_2O$）。

(8)二氧化钛（TiO_2,优级纯）。

(9)五水合硫代硫酸钠（$Na_2S_2O_3 \cdot 5H_2O$）。

(10)氢氧化钠（NaOH,优级纯）。

(11)硼酸（H_3BO_3,优级纯）。

(12)无水碳酸钠（Na_2CO_3,基准试剂）。

(13)催化剂。称200 g硫酸钾、6 g五水合硫酸铜和6 g二氧化钛于玻璃研钵中充分混匀,研细,贮于试剂瓶中保存。

(14)还原剂。将五水合硫代硫酸钠研磨后过0.25 mm(60目)筛,临用现配。

(15)氢氧化钠溶液,$\rho(NaOH)=400$ g/L。称取400 g氢氧化钠溶于500 mL水中,冷却至室温后稀释至1 000 mL。

(16)硼酸溶液,$\rho(H_3BO_3)=20$ g/L。称取20 g硼酸溶于水中,稀释至1 000 mL。

(17)碳酸钠标准溶液,$c(1/2\ Na_2CO_3)=0.050\ 0$ mol/L。称取2.649 8 g(于250 ℃烘干4 h并置干燥器中冷却至室温)无水碳酸钠,溶于少量水中,移入1 000 mL容量瓶中,用水稀释至标线,摇匀。贮于聚乙烯瓶中,保存时间不得超过1周。

(18)甲基橙指示液,$\rho=0.5$ g/L。称取0.1 g甲基橙溶于水中,稀释至200 mL。

(19)盐酸标准贮备溶液,$c(HCl)\approx 0.05$ mol/L。用分度吸管吸取4.20 mL浓盐酸,并用水稀释至1 000 mL,此溶液浓度约为0.05 mol/L。其准确浓度按下述方法标定:用无分度吸管吸取25.00 mL碳酸钠标准溶液于250 mL锥形瓶中,加水稀释至约100 mL,加入3滴甲基橙指示液,用盐酸标准贮备溶液滴定至颜色由橘黄色刚变成橘红色,记录盐酸标准溶液用量。按式(1)盐酸标准贮备溶液计算准确浓度:

$$c = \frac{25.00 \times 0.050\ 0}{V} \tag{1}$$

式中:c为盐酸标准溶液浓度,mol/L;V为盐酸标准溶液用量,mL。

(20)盐酸标准溶液,$c(HCl)\approx 0.01$ mol/L。吸取50.00 mL盐酸标准贮备溶液于250 mL容量瓶中,用水稀释至标线。

(21)混合指示剂。将0.1 g溴甲酚绿和0.02 g甲基红溶解于100 mL无水乙醇中。

[仪器与设备]

(1)研磨机。

(2)玻璃研钵。

(3)土壤筛:孔径2 mm(10目),0.25 mm(60目)。

(4)分析天平:精度为0.000 1 g和0.001 g。

(5)带孔专用消解器或电热板(温度可达400 ℃)。

(6)凯氏氮蒸馏装置,见实验4.3 土壤阳离子的测定。

(7)凯氏氮消解瓶:容积50 mL或100 mL。

(8)酸式滴定管(最小刻度≤0.1 mL):25 mL或50 mL。

(9)锥形瓶:容积250 mL。

(10)一般实验室常用仪器设备。

[实验内容与步骤]

1.消解

称取通过 60 目筛的试样 0.200 0～1.000 0 g(含氮约 1 mg),精确到 0.1 mg,放入凯氏氮消解瓶中,用少量水(0.5～1 mL)润湿,再加入 4 mL 浓硫酸,瓶口上盖小漏斗,转动凯氏氮消解瓶使其混合均匀,浸泡 8 h 以上。使用干燥的长颈漏斗将 0.5 g 还原剂加到凯氏氮消解瓶底部,置于消解器上加热,待冒烟后停止加热。冷却后,加入 1.1 g 催化剂,摇匀,继续在消解器上消煮。消煮时保持微沸状态,使白烟到达瓶颈 1/3 处回旋,待消煮液和土样全部变成灰白色稍带绿色后,表明消解完全,再继续消煮 1 h,冷却。在土壤样品消煮过程中,如果不能完全消解,可以冷却后加几滴高氯酸后再消煮(注:消解时温度不能超过 400 ℃,以防瓶壁温度过高而使铵盐受热分解,导致氮的损失)。

2.蒸馏

按照凯氏氮蒸馏装置连接蒸馏装置,蒸馏前先检查蒸馏装置的气密性,并将管道洗净。把消解液全部转入蒸馏瓶中,并用水洗涤凯氏氮消解瓶 4～5 次,总用量不超过 80 mL,连接到凯氏氮(或氨氮)蒸馏装置上。在 250 mL 锥形瓶中加入 20 mL 硼酸溶液和 3 滴混合指示剂吸收馏出液,导管管尖伸入吸收液液面以下。将蒸馏瓶呈 45°斜置,缓缓沿壁加入 20 mL 氢氧化钠溶液,使其在瓶底形成碱液层。迅速连接定氮球和冷凝管,摇动蒸馏瓶使溶液充分混匀,开始蒸馏,待馏出液体积约 100 mL 时,蒸馏完毕。用少量已调节至 pH 为 4.5 的水洗涤冷凝管的末端(注:如果消解后消解瓶中的沉淀物附着在瓶壁上,可加入少量水后使用超声波振荡器将其溶于水中,再完全转移至蒸馏瓶中)。

3.滴定

用盐酸标准溶液滴定蒸馏后的馏出液,溶液颜色由蓝绿色变为红紫色,记录所用盐酸标准溶液体积(注:如果样品含量大于 10^4 mg/kg,可以改用浓度为 0.050 0 mol/L 的盐酸标准贮备溶液滴定。如果使用全自动凯氏定氮仪,按说明书要求进行样品的消解、蒸馏和滴定)。

4.空白试验

凯氏氮消解瓶中不加入试样,按照步骤 1.～3.测定,记录所用盐酸标准溶液体积。

[结果计算]

样品中全氮的含量按照式(2)进行计算:

$$\omega_N = \frac{(V_1 - V_0) \times C_{HCl} \times 14.0 \times 1\ 000}{m \times w_{dm}}$$ (2)

式中,ω_N 为土壤中全氮的含量,mg/kg;V_1 为样品消耗盐酸标准溶液的体积,mL;V_0 为样品消耗盐酸标准溶液的体积,mL;C_{HCl} 为盐酸标准溶液的浓度,mol/L;14.0 为氮的摩尔质量,g/mol;w_{dm} 为土壤样品的干物质含量,%;m 为称取土样的质量,g。

[注意事项]

(1)在本实验规定的条件下,土壤中有机氮(如蛋白质、氨基酸、核酸、尿素等)、硝态氮、亚硝态氮以及铵态氮,还包括部分联氮、偶氮和叠氮等含氮化合物均能被测定。

（2）方法检出限。当取样量为 1 g 时，本标准的方法检出限为 48 mg/kg。

（3）质量保证与质量控制。

①空白试验。每批样品应至少做 2 个全程序空白，空白值（空白样品所消耗的盐酸标准溶液体积）应小于 0.80 mL。

②平行样测定。每批样品应进行 10% 的平行样品测定，当 10 个样品以下时，平行样不少于 1 个。平行双样测量结果的相对偏差应在 15% 以内。

③标准样品测定。每批样品测定质控平行双样，测定值必须落在质控样保证值（在 95% 的置信水平）范围之内。

④样品加标回收率测定。如果没有标准土壤样品，每批样品应进行 10%~20% 的回收率测定，样品数不足 10 个时，适当增加加标频次。实际样品加标回收率应在 75%~115%。

（4）结果保留 3 位有效数字，按科学计数法表示。

实验 6.2　土壤有效氮含量的测定

土壤全氮代表土壤氮素的储量，但它不能代表植物能吸收利用的部分氮。有效氮（Availablenitrogen）是指土壤中易被作物吸收利用的氮，主要有铵态氮、硝态氮、氨基态氮，酰胺态氮及一些简单的多肽和蛋白质类化合物。

土壤有效氮的测定迄今还没有很满意的化学测定方法。长期以来国内多用酸水解法测定土壤水解性氮，该法对有机质含量较高的土壤的测定结果与作物反应有良好的相关性，但对有机质含量缺乏的土壤，其测定结果不十分理想。碱解扩散法的碱解、还原、扩散、吸收，各反应同时进行，操作简单，大批量样品的分析速度快，结果的再现性较好，而且其测定结果与作物反应有一定的相关性。测定碱解氮就是为了解土壤能直接为植物吸收利用的矿物态和一部分经过分解很快为植物吸收利用的有机态氮素，从而为掌握土壤供氮水平，为指导施用氮素肥料提供依据。

本实验介绍碱解扩散法测定土壤有效氮的原理和步骤，主要参考《土壤农业化学分析方法》（鲁如坤，1999）。

［实验原理］

在扩散皿中，土壤于碱性条件和硫酸亚铁存在下进行水解还原，使易水解态的有机氮（氨基酸、酰铵和易水解蛋白质）及铵态氮转化为氨，硝态氮则先经硫酸亚铁转化为铵，并扩散，为硼酸溶液所吸收，再用标准酸滴定，计算碱解性氮含量。

［试剂与材料］

（1）氢氧化钠溶液，$c(\text{NaOH}) = 1$ mol/L。称取 40.0 g 氢氧化钠（NaOH，化学纯）溶于水中，冷却后，稀释至 1 L。

（2）甲基红-溴甲酚绿混合指示剂。称取 0.099 g 溴甲酚绿和 0.066 g 甲基红溶于 100 mL 乙醇，$\omega(\text{CH}_3\text{CH}_2\text{OH}) = 95\%$。

（3）H_3BO_3-指示剂溶液，$\rho(H_3BO_3)=20$ g/L。称取 20 g 硼酸（H_3BO_3，分析纯）溶于 950 mL 热蒸馏水中，冷却后，加入 20 mL 甲基红-溴甲酚绿混合指示剂，充分混匀后，小心滴加氢氧化钠溶液，$c(NaOH)=0.1$ mol/L，直至溶液呈红紫色（pH 约为 4.5），然后用蒸馏水定容至 1 L。此试剂宜现用现配，不宜久放。

（4）硫酸标准溶液，$c(H_2SO_4)=0.005$ mol/L。先配成 $c(H_2SO_4)=0.05$ mol/L，取浓 H_2SO_4 1.42 mL，加蒸馏水 500 mL，然后用标准碱或硼砂（$Na_2B_4O_7 \cdot 10H_2O$）标定之，再稀释 10 倍。

（5）硫酸亚铁（$FeSO_4 \cdot 7H_2O$）和 Zn 粉末。将硫酸亚铁（$FeSO_4 \cdot 7H_2O$，化学纯）和 Zn 磨细，装入玻璃瓶中，存于阴凉处。

（6）碱性甘油。加 40 g 阿拉伯胶和 50 mL 水于烧杯中，温热至 70～80 ℃搅拌促溶，冷却约 1 h，加入 20 mL 甘油和 30 mL 饱和 K_2CO_3 水溶液，搅匀放冷，离心除去泡沫及不溶物，将清液贮于玻璃瓶中备用。

[仪器与设备]

（1）电子天平：感量为 0.01 g。

（2）碱解扩散皿。

（3）毛玻璃。

（4）恒温箱。

（5）半微量滴定管（5 mL）。

（6）一般实验室常用仪器和设备。

[实验内容与步骤]

1.称样

称取通过 2 mm 筛的风干土样 3.00 g 和 0.3 g $FeSO_4 \cdot 7H_2O$ 和 Zn 混合粉末均匀铺在碱解扩散皿外室，水平地轻轻旋转扩散皿，使土样铺平。

2.碱解扩散

在扩散皿的内室中，加入 3 mL H_3BO_3-指示剂溶液，然后在扩散皿的外室边缘涂上碱性甘油，盖上毛玻璃，并旋转之，使毛玻璃与扩散皿边缘完全黏合，再慢慢转开毛玻璃的一边，使扩散皿露出一条狭缝，迅速加入 15 mL 1.0 mol/L NaOH 溶液于扩散皿的外室中，立即将毛玻璃旋转盖严，在实验台上水平地轻轻旋转扩散皿，使溶液与土壤充分混匀，并用橡皮筋固定，随后放入 40 ℃的恒温箱。

3.滴定

24 h 后取出样品，用半微量滴定管，以 H_2SO_4 标准溶液滴定扩散皿内室硼酸液吸收的氨量，滴定终点为紫红色。

4.空白样品

另取 3 个扩散皿，做空白试验，不加土壤，其他步骤与有土壤的相同。

[结果计算]

土壤碱解性氮质量分数可按式(1)进行计算：

$$\omega(N) = \frac{(V - V_0) \times c \times M}{m} \times 1\,000 \tag{1}$$

式中：$\omega(N)$ 为土壤碱解性氮质量分数，mg/kg；c 为硫酸($1/2H_2SO_4$)标准溶液的浓度，mol/L；V 为样品测定时间用去的硫酸标准液的体积，mL；V_0 为空白试验用去的硫酸标准液的体积，mL；M 为氮的摩尔系数，14 g/mol；m 为土壤质量，g。两次平行测定结果允许差为5 mg/kg。

[注意事项]

(1)碱解扩散皿使用前必须彻底清洗。利用小刷子去除残余后，冲洗，先后浸泡于软性清洁剂及稀盐酸中，然后以自来水充分清洗，最后再用蒸馏水淋之。

(2)在 NO_3^--N 还原为 NH_4^+-N 时，$FeSO_4$ 本身要消耗部分 NaOH，所以测定时所用 NaOH 溶液的浓度须提高。

(3)碱性胶液的碱性很强，在涂胶液和洗涤扩散皿时，要特别细心，慎防污染内室，致使造成错误。

(4)两次平行测定结果允许误差为 5 mg/kg。

实验 6.3　　土壤氨氮、亚硝酸盐氮和硝酸盐氮的测定

　　土壤氨氮、亚硝酸盐氮和硝酸盐氮是土壤无机氮总和。根据操作定义其又可分为水溶态、交换态和固定态。测定土壤中的氨氮、亚硝酸盐氮和硝酸盐氮，通常是测定水溶态和交换态两者总和。

　　交换态为可被中性盐溶液交换提取的部分，一般为中性氯化钾或氯化钠溶液，其中也包括水溶态。提取溶液中氨氮、亚硝酸盐氮和硝酸盐氮可采用 MgO-代氏合金蒸馏法，也可用分光光度法进行测定。

　　本实验介绍氯化钾溶液提取，MgO-代氏合金蒸馏法和分光光度法测定土壤氨氮、亚硝酸盐氮和硝酸盐氮的原理及步骤，主要参考《土壤农业化学分析方法》(鲁如坤，1999)和HJ 634—2012。

6.3.1　氯化钾溶液提取——MgO-代氏合金蒸馏法

[实验原理]

　　中性氯化钾溶液与土壤混合、振荡，将土壤吸附的铵态氮、亚硝酸盐氮和硝酸盐氮交换浸出，其中也包括水溶态。然后，第1步用 MgO 蒸馏法测定铵态氮；第2步用 MgO-代氏合金蒸馏，测定氨态氮、亚硝酸盐氮和硝态氮；第三步先用氨基磺酸破坏提取液中的亚硝酸盐氮后，再用 MgO-代氏合金蒸馏，测定氨态氮和硝酸盐氮。

上述步骤中,第 1 步的测定结果表示土壤铵态氮;由第 2 步与第 1 步的测定结果之差即为硝酸盐氮和亚硝酸盐氧的总量;第 2 步与第 3 步的测定结果之差为亚硝酸盐氮。通过计算,可分别获得土壤氨氮、亚硝酸盐氮和硝酸盐氮的含量。

[试剂与材料]

(1)氯化钾溶液,$c(KCl)=2$ mol/L。称取 149.1 g 氯化钾(KCl,分析纯),用适量水溶解,移入 1 000 mL 容量瓶,用蒸馏水定容,混匀。

(2)氧化镁(MgO)。于高温电炉中,将氧化镁在 600～700 ℃温度下灼烧 2 h,再放置于干燥器中冷却,贮于瓶中。

(3)甲基红-溴甲酚绿混合指示剂。称取 0.495 g 溴甲酚绿和 0.33 g 甲基红溶于 500 mL 乙醇(CH_3CH_2OH,95％)中。

(4)硼酸指示剂溶液,$\rho(H_3BO_3)=20$ g/L。称取 20 g 硼酸(H_3BO_3,分析纯)溶于 700 mL 热蒸馏水中,冷却后,移入盛有 20 mL 甲基红-溴甲酚绿混合指示剂及 200 mL 酒精的 1 L 容量瓶中,充分混匀后,小心滴加稀氢氧化钠溶液,$c(NaOH)=0.1$ mol/L,当 1 mL 蒸馏水加入 1 mL 该溶液时,能使溶液由淡红色变为浅绿色,然后将溶液定容至 1 L,充分混匀。

(5)代氏合金粉(含 50％Al、45％Cu 和 5％Zn)。通过 100 目筛,其中最少 75％可通过 300 目筛。贮存于瓶中。

(6)氨基磺酸溶液。溶解 2 g 氨基磺酸(NH_2SO_3H,分析纯)于 100 mL 蒸馏水中,将此溶液放于冰箱里保存。

(7)硫酸标准溶液,$c(H_2SO_4)=0.01$ mol/L。

(8)标准($NH_4^+ + NO_3^-$)-N 溶液。溶解 0.236 g 硫酸铵[$(NH_4)_2SO_4$,分析纯]及 0.361 g 硝酸钾(KNO_3,分析纯)于蒸馏水中,稀释成 1000 mL,贮存于冰箱内。此液每 1 mL 含有 NH_4^+-N 50 μg、NO_3^--N 50 μg。

(9)标准($NH_4^+ + NO_3^- + NO_2^-$)-N 溶液。溶解 0.236 g 硫酸铵[$(NH_4)_2SO_4$,分析纯]、0.361 g 硝酸钾(KNO_3,分析纯)以及 0.123 g 亚硝酸钠($NaNO_2$,分析纯)于蒸馏水中,稀释成 1 000 mL,贮存于冰箱内。此液每 1 mL 含有 NH_4^+-N 50 μg、NO_3^--N 50 μg、NO_2^--N 25 μg。

[仪器与设备]

(1)氮素蒸馏装置,见土壤全氮的测定。

(2)微量滴定管(最小刻度 0.01 mL)。

(3)一般实验室常用仪器和设备。

[实验内容与步骤]

1.无机氮浸提

称取通过 2 mm 筛的风干土样 10 g 于 250 mL 广口瓶内,加入氯化钾溶液 100 mL,塞紧瓶塞,置于振荡器上振荡 1 h。静置直至土壤-KCl 悬浮液澄清(约 30 min),取一定量的上清液进行分析。若 24 h 内无法分析,则需过滤,滤液贮存于冰箱备用。

2.NH$_4^+$-N 的测定

加硼酸指示剂溶液 5 mL 于 50 mL 三角瓶内(30 mL 处有标线),置于氮素蒸馏装置之冷凝管下。吸取 10～20 mL 的土壤浸提液于蒸馏装置中,加入 0.2 g 氧化镁,立即加热,以每分钟馏出 6～8 mL 的速度蒸馏至馏出液达 30 mL 线时终止,并以少量蒸馏水洗涤冷却管下部。用微量滴定器,以硫酸标准溶液滴定,颜色由绿色变至终点微淡红色,测定馏出液中 NH$_4^+$-N 含量。

3.(NH$_4^+$＋NO$_3^-$ ＋ NO$_2^-$)-N 的测定

方法如步骤 2 所述,但在加入 MgO 之后,立即加入 0.2 g 代氏合金粉。

4.NO$_3^-$-N 的测定

经上述步骤 2 测定 NH$_4^+$-N 蒸馏完毕后,移去吸收三角瓶,再换一个盛有硼酸指示剂溶液的吸收瓶于冷凝管下端,迅速向蒸馏瓶中加入 1 mL 氨基磺酸溶液处理,以破坏 NO$_2^-$,再蒸馏测定其释放的 NH$_4^+$-N。

[结果计算]

土壤中某无机氮的质量分数可按式(1)进行计算:

$$\omega(N) = \frac{(V - V_0) \times c \times M \times t_s}{m} \times 1\,000 \tag{1}$$

式中:c 为 H$_2$SO$_4$ 标准溶液的浓度,mol/L;V 为样品滴定时用去的 H$_2$SO$_4$ 标准溶液的体积,mL;V_0 为空白滴定时用去的 H$_2$SO$_4$ 标准溶液的体积,mL;M 为氮的摩尔系数;m 为土壤质量,g;t_s 为分取倍数。

[注意事项]

(1)使用的 MgO 必须先经高温灼烧,以除去 MgCO$_3$,而将其贮存于密闭瓶中,则可隔绝其与大气 CO$_2$ 接触。含有碳酸盐的 MgO 在蒸馏中能导致 CO$_2$ 游离,而干扰测定。

(2)还原 NO$_3^-$-N 和 NO$_2^-$-N 所用代氏合金粉需要用细粉,因为其越细活性则越大,合金粉用量及还原作用所需要时间都可显著地减少。

(3)分析法中使用 MgO 和代氏合金粉用量称取时不需要特别精确。

(4)商用氨基磺酸仅含有微量 NH$_4^+$,不必进一步纯化。

(5)用硫酸标准溶液滴定以测定 NH$_4^+$,其终点敏锐与否与使用的指示剂有关,必要时需要调节指示剂的比例,以获得满意的结果。

6.3.2 氯化钾溶液提取——分光光度法

[实验原理]

1.氨氮

氯化钾溶液提取土壤中的氨氮,在碱性条件下,提取液中的氨离子在有次氯酸根离子存在时与苯酚反应生成蓝色靛酚染料,在 630 nm 波长具有最大吸收。在一定浓度范围内,氨氮浓度与吸光度值符合朗伯-比尔定律。

2.亚硝酸盐氮

氯化钾溶液提取土壤中的亚硝酸盐氮,在酸性条件下,提取液中的亚硝酸盐氮与磺胺反应生成重氮盐,再与盐酸 N-(1-萘基)-乙二胺偶联生成红色染料,在 543 nm 波长具有最大吸收。在一定浓度范围内,亚硝酸盐氮浓度与吸光度值符合朗伯-比尔定律。

3.硝酸盐氮

氯化钾溶液提取土壤中的硝酸盐氮和亚硝酸盐氮,提取液通过还原柱,将硝酸盐氮还原为亚硝酸盐氮,在酸性条件下,亚硝酸盐氮与磺胺反应生成重氮盐,再与盐酸 N-(1-萘基)-乙二胺偶联生成红色染料,在波长 543 nm 处具有最大吸收,测定硝酸盐氮和亚硝酸盐氮总量。硝酸盐氮和亚硝酸盐氮总量与亚硝酸盐氮含量之差即为硝酸盐氮含量。

[试剂与材料]

除非另有注明,分析时均使用符合国家标准的分析纯试剂,实验用水为电导率小于 0.2 mS/m(25 ℃时测定)的去离子水。

1.氨氮

(1)浓硫酸,$\rho(H_2SO_4)=1.84$ g/mL。

(2)二水柠檬酸钠($C_6H_5Na_3O_7 \cdot 2H_2O$)。

(3)氢氧化钠(NaOH)。

(4)二氯异氰尿酸钠($C_3Cl_2N_3NaO_3 \cdot H_2O$)。

(5)氯化钾(KCl,优级纯)。

(6)氯化铵(NH_4Cl,优级纯),于 105 ℃下烘干 2 h。

(7)氯化钾溶液,$c(KCl)=1$ mol/L。称取 74.55 g 氯化钾,用适量水溶解,移入 1 000 mL 容量瓶中,用水定容,混匀。

(8)氯化铵标准贮备液,$\rho(NH_4Cl)=200$ mg/L。称取 0.764 g 氯化铵,用适量水溶解,加入 0.30 mL 浓硫酸,冷却后,移入 1 000 mL 容量瓶中,用水定容,混匀。该溶液在避光、4 ℃下可保存一个月。或直接购买市售有证标准溶液。

(9)氯化铵标准使用液,$\rho(NH_4Cl)=10.0$ mg/L。量取 5.0 mL 氯化铵标准贮备液于 100 mL 容量瓶中,用水定容,混匀。用时现配。

(10)苯酚溶液。称取 70 g 苯酚(C_6H_5OH)溶于 1 000 mL 水中。该溶液贮存于棕色玻璃瓶中,在室温条件下可保存一年(注意:配制苯酚溶液时应避免接触皮肤和衣物)。

(11)二水硝普酸钠溶液。称取 0.8 g 二水硝普酸钠{$Na_2[Fe(CN)_5NO] \cdot 2H_2O$}溶于 1 000 mL 水中。该溶液贮存于棕色玻璃瓶中,在室温条件下可保存 3 个月。

(12)缓冲溶液。称取 280 g 二水柠檬酸钠及 22.0 g 氢氧化钠,溶于 500 mL 水中,移入 1000 mL 容量瓶中,用水定容,混匀。

(13)硝普酸钠-苯酚显色剂。量取 15 mL 二水硝普酸钠溶液及 15 mL 苯酚溶液和 750 mL 水,混匀。该溶液用时现配。

(14)二氯异氰尿酸钠显色剂。称取 5.0 g 二氯异氰尿酸钠溶于 1 000 mL 缓冲溶液中,4 ℃下可保存一个月。

2.亚硝酸盐氮

(1)浓磷酸,$\rho(H_3PO_4)=1.71$ g/mL。

(2)氯化钾(KCl,优级纯)。

(3)亚硝酸钠(NaNO$_2$,优级纯),干燥器中干燥24 h。

(4)氯化钾溶液,$c(KCl)=1$ mol/L。

(5)亚硝酸盐氮标准贮备液,$\rho(NO_2^- \text{-}N)=1\,000$ mg/L。称取4.926 g亚硝酸钠,用适量水溶解,移入1 000 mL容量瓶中,用水定容,混匀。该溶液贮存于聚乙烯塑料瓶中,4 ℃下可保存6个月。或直接购买市售有证标准溶液。

(6)亚硝酸盐氮标准使用液Ⅰ,$\rho(NO_2^- \text{-}N)=100$ mg/L。量取10.0 mL亚硝酸盐氮标准贮备液于100 mL容量瓶中,用水定容,混匀。用时现配。

(7)亚硝酸盐氮标准使用液Ⅱ,$\rho(NO_2^- \text{-}N)=10.0$ mg/L。量取10.0 mL亚硝酸盐氮标准使用液Ⅰ于100 mL容量瓶中,用水定容,混匀。用时现配。

(8)磺胺溶液(C$_6$H$_8$N$_2$O$_2$S)。向1 000 mL容量瓶中加入600 mL水,再加入200 mL浓磷酸,然后加入80 g磺胺。用水定容,混匀。该溶液于4 ℃下可保存1年。

(9)盐酸N-(1-萘基)-乙二胺溶液。称取0.40 g盐酸N-(1-萘基)-乙二胺(C$_{12}$H$_{14}$N$_2$·2HCl)溶于100 mL水中。4 ℃下保存,当溶液颜色变深时应停止使用。

(10)显色剂。分别量取20 mL磺胺溶液、20 mL盐酸N-(1-萘基)-乙二胺溶液、20 mL浓磷酸于100 mL棕色试剂瓶中,混合。4 ℃下保存,当溶液变黑时应停止使用。

3.硝酸盐氮

(1)浓磷酸,$\rho(H_3PO_4)=1.71$ g/mL。

(2)浓盐酸,$\rho(HCl)=1.12$ g/mL。

(3)镉粉,粒径0.3~0.8 mm。

(4)氯化钾(KCl,优级纯)。

(5)硝酸钠(NaNO$_3$,优级纯),干燥器中干燥24 h。

(6)亚硝酸钠(NaNO$_2$,优级纯)。

(7)氯化铵(NH$_4$Cl)。

(8)硫酸铜(CuSO$_4$·5H$_2$O)。

(9)氨水(NH$_4$OH,优级纯)。

(10)氯化钾溶液,$c(KCl)=1$ mol/L。

(11)硝酸盐氮标准贮备液,$\rho(NO_3^- \text{-}N)=1\,000$ mg/L。称取6.068 g硝酸钠,用适量水溶解,移入1 000 mL容量瓶中,用水定容,混匀。该溶液贮存于聚乙烯塑料瓶中,4 ℃下可保存6个月。或直接购买市售有证标准溶液。

(12)硝酸盐氮标准使用液Ⅰ,$\rho(NO_3^- \text{-}N)=100$ mg/L。量取10.0 mL硝酸盐氮标准贮备液于100 mL容量瓶中,用水定容,混匀。用时现配。

(13)硝酸盐氮标准使用液Ⅱ,$\rho(NO_3^- \text{-}N)=10.0$ mg/L。量取10.0 mL硝酸盐氮标准使用液Ⅰ于100 mL容量瓶中,用水定容,混匀。用时现配。

(14)硝酸盐氮标准使用液Ⅲ,$\rho(NO_3^- \text{-}N)=6.0$ mg/L。量取6.0 mL标准使用液Ⅰ于100 mL容量瓶中,用水定容,混匀。用时现配。

(15)亚硝酸盐氮标准贮备液，$\rho(NO_2^- \text{-N}) = 1\,000$ mg/L。

(16)亚硝酸盐氮标准中间液，$\rho(NO_2^- \text{-N}) = 100$ mg/L。

(17)亚硝酸盐氮标准使用液Ⅲ，$\rho(NO_2^- \text{-N}) = 6.0$ mg/L。量取 6.0 mL 亚硝酸盐氮标准中间液于 100 mL 容量瓶中，用水定容，混匀。用时现配。

(18)氨水溶液，浓氨水（NH_4OH，$\rho \approx 0.88$ g/cm³，分析纯）和水以 1∶3 体积混合。

(19)氯化铵缓冲溶液贮备液，$\rho(NH_4Cl) = 100$ g/cm³。将 100 g 氯化铵溶于 1 000 mL 容量瓶中，加入约 800 mL 水，用氨水溶液调节 pH 为 8.7～8.8，用水定容，混匀。

(20)氯化铵缓冲溶液使用液，$\rho(NH_4Cl) = 10$ g/L。量取 100 mL 氯化铵缓冲溶液贮备液于 1 000 mL 容量瓶中，用水定容，混匀。

(21)磺胺溶液。

(22)盐酸 N-(1-萘基)-乙二胺溶液。

(23)显色剂。

[仪器和设备]

(1)分光光度计：具 10 mm 比色皿。

(2)pH 计：配有玻璃电极和参比电极。

(3)恒温水浴振荡器：振荡频率可达 40 次/min。

(4)还原柱：用于将硝酸盐氮还原为亚硝酸盐氮，具体制备方法见本实验后的附录 6-1。

(5)离心机：转速可达 3 000 r/min，具 100 mL 聚乙烯离心管。

(6)天平：精度为 0.001 g。

(7)聚乙烯瓶：500 mL，具螺旋盖。或采用既不吸收也不向溶液中释放所测组分的其他容器。

(8)具塞比色管：20 mL、50 mL、100 mL。

(9)样品筛：5 mm。

(10)一般实验室常用仪器和设备。

[实验内容与步骤]

1.土壤试液的制备

称取通过 5 mm 筛土样 40.0 g，放入 500 mL 聚乙烯瓶中，加入 200 mL 氯化钾溶液，在 (20±2)℃的恒温水浴振荡器中振荡提取 1 h。转移约 60 mL 提取液于 100 mL 聚乙烯离心管中，在 3 000 r/min 的条件下离心分离 10 min。然后将约 50 mL 上清液转移至 100 mL 比色管中，制得土壤试液，待测(注：土壤试液也可以在 4 ℃下，以静置 4 h 的方式代替离心分离)。

2.空白试液的制备

加入 200 mL 氯化钾溶液于 500 mL 聚乙烯瓶中，按照与试料的制备相同步骤制备空白试液(注：土壤试液和空白试液需要在 1 d 之内分析完毕，否则应在 4 ℃下保存，保存时间不超过 1 周)。

3.氨氮的分析

(1)标准曲线的绘制。分别量取 0 mL、0.10 mL、0.20 mL、0.50 mL、1.00 mL、2.00 mL、

3.50 mL氯化铵标准使用液于一组 100 mL 具塞比色管中,加水至 10.0 mL,制备标准系列。氨氮含量分别为 0 μg、1.0 μg、2.0 μg、5.0 μg、10.0 μg、20.0 μg、35.0 μg。

向标准系列中加入 40 mL 硝普酸钠-苯酚显色剂,充分混合,静置 15 min。然后分别加入 1.00 mL 二氯异氰尿酸钠显色剂,充分混合,在 15～35 ℃条件下至少静置 5 h。于 630 nm 波长处,以水为参比,测量吸光度。以扣除零浓度的校正吸光度为纵坐标,氨氮含量(μg)为横坐标,绘制校准曲线。

(2)样品的测定。量取 10.0 mL 土壤试液至 100 mL 具塞比色管中,按照校准曲线比色步骤测量吸光度(注:当浸提液中氨氮浓度超过校准曲线的最高点时,应用氯化钾溶液稀释试料,重新测定)。

(3)空白试样的测定。量取 10.0 mL 空白试料至 100 mL 具塞比色管中,按照校准曲线比色步骤测量吸光度。

(4)亚硝酸盐氮的分析。

①标准曲线的绘制。分别量取 0 mL、1.00 mL、5.00 mL 亚硝酸盐氮标准使用液Ⅱ和 1.00 mL、3.00 mL、6.00 mL 亚硝酸盐氮标准使用液Ⅰ于一组 100 mL 容量瓶,加水稀释至标线,混匀,制备标准系列,亚硝酸盐氮含量分别为 0 μg、10.0 μg、50.0 μg、100 μg、300 μg、600 μg。

分别量取 1.00 mL 上述标准系列于一组 25 mL 具塞比色管中,加入 20 mL 水,摇匀。向每个比色管中加入 0.20 mL 显色剂,充分混合,静置 60～90 min,在室温下显色。于 543 nm 波长处,以水为参比,测量吸光度。以扣除零浓度的校正吸光度为纵坐标,亚硝酸盐氮含量(μg)为横坐标,绘制校准曲线。

②样品的测定。量取 1.00 mL 试料至 25 mL 比色管中,按照校准曲线比色步骤测量吸光度(注:当试料中的亚硝酸盐氮含量超过校准曲线的最高点时,应用氯化钾溶液稀释试料,重新测定)。

③空白试验的测定。量取 1.00 mL 空白试料至 25 mL 比色管中,按照校准曲线比色步骤测量吸光度。

(5)硝酸盐氮的分析。

①还原柱使用前的准备。打开活塞,让氯化铵缓冲溶液全部流出还原柱。必要时,用水清洗掉表面所形成的盐。再分别用 20 mL 氯化铵缓冲溶液使用液、20 mL 氯化铵缓冲溶液贮备液和 20 mL 氯化铵缓冲溶液使用液滤过还原柱,待用。

②标准曲线的绘制。分别量取 0 mL、1.00 mL、5.00 mL 硝酸盐氮标准使用液Ⅱ和 1.00 mL、3.00 mL、6.00 mL 硝酸盐氮标准使用液Ⅰ于一组 100 mL 容量瓶中,用水稀释至标线,混匀,制备标准系列,硝酸盐氮含量分别为 0 μg、10.0 μg、50.0 μg、100 μg、300 μg、600 μg。

关闭活塞,分别量取 1.00 mL 校准系列于还原柱中。向还原柱中加入 10 mL 氯化铵缓冲溶液使用液,然后打开活塞,以 1 mL/min 的流速通过还原柱,用 50 mL 具塞比色管收集洗脱液。当液面达到顶部棉花时再加入 20 mL 氯化铵缓冲溶液使用液,收集所有流出液,移开比色管。最后用 10 mL 氯化铵缓冲溶液使用液清洗还原柱。

向上述比色管中加入 0.20 mL 显色剂,充分混合,在室温下静置 60～90 min。于 543 nm 波长处,以水为参比,测量吸光度。以扣除零浓度的校正吸光度为纵坐标,硝酸盐氮含量(μg)为横坐标,绘制校准曲线。

③样品的测定。量取 1.00 mL 试料至还原柱中,按照校准曲线步骤测量吸光度(注:当试料中硝酸盐氮和亚硝酸盐氮的总量超过校准曲线的最高点时,应用氯化钾溶液稀释试料,重新测定)。

④空白试验。量取 1.00 mL 空白试料至还原柱中,按照校准曲线步骤测量吸光度。

[结果计算]

1.氨氮

样品中的氨氮含量(mg/kg)按照式(2)进行计算。

$$\omega = \frac{m_1 - m_0}{V} \times f \times R \tag{2}$$

式中:ω 为样品中氨氮的含量,mg/kg;m_1 为从校准曲线上查得的试料中氨氮的含量,μg;m_0 为从校准曲线上查得的空白试料中氨氮的含量,μg;V 为测定时的试料体积,10.0 mL;f 为试料的稀释倍数;R 为试样体积(包括提取液体积与土壤中水分的体积)与干土的比例系数,mL/g,R 按照式(3)进行计算。

$$R = \frac{[V_{ES} + m_s \times (1 - w_{dm}) / d_{H2O}]}{m_s \times w_{dm}} \tag{3}$$

式中:V_{ES} 为提取液的体积,200 mL;m_s 为试样量,40.0 g;d_{H2O} 为水的密度,1.0 g/mL;w_{dm} 为土壤中的干物质含量,%。

2.亚硝酸盐氮

样品中亚硝酸盐氮含量(mg/kg)按照式(4)进行计算。

$$\omega = \frac{m_1 - m_0}{V} \times f \times R \tag{4}$$

式中:ω 为样品中亚硝酸盐氮的含量,mg/kg;m_1 为从校准曲线上查得的试料中亚硝酸盐氮的含量,μg;m_0 为从校准曲线上查得的空白试料中亚硝酸盐氮的含量,μg;V 为测定时的试料体积,1.00 mL;f 为试料的稀释倍数;R 为试样体积(包括提取液体积与土壤中水分的体积)与干土的比例系数,mL/g,R 按照式(3)进行计算。

3.硝酸盐氮与亚硝酸盐氮总量

样品中硝酸盐氮与亚硝酸盐氮总量的含量(mg/kg)按照式(5)进行计算。

$$\omega = \frac{m_1 - m_0}{V} \times f \times R \tag{5}$$

式中:ω 为样品中硝酸盐氮与亚硝酸盐氮总量的含量,mg/kg;m_1 为从校准曲线上查得的试料中硝酸盐氮与亚硝酸盐氮总量的含量,μg;m_0 为从校准曲线上查得的空白试料中硝酸盐氮与亚硝酸盐氮总量的含量,μg;V 为测定时的试料体积,1.00 mL;f 为试料的稀释倍数;R 为试样体积(包括提取液体积与土壤中水分的体积)与干土的比例系数,mL/g,R 按照式(3)进行计算。

4.硝酸盐氮

样品中硝酸盐氮含量 $\omega_{硝酸盐氮}$(mg/kg)按照式(6)进行计算:

$$\omega_{硝酸盐氮} = \omega_{硝酸盐氮与亚硝酸盐氮总量} - \omega_{亚硝酸盐氮} \tag{6}$$

[注意事项]

（1）当样品量为 40.0 g 时，本方法测定土壤中氨氮、亚硝酸盐氮、硝酸盐氮的检出限分别为 0.10 mg/kg、0.15 mg/kg、0.25 mg/kg，测定下限分别 0.40 mg/kg、0.60 mg/kg、1.00 mg/kg。

（2）当测定结果小于 1 mg/kg 时，保留两位小数；当测定结果大于等于 1 mg/kg 时，保留三位有效数字。

（3）质量控制与质量保证。

①每批样品至少做一个空白试验，测试结果应低于方法检出限。

②每批样品应测定 10% 的平行样品。当平行双样测定结果＞10.0 mg/kg 时，相对偏差应在 10% 以内，当平行双样测定结果≤10.0 mg/kg 时，相对偏差应在 20% 以内。

③每批样品应测定 10% 的加标样品。氨氮加标回收率应在 80%～120%，亚硝酸盐氮加标回收率应在 70%～120%，硝酸盐氮加标回收率应在 80%～120%。

④校准曲线相关系数应≥0.999。

⑤每批样品应分析一个校准曲线的中间点浓度标准溶液，其测定结果与校准曲线该点浓度的相对偏差应≤10%。否则，需重新绘制校准曲线。

⑥硝酸盐氮还原效率。量取 1.00 mL 硝酸盐氮标准使用液Ⅲ和亚硝酸盐氮标准使用液Ⅲ，分别按照步骤进行转化并测定吸光度。测定结果的相对偏差应在 5% 以内，否则，应对还原柱中的镉粉进行重新处理。

附录 6-1：还原柱的制备

1. 镉粉的处理

用浓盐酸浸泡约 10 g 镉粉 10 min，然后用水冲洗至少 5 次。再用水（水量盖过镉粉即可）浸泡约 10 min，加入约 0.5 g 硫酸铜，混合 1 min，然后用水冲洗至少 10 次，直至黑色铜絮凝物消失。重复采用浓盐酸浸泡混合 1 min，然后用水冲洗至少 5 次。处理好的镉粉用水浸泡，在 1 h 内装柱。

2. 还原柱的准备

向还原柱底端加入少许棉花，加水至漏斗 2/3 处（L1），缓慢添加处理好的镉粉至 L3 处（约为 100 mm），添加镉粉的同时，应不断敲打柱子使其填实。最后，在上端加入少许棉花至 L2 处。

如果还原柱在 1 h 内不使用，应加入氯化铵缓冲溶液贮备液至 L1 处。盖上漏斗盖子，防止蒸发和灰尘进入。在这样的条件下，还原柱可保存 1 个月。但是，每次使用前要检查还原柱的转化效率。

还原柱示意图，见图 6-1。

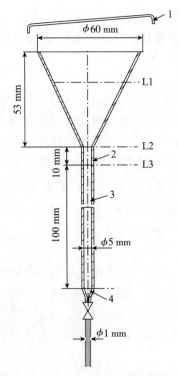

1. 还原柱盖子；2. 填充的棉花；3. 处理后的镉粉（颗粒直径为 0.3～0.8 mm）；4. 填充的棉花。

图 6-1　还原柱示意图

实验 6.4	土壤全磷含量的测定

磷是植物必需的大量营养元素之一,我国土壤总磷含量大部分在 $200\sim1\,100$ mg/kg,包括无机磷和有机磷两大部分。虽然土壤总磷含量并不能直接反映土壤的供磷能力,但如果土壤全磷含量很低(<400 mg/kg 时),则有可能供磷不足。

测定土壤中总磷首先应将全部磷转化为可溶态。这种转化通常有三种途径:一是用碱熔融,二是用强酸消煮,三是高温灼烧然后用酸浸提。我国常用的方法是碱熔融和强酸消煮。碱熔融法(Na_2CO_3 或 NaOH)基本上可以将全部磷转化为可溶性磷,所以常常作为标准法应用。强酸消煮法(H_2SO_4-$HClO_4$)操作比较简便,也有一定精度,但对高度风化的土壤(红壤、砖红壤)或有包裹态磷灰石存在时,有提取不全、结果偏低的可能;对有机质含量高的土壤,还应注意有机质的去除。转入溶液后的磷的测定可以采用钼锑抗比色法,其步骤简便,显色稳定,干扰离子的允许含量较大。

本实验介绍熔融-钼锑抗分光光度法测定土壤全磷的原理及步骤,主要参考 HJ 632—2011。

[实验原理]

经氢氧化钠熔融,土壤样品中的含磷矿物及有机磷化合物全部转化为可溶性的正磷酸盐,在酸性条件下与钼锑抗显色剂反应生成磷钼蓝,在波长 700 nm 处测量吸光度。在一定浓度范围内,样品中的总磷含量与吸光度值符合朗伯-比尔定律,采用标准曲线定量。

[试剂与材料]

除非另有说明,分析时均使用符合国家标准的分析纯化学试剂。实验用水为新制备的去离子水或蒸馏水,电导率(25 ℃)$\leqslant5.0$ μs/cm。

(1)浓硫酸,$\rho(H_2SO_4)=1.84$ g/mL。

(2)氢氧化钠颗粒(NaOH,优级纯)。

(3)无水乙醇,$\rho(CH_3CH_2OH)=0.789$ g/mL。

(4)浓硝酸,$\rho(HNO_3)=1.51$ g/mL。

(5)磷酸二氢钾(KH_2PO_4,优级纯)。取适量磷酸二氢钾于称量瓶中,在 110 ℃下烘干 2 h,置于干燥器中放冷,备用。

(6)硫酸溶液,$c(H_2SO_4)=3$ mol/L。于 800 mL 水中,在不断搅拌下缓慢加入 168 mL 浓硫酸,待溶液冷却后加水至 $1\,000$ mL,混匀。

(7)硫酸溶液,$c(H_2SO_4)=0.5$ mol/L。于 800 mL 水中,在不断搅拌下缓慢加入 28 mL 浓硫酸,待溶液冷却后加水至 $1\,000$ mL,混匀。

(8)硫酸溶液。用浓硫酸与等量蒸馏水配制。

(9)氢氧化钠溶液,$c(NaOH)=2$ mol/L。称取 20.0 g 氢氧化钠,溶解于 200 mL 水中,待溶液冷却后加水至 250 mL,混匀。

(10)抗坏血酸溶液,$\rho=0.1$ g/mL。称取 10.0 g 抗坏血酸溶于适量水中,溶解后加水至

100 mL,混匀。该溶液贮存在棕色玻璃瓶中,在约 4 ℃下可稳定 2 周。如颜色变黄,则弃去重配。

(11)钼酸铵溶液,$\rho[(NH_4)_6 Mo_7 O_{24} \cdot 4H_2O] = 0.13$ g/mL。称取 13.0 g 钼酸铵溶于适量水中,溶解后加水至 100 mL,混匀。

(12)酒石酸锑氧钾溶液,$\rho[K(SbO)C_4H_4O_6 \cdot 1/2H_2O] = 0.003\ 5$ g/mL。称取 0.35 g 酒石酸锑氧钾溶于适量水中,溶解后加水至 100 mL,混匀。

(13)钼酸盐溶液。在不断搅拌下,将 100 mL 钼酸铵溶液缓慢加入至已冷却的 300 mL 硫酸溶液中,再加入 100 mL 酒石酸锑氧钾溶液,混匀。该溶液贮存在棕色玻璃瓶中,在 4 ℃下可以稳定 2 个月。

(14)磷标准贮备溶液(以 P 计,$\rho = 50.0$ mg/L)。称取 0.219 7 g 磷酸二氢钾溶于适量水中,溶解后移入 1 000 mL 容量瓶,再加入 5 mL 硫酸溶液,加水至标线,混匀。该溶液贮存在棕色玻璃瓶中,在 4 ℃下可稳定 6 个月。

(15)磷标准工作溶液(以 P 计,$\rho = 5.00$ mg/L)。量取 25.00 mL 磷标准贮备溶液于 250 mL 容量瓶中,加水至标线,混匀。该溶液临用时现配。

(16)2,4-二硝基酚(或 2,6-二硝基酚)指示剂($\rho = 0.002$ g/mL)。称取 0.2 g 2,4-二硝基酚(或 2,6-二硝基酚)溶于适量水中,溶解后加水至 100 mL,混匀。

[仪器与设备]

(1)分光光度计:配有 30 mm 比色皿。

(2)马弗炉。

(3)离心机:2 500～3 500 r/min,配有 50 mL 离心杯。

(4)镍坩埚:容量大于 30 mL。

(5)天平:精度为 0.000 1 g。

(6)样品粉碎设备:土壤粉碎机(或球磨机)。

(7)土壤筛:孔径为 1 mm、0.149 mm(100 目)。

(8)具塞比色管:50 mL。

(9)一般实验室常用仪器和设备。

[实验内容与步骤]

1.试样的制备

称取通过 100 目筛的土壤样品 0.250 0 g 于镍坩埚底部,用几滴无水乙醇湿润样品;然后加入 2 g 氢氧化钠平铺于样品的表面,将样品覆盖,盖上坩埚盖;将坩埚放入马弗炉中升温,当温度升至 400 ℃左右时,保持 15 min;然后继续升温至 640 ℃,保持 15min,取出冷却。再向坩埚中加入 10 mL 水加热至 80 ℃,待熔块溶解后,将坩埚内的溶液全部转入 50 mL 离心杯中,再用 10 mL 硫酸溶液分 3 次洗涤坩埚,洗涤液转入离心杯中,然后再用适量水洗涤坩埚 3 次,洗涤液全部转入离心杯中,以 2 500～3 500 r/min 离心分离 10 min,静置后将上清液全部转入 100 mL 容量瓶中,用水定容,待测(注:处理大批样品时,应将加入氢氧化钠后的坩埚暂放入大干燥器中以防吸潮)。

2.校准曲线的绘制

分别量取 0 mL、0.50 mL、1.00 mL、2.00 mL、4.00 mL、5.00 mL 磷标准工作溶液于 6 支 50 mL 具塞比色管中,加水至刻度,标准系列中的磷含量分别为 0 μg、2.50 μg、5.00 μg、10.00 μg、20.00 μg、25.00 μg。然后分别向比色管中加入 2~3 滴指示剂,再用硫酸溶液和氢氧化钠溶液调节 pH 为 4.4 左右,使溶液刚呈微黄色,再加入 1.0 mL 抗坏血酸溶液,混匀。30 s 后加入 2.0 mL 钼酸盐溶液,充分混匀,于 20~30 ℃ 放置 15 min。用 30 mm 比色皿,于 700 nm 波长处,以水为参比,测量吸光度。以试剂空白校正吸光度为纵坐标,对应的磷含量(μg)为横坐标,绘制校准曲线。

3.测 定

量取 10.0 mL(或根据样品浓度确定量取体积)试样于 50 mL 具塞比色管中,加水至刻度。然后按照与绘制校准曲线相同操作步骤进行显色和测量。

4.空白试验

不加入土壤试样,按照与试料的制备和测定相同操作步骤,进行显色和测量。

[结果计算]

土壤中总磷的含量(mg/kg)按照式(1)进行计算。

$$\omega = \frac{[(A - A_0) - a] \times V_1}{b \times m \times W_{dm} \times V_2} \tag{1}$$

式中,ω 为土壤中总磷的含量,mg/kg;A 为试料的吸光度值;A_0 为空白试验的吸光度值;a 为校准曲线的截距;V_1 为试样定容体积,mL;b 为校准曲线的斜率;m 为试样量,g;V_2 为试样体积,mL;W_{dm} 为土壤的干物质含量(质量分数),%。

[注意事项]

(1)方法检出限。当试样量为 0.250 0 g,采用 30 mm 比色皿时,本方法的检出限为 10.0 mg/kg,测定下限为 40.0 mg/kg。

(2)质量保证与质量控制。

①每批样品应做空白试验,其测定结果应低于方法检出限。

②每批样品应至少测定 10% 的平行双样,当样品数量少于 10 个时,应至少测定一个平行双样。两个测定结果的相对偏差应不超过 15%。

③每批样品应带一个中间校核点,中间校核点测定值与校准曲线相应点浓度的相对误差应不超过 10%。

④每批样品测定时,应分析一个有证标准物质,其测定值应在保证值范围内。

⑤校准曲线的相关系数应≥0.999 5。

⑥每批样品应至少测定 10% 的加标样品,当样品数量少于 10 个时,应至少测定一个加标样品。加标回收率应在 80%~120%。

(3)测量结果保留 3 位有效数字。

实验 6.5　　　　　　　　　　土壤有效磷含量的测定

　　土壤有效磷(available phosphorous,A-P),也称为速效磷,是在植物生长期内能够被植物根系吸收的土壤磷。通常情况下,土壤有效磷只是指某一特定方法所测出的土壤中的磷量,只有测出的磷量和植物生长状况具有显著相关的情况下,这种测定才具有实际意义。因此,土壤有效磷并不是指土壤中某一特定形态的磷,它也不具有真正"数量"的概念,所以,应用不同的测定方法在同一土壤上可以得到不同的有效磷数量,因此土壤有效磷水平只是一个相对水平,在某种程度上具有统计学意义,而不是指土壤中"真正"有效磷的"绝对含量"。但是这一指标在实际上有重大意义,它可以相对地说明土壤的供磷水平,也可以作为一个指标判断施用磷肥是否必要。

　　测定土壤有效磷的方法,按其测定机理大致可分为 4 类:酸溶作用、阴离子交换作用、阳离子络合或沉淀作用、阳离子水解作用。这 4 种机理实际上要复杂得多,甚至一个方法可以包括几种作用机理,所以现在测定有效磷的方法虽然有一些理论依据,但仍带有很大的"经验性"。选择方法的基本依据仍然是各种方法在实践中的表现,即测定结果和植物生长状况的相关性。根据这一点来评价,现在所使用的方法是:Olsen 法($NaHCO_3$ 法),在国内外都得到了良好结果和广泛应用,它适用于中性、微酸性和石灰性土壤;Bray 1 法($HCl + NH_4F$ 法),在酸性土壤上效果良好;树脂法,测定结果和植物生长相关甚高,应用甚广。

　　本实验介绍碳酸氢钠浸提-钼锑抗分光光度法测定土壤有效磷的实验原理及实验步骤,主要参考 HJ 704—2014 和《土壤农业化学分析方法》(鲁如坤,1999)。

[实验原理]

　　用 0.5 mol/L 碳酸氢钠溶液(pH=8.5)浸提土壤中的有效磷。浸提液中的磷与钼锑抗显色剂反应生成磷钼蓝,在波长 880 nm 处测量吸光度。在一定浓度范围内,磷的含量与吸光度值符合朗伯-比尔定律,用标准曲线定量。

[试剂与材料]

　　除非另有说明,分析时均使用符合国家标准的分析纯化学试剂。实验用水为新制备的去离子水或蒸馏水。

　　(1)硫酸,$\rho(H_2SO_4)$=1.84 g/mL。

　　(2)硝酸,$\rho(HNO_3)$=1.51 g/mL。

　　(3)冰乙酸,$\rho(C_2H_4O_2)$ = 1.049 g/mL。

　　(4)磷酸二氢钾(KH_2PO_4,优级纯)。取适量磷酸二氢钾于称量瓶中,置于 105 ℃烘干 2 h,干燥箱内冷却,备用。

　　(5)氢氧化钠溶液,$\omega(NaOH)$=10%。称取 10 g 氢氧化钠(NaOH)溶于水中,用水稀释至 100 mL,贮于聚乙烯瓶中。

　　(6)硫酸溶液,c (1/2 H_2SO_4)=2 mol/L。于 800 mL 水中,在不断搅拌下缓慢加入 55 mL

硫酸,待溶液冷却后,加水至 1 000 mL,混匀。

(7)硝酸溶液:浓硝酸和水以 1 : 5 体积混合。

(8)浸提剂,c(NaHCO₃)=0.5 mol/L。称取 42.0 g 碳酸氢钠(NaHCO₃)溶于约 800 mL 水中,加水稀释至约 990 mL,用氢氧化钠溶液调节至 pH=8.5(用 pH 计测定),加水定容至 1 L,温度控制在(25±1)℃。贮存于聚乙烯瓶中,该溶液应在 4 h 内使用[注:浸提剂温度需控制在(25±1)℃。具体控制时,最好有 1 小间恒温室,冬季除室温要维持 25 ℃外,还需将去离子水事先加热至 26~27 ℃后再进行配制]。

(9)酒石酸锑钾溶液,ρ[K(SbO)C₄H₄O₆·1/2H₂O]=5 g/L。称取 0.5 g 酒石酸锑钾溶于 100 mL 水中。

(10)钼酸盐溶液。量取 153 mL 硫酸缓慢注入约 400 mL 水中,搅匀,冷却。另取 10.0 g 钼酸铵溶于 300 mL 约 60 ℃的水中,冷却。然后将该硫酸溶液缓慢注入钼酸铵溶液中,搅匀,再加入 100 mL 酒石酸锑钾溶液最后用水定容至 1 L。该溶液中含 10 g/L 钼酸铵和 2.75 mol/L 硫酸。该溶液贮存于棕色瓶中,可保存一年。

(11)抗坏血酸溶液,ω(C₆H₈O₆)=10%。称取 10 g 抗坏血酸溶于水中,加入 0.2 g 乙二胺四乙酸二钠(EDTA-2Na)和 8 mL 冰乙酸,加水定容至 100 mL。该溶液贮存于棕色试剂瓶中,在 4 ℃下可稳定 3 个月。如颜色变黄,则弃去重配。

(12)磷标准贮备溶液,ρ(P)=100 mg/L。称取 0.439 4 g 磷酸二氢钾溶于约 200 mL 水中,加入 5 mL 硫酸,然后移至 1 000 mL 容量瓶中,加水定容,混匀。该溶液贮存于棕色试剂瓶中,有效期为 1 年。或直接购买市售有证标准物质。

(13)磷标准溶液,ρ(P)=5.00 mg/L。量取 5.00 mL 磷标准贮备溶液于 100 mL 容量瓶中,用浸提剂稀释至刻度。临用现配。

(14)指示剂,2,4-二硝基酚或 2,6-二硝基酚(C₆H₄N₂O₅),ω=0.2%。称取 0.2 g 2,4-二硝基酚或 2,6-二硝基酚溶于 100 mL 水中,该溶液贮存于玻璃瓶中。

[仪器与设备]

(1)分光光度计:配备 10 mm 比色皿。

(2)恒温往复振荡器:频率可控制在 150~250 r/min。

(3)土壤样品粉碎设备:粉碎机、玛瑙研钵。

(4)分析天平:精度为 0.000 1 g。

(5)土壤筛:孔径 1 mm 或 20 目尼龙筛。

(6)具塞锥形瓶:150 mL。

(7)滤纸:经检验不含磷的滤纸。

(8)一般实验室常用仪器和设备。

[实验内容与步骤]

1.试样的制备

称取通过孔径为 1 mm 或 20 目尼龙筛的试样 2.50 g,置于干燥的 150 mL 具塞锥形瓶中,加入 50.0 mL 浸提剂,塞紧,置于恒温往复振荡器上,在(25±1)℃以 180~200 r/min 的振荡频率振荡(30±1)min,然后立即用无磷滤纸过滤,滤液应当天分析(注:浸提时最好有 1 小间恒温室,冬季应先开启空调,待室温达到 25 ℃,且恒温往复振荡器内温度达到 25 ℃后,再打开振荡器进行振荡计时)。

2.标准曲线的绘制

分别量取 0 mL、1.00 mL、2.00 mL、3.00 mL、4.00 mL、5.00 mL、6.00 mL 磷标准溶液于 7 个 50 mL 容量瓶中,用浸提剂加至 10.0 mL。分别加水至 15~20 mL,再加入 1 滴指示剂,然后逐滴加入硫酸溶液调至溶液近无色,加入 0.75 mL 抗坏血酸溶液,混匀,30 s 后加 5 mL 钼酸盐溶液,用水定容至 50 mL,混匀。此标准系列中磷浓度依次为 0 mg/L、0.10 mg/L、0.20 mg/L、0.30 mg/L、0.40 mg/L、0.50 mg/L、0.60 mg/L(注:上述操作过程中,会有 CO_2 气泡产生,应缓慢摇动容量瓶,勿使气泡溢出瓶口。将上述容量瓶置于室温下放置 30 min。若室温低于 20 ℃,可在 25~30 ℃ 水浴中放置 30 min)。用 10 mm 比色皿在 880 nm 波长处,室温高于 20 ℃ 的环境条件下比色,以去离子水为参比,分别测量吸光度。以试剂空白校正吸光度为纵坐标,对应的磷浓度(mg/L)为横坐标,绘制校准曲线。

3.样品的测定

量取 10.0 mL 试液于干燥的 50 mL 容量瓶中。然后按照与校准相同操作步骤进行显色和测量(注:试料中的含磷量较高时,可适当减少试料体积,用浸提剂稀释至 10.0 mL)。

4.空白试验

不加入土壤试样,按步骤 1 和步骤 3 相同操作步骤进行显色和测量。

[结果计算]

样品中有效磷的含量 ω(mg/kg)按照式(1)进行计算。

$$\omega = \frac{[(A - A_0) - a] \times V_1 \times 50}{b \times V_2 \times m \times W_{dm}} \tag{1}$$

式中,ω 为土壤样品中有效磷的含量,mg/kg;A 为试料吸光度值;A_0 为空白试验的吸光度值;a 为校正曲线的截距;V_1 为试料体积,50 mL;50 为显色时定容体积,mL;b 为校准曲线的斜率;V_2 为吸取试料体积,mL;m 为试样量,2.50 g;W_{dm} 为土壤的干物质含量(质量分数),%。

[注意事项]

(1)土壤有效磷是指在本标准规定的条件下浸提出来土壤溶液中的磷、弱吸附态磷、交换性磷和易溶性固体磷酸盐等。

(2)方法检出限。当取样量为 2.50 g,使用 50 mL 碳酸氢钠溶液浸提,采用 10 mm 比色皿时,本方法检出限为 0.5 mg/kg,测定下限为 2.0 mg/kg。

(3)干扰和消除。浸提液中砷含量大于 2 mg/L 有干扰,可用硫代硫酸钠除去;硫化钠含量大于 2 mg/L 有干扰,在酸性条件下通氮气可以除去;六价铬大于 50 mg/L 有干扰,用亚硫酸钠除去;铁含量为 20 mg/L,使结果偏低 5%。

(4)所有的采样仪器和设备、分析仪器和设备经处理后都应不含磷。试验中使用的玻璃器皿可用盐酸溶液浸泡 2 h,或用不含磷的洗涤剂清洗。比色皿用后应以稀硝酸或铬酸洗液浸泡片刻,以除去吸附的钼蓝有色物质。

(5)由于浸提出来的有效磷会受浸提液浓度、水土比例、振荡时间、温度等影响,建议在有温度控制的实验室完成。

（6）质量保证与质量控制。每批样品应做标准曲线，标准曲线的相关系数不应小于 0.999。每批样品应至少做 10% 的平行样，当样品量少于 10 个时，平行样不少于 1 个。

①每批样品需做校准曲线，校准曲线的相关系数应大于等于 0.999。

②每批样品应做两个空白试验，其测试结果应低于检测下限。

③每批样品应至少测定 10% 的平行双样，样品量少于 10 个时，应至少测定一个平行双样。平行样测定结果允许差应满足一定的要求（表 6-1）。

④每批样品应分析一个有证标准物质，其测定值应在保证值范围内，见表 6-1。

（7）测定结果小数位数与方法检出限保持一致，最多保留 3 位有效数字。

表 6-1　土壤有效磷平行样测定结果允许差范围

有效磷含量/(mg/kg)	允许差范围
≤ 10	≤3 mg/kg（绝对允许差）
10<P≤25	≤40%（相对允许差）
25<P≤100	≤15 mg/kg（绝对允许差）
>100	≤25%（相对允许差）

实验 6.6　土壤全钾含量的测定

钾是植物必需的三大营养元素之一，我国土壤的全钾含量变化很大，高的可达 3% 以上，低的可小于 0.2%，一般都在 1%～2%。尽管对某一个有限的区域而言，全钾含量不一定可以反映出土壤现时的供钾能力，但就大范围的土壤而言，土壤全钾含量则能反映出土壤供钾能力的大小。因此，测定土壤全钾含量对了解土壤的供钾潜力具有十分重要的意义。

土壤钾按形态可分为水溶性钾、交换性钾、矿物层间不能通过快速交换反应而释放的非交换性钾，以及矿物晶格中的钾。要测定土壤全钾，就要对土壤样品进行彻底的分解，以保证所有形态的钾能够以检测态存在。土壤样品的分解大体上可分为碱熔融法和酸溶解法两大类。碱熔融方法包括碳酸钠熔融和氢氧化钠熔融法，制备的待测液均可以用于全钾和全磷的测定，其中碳酸钠碱熔法在国际上比较通用，但需要用到铂金坩埚；现在国内一般用氢氧化钠熔融法，这种方法可用银坩埚代替铂金坩埚，适于一般实验室采用，且分解比较完全。酸溶解方法是采用氢氟酸-高氯酸法，此法比较方便，是国际上通用的分解土壤全钾样品的方法，但同样需要铂金坩埚。进入溶液的钾的测定一般采用火焰光度法，此法快速、简便，且测定结果也比较准确可靠。

本实验介绍氢氧化钠熔融-火焰光度法和氢氟酸-高氯酸消煮-火焰光度法测定土壤全钾的原理及步骤，主要参考《土壤农业化学分析方法》（鲁如坤，1999）和中华人民共和国国家标准方法 NY/T 87—1988。

6.6.1 氢氧化钠熔融——火焰光度法

[实验原理]

土壤样品经强碱(NaOH)熔融后,难溶的硅酸盐分解成可溶性化合物,土壤矿物晶格中的钾转变成可溶性钾形态,制备成含钾的待测液。待测液中钾的含量采用火焰光度法测定,采用工作曲线定量,然后计算土壤样品的钾含量。

[试剂与材料]

(1)氢氧化钠(NaOH,分析纯)。

(2)无水乙醇。

(3)盐酸,浓盐酸与水以等体积混合。

(4)硫酸溶液,c $(1/2H_2SO_4)$ = 9 mol/L。在硬质烧杯中,将 250 mL 硫酸缓缓倒入 700 mL 蒸馏水中,不断搅拌,冷却后稀释至 1 L。

(5)钾标准贮备溶液,ρ = 100 mg/L。称取 0.190 7 g 氯化钾(KCl,分析纯),110 ℃烘 2 h,溶于蒸馏水中,定容至 1 L。

(6)钾标准溶液。分别吸取钾标准贮备溶液 2 mL、5 mL、10 mL、20 mL、30 mL、40 mL、50 mL,分别放入 100 mL 容量瓶中,加入 NaOH 0.4 g 和硫酸溶液 1 mL(以使标准液中的离子成分和待测液相近),然后加水定容至 100 mL,即得 2 mg/L、5 mg/L、10 mg/L、20 mg/L、30 mg/L、40mg/L、50 mg/L 的钾标准溶液。

[仪器与设备]

(1)银坩埚或镍坩埚,30 mL。

(2)高温电炉。

(3)火焰光度计。

(4)干燥器。

(5)容量瓶:50 mL、100 mL。

(6)实验室常用仪器和设备。

[实验内容与步骤]

1.试样的制备

称取通过 100 目筛的土壤样品 0.250 0 g 于银坩埚或镍坩埚底部,用几滴无水乙醇湿润样品;然后加入 2 g 氢氧化钠平铺于样品的表面(注:在准备各个样品过程中,可将其暂放在干燥器中,以防吸潮)。

将坩埚在低温时放入高温电炉内,由低温升至 400 ℃后关闭电源,保持 15 min;然后继续升温至 720 ℃,保持 15 min(注:之所以采取不连续的升温,是为了防止坩埚内样品由于突然的加热而随 NaOH 溅出)。冷却后,若熔块成淡蓝色或蓝绿色,表明熔融较好;若熔块呈棕黑色,表明没有熔好,必须再加 NaOH 熔融一次。

在冷却的坩埚中加入 10 mL 水,加热至 80 ℃,待熔块溶解后,再煮沸 5 min,不经过滤直接将坩埚内的溶液全部转入 50 mL 容量瓶中,然后用 10 mL 硫酸溶液,$c(H_2SO_4) = 0.4$ mol/L,洗涤坩埚数次,洗涤液一起转入容量瓶中,使总体积至 40 mL 左右,然后再加入盐酸 5 滴,以使银离子沉淀,防止其对全钾测定的干扰。加硫酸溶液 5 mL,以中和多余的 NaOH,若 NaOH 含量高,硫酸的用量也相应加大。最后用水定容、过滤,此待测液可供磷和钾的测定。

2.校准曲线的绘制

将配制好的钾标准系列溶液,以最大浓度定到火焰光度计上的满度,然后从稀到浓依序进行测定,以钾浓度为横坐标,电流计读数为纵坐标,绘制标准曲线。

3.测定

吸取待测液 5.0 mL 或 10.0 mL(或根据样品浓度确定量取体积)于 50 mL 容量瓶中,直接在火焰光度计上测定,从仪器上直接获得钾浓度的读数。对于一些比较老的火焰光度计,要先用标准钾溶液做工作曲线,然后通过样品的检流计读数,在工作曲线上查得待测液的钾浓度。然后按照与绘制校准曲线相同操作步骤进行显色和测量。

4.空白试验

不加入土壤试样,按照与“1.试样的制备”和“3.测定”相同操作步骤,进行测量。

5.注意事项

用平行测定的结果的算术平均值表示,保留小数点后 2 位。

[结果计算]

土壤全钾量的百分数(按烘干土计算)按式(1)计算:

$$C = \frac{V_1}{M} \times \frac{V_3}{V_2} \times 10^{-4} \times \frac{100}{100 - H} \tag{1}$$

式中:C 为从校准曲线查得的土壤待测液钾含量,mg/L;V_1 为消解液定容体积,mL;V_2 为消解液吸取量,mL;V_3 为待测定容体积,mL;m 为称样量,g;10^{-4} 为由毫克/升换算为百分数的系数;$\dfrac{100}{100 - H}$ 为以风干土计换算成以烘干土计的系数;H 为风干土水分含量百分数。

6.6.2　氢氟酸-高氯酸消煮-火焰光度法

[实验原理]

土壤中的有机物先用硝酸和高氯酸加热氧化,然后用氢氟酸分解硅酸盐等矿物,硅与氟形成四氟化硅逸去。继续加热至剩余的酸被赶尽,使矿质元素变成金属氧化物或盐类。用盐酸溶液溶解残渣,使钾转变为钾离子。经适当稀释后用火焰光度法或原子吸收分光光度法测定溶液中的钾离子浓度,再换算为土壤全钾含量。

[试剂与材料]

(1)硝酸(GB/T 626—2006,分析纯)。

(2)高氯酸(GB/T 623—2011,分析纯)。

(3)氢氟酸(GB/T 620—2011,分析纯)。

(4)3 mol/L盐酸溶液。一份盐酸(GB/T 622—2006,分析纯)与三份去离子水混匀。

(5)氯化钠溶液(NaCl 10 g/L)。称取25.4 g氯化钠(GB/T 1266—2006,优级纯)溶于去离子水,稀释至1 L。

(6)钾标准贮备液(K 1 000 mg/L)。准确称取在110 ℃烘2 h的氯化钾(GB/T 646—2011,基准纯)1.907 g,用去离子水溶解后定容至1 L,混匀,贮于塑料瓶中。

(7)2%(w/v)硼酸溶液。20.0 g硼酸(GB/T 628—2011,分析纯)溶于去离子水,稀释至1 L。

[仪器与设备]

(1)铂坩埚或聚四氟乙烯坩埚:容积不小于30 mL。
(2)电热沙浴或铺有石棉布的电热板:温度可调。
(3)塑料移液管,10 mL。
(4)火焰光度计或原子吸收分光光度计:应对仪器进行调试鉴定,性能指标合格。
(5)实验室常用仪器和设备。

[实验内容与步骤]

(1)土样的消煮。称取通过0.149 mm(100目)孔径筛的风干土0.1 g(精确到0.001 g),盛入铂坩埚或聚四氟乙烯坩埚中,加硝酸3 mL,高氯酸0.5 mL,置于电热沙浴或铺有石棉布的电热板上,于通风橱中加热至硝酸被赶尽,部分高氯酸分解出现大量的白烟,样品成糊状时,取下冷却。用塑料移液管加氢氟酸5 mL,再加高氯酸0.5 mL,置于200～225 ℃沙浴上加热使硅酸盐等矿物分解后,继续加热至剩余的氢氟酸和高氯酸被赶尽。停止冒白烟时,取下冷却。加3 mol/L盐酸溶液10 mL,继续加热至残渣溶解。取下冷却,加2%硼酸溶液2 mL。用去离子水定量转入100 mL容量瓶中,定容,混匀,此为土壤消解液(注:若残渣溶解不完全,应将溶液蒸干,再加氢氟酸3～5 mL、高氯酸0.5 mL,继续消解)。同时按上述方法制备试剂空白溶液。

(2)校准曲线绘制。准确吸取1 000 mg/L钾标准溶液10 mL于100 mL容量瓶中,用去离子水稀释定容,混匀,此为100 mg/L钾标准液。根据所用仪器对钾的线性检测范围,将100 mg/L钾标准液用去离子水稀释成不少于5种浓度的系列标准液。定容前加入适量的氯化钠溶液和试剂空白溶液,使系列标准液的钠离子浓度为1 000 mg/L,空白溶液与土壤消解液等量。然后按仪器使用说明书进行测定,绘制标准曲线。

(3)钾的定量测定。吸取一定量的土壤消解液,用去离子水稀释,使钾离子浓度相当于钾系列标准溶液的浓度范围,此为土壤待测液。定容前加入适量的氯化钠溶液使钠离子浓度为1 000 mg/L。然后按仪器使用说明书进行测定,用系列标准溶液中钾浓度为零的溶液调节仪器零点。从校准曲线查出或从直线回归方程计算出待测液中钾的浓度。

(4)每份土样作不少于两次的平行测定。

(5)用平行测定的结果的算术平均值表示,保留小数点后2位。两次平行测定允许绝对相差不超过0.05%。

[结果计算]

土壤全钾量的百分数(按烘干土计算)按式(2)计算:

$$C = \frac{V_1}{m} \times \frac{V_3}{V_2} \times 10^{-4} \times \frac{100}{100-H} \qquad (2)$$

式中:C 为从校准曲线查得的土壤待测液钾含量,mg/L;V_1 为消解液定容体积,mL;V_2 为消解液吸取量,mL;V_3 为待测液定容体积,mL;m 为称样量,g;10^{-4} 为由毫克/升换算为百分数的系数;$\frac{100}{100-H}$ 为以风干土计换算成以烘干土计的系数;H 为风干土水分含量百分数。

实验 6.7　　　　土壤速效钾含量的测定

土壤钾按形态可分为水溶性钾、交换性钾、矿物层间不能通过快速交换反应而释放的非交换性钾,以及矿物晶格中的钾。植物一般从土壤中吸收水溶性钾,但交换性钾可以很快和水溶性钾达到平衡。因此,水溶性钾和交换性钾称为速效钾。速效钾是最能直接反映土壤供钾能力的指标,尤其对当季作物而言,速效钾和作物吸收之间往往有比较好的相关性。

土壤交换性钾最常用的提取剂是中性的乙酸铵[$c(NH_4CH_3COO)=1$ mol/L]。用 NH_4^+ 作为 K^+ 的代换离子具有以下几点优越性:一是 NH_4^+ 作为 K^+ 的半径相近,水化能也相似,这样 NH_4^+ 能有效取代土壤矿物表面的交换性钾;二是 NH_4^+ 进入矿物层间,能有效地引起层间收缩,不会使矿物层间的非交换性钾释放出来。因此,NH_4^+ 将土壤颗粒表面的交换性钾和矿物层间的非交换性钾区分开来,不会因提取时间和淋洗次数的增加而显著增加钾的提取量。所以,用 NH_4^+ 作提取剂测得的交换性钾结果比较稳定,重现性好,而且 NH_4OAc 提取对火焰光度计测钾没有干扰。在一些没有火焰光度计的实验室,速效钾可以用硝酸钠[$c(NaNO_3)=1$ mol/L]提取,四苯硼钠比浊法测定。

本实验介绍乙酸铵提取——火焰光度法测定土壤速效钾的方法原理和步骤,主要参考《土壤农业化学分析方法》和 NY/T 889—2004。

[实验原理]

当中性乙酸铵溶液与土壤样品混合后,溶液中的 NH_4^+ 与土壤颗粒表面的 K^+ 进行交换,取代下来的 K^+ 和水溶性 K^+ 一起进入溶液。提取液中的钾可直接用火焰光度计测定,然后转换成土壤中速效钾含量。

[试剂与材料]

(1)乙酸铵溶液,$c(CH_3COONH_4)=1.0$ mol/L。称取 77.08 g 乙酸铵溶于近 1 L 水中,用稀乙酸(CH_3COOH)或氨水($NH_3\text{-}H_2O$)调节 pH 为 7.0,用水稀释至 1 L。

(2)钾标准溶液,$c(K)=100$ mg/L。称取经 110 ℃烘 2 h 的氯化钾 0.190 7 g 溶于乙酸铵溶液中,并用该溶液定容至 1 L。

［仪器与设备］

（1）往复式振荡机：振荡频率满足 150～180 r/min。

（2）火焰光度计。

（3）一般实验室常用仪器和设备。

［实验内容与步骤］

（1）试样的制备。称取通过 1 mm 筛孔的风干土样 5 g（精确至 0.01 g）于 200 mL 塑料瓶（或 100 mL 三角瓶）中，加入 50 mL 乙酸铵溶液（土液比为 1：10），盖紧瓶塞，在 20～25 ℃，150～180 r/min 振荡 30 min，然后悬浮液用干滤纸过滤，滤液直接在火焰光度计上测定。

（2）同时做空白试验。

（3）标准曲线的绘制。分别吸取钾标准溶液 0 mL、3.00 mL、6.00 mL、9.00 mL、12.00 mL、15.00 mL 于 50 mL 容量瓶中，用乙酸铵溶液定容，即为浓度为 0 g/mL、6 g/mL、12 g/mL、18 g/mL、24 g/mL、30 g/mL 的钾标准系列溶液。以钾浓度为 0 的溶液调节仪器零点，用火焰光度计测定，绘制标准曲线或求回归方程。

（4）样品和空白试样的测定。按照与标准溶液测定相同的步骤（3）进行空白试样的测定。

（5）取平行测定结果的算术平均值为测定结果，结果取整数。平行测定结果的相对相差不大于 5％，不同实验室测定结果的相对相差不大于 8％。

［结果计算］

土壤速效钾含量以钾（K）的质量分数 w（mg/kg）按式（1）计算：

$$w = \frac{c_1 \cdot V_1}{m_1} \tag{1}$$

式中：c_1 为查标准曲线或求回归方程而得待测液中钾的浓度数值，$\mu g/mL$；V_1 为浸提剂体积的数值，mL；m_1 为试样的质量的数值，g。

取平行测定结果的算术平均值为测定结果，结果取整数。

第7章 土壤重金属形态与含量分析

实验 7.1 土壤铜、锌、铅、镍、铬总量的测定

在土壤重金属检测中,前处理过程是一个非常关键的步骤。在整个检测分析过程中,大概有 60% 的分析误差来源于土壤样品前处理。

土壤前处理方法主要包括干灰法、湿法消解法和微波消解法。由于湿法消解条件简单,易于操作,是目前实验室较常用的测定土壤重金属总量的前处理方法。湿法消解土壤样品可以采用电热板或石墨消解仪,其中电热板法作为湿法消解最经典的方式,一直有着举足轻重的作用。

本实验采用我国 2019 年颁布的 HJ 491—2019 中的电热板加热-火焰原子吸收分光光度法测定土壤中铜、锌、铅、镍、铬的总量。

[实验原理]

湿法消解一般采用 $HCl+HNO_3+HF+HClO_4$ 体系,其原理是:在高温下,HCl 能与许多金属氧化物、硅酸盐反应,生成可溶性的盐酸盐;HNO_3 是一种强氧化剂,能使土壤中重金属元素释放,成为可溶性的硝酸盐;HF 能够破坏土壤矿物晶格,使待测元素全部进入试液,但 HF 对玻璃器皿和仪器都具有很强的腐蚀性,因此,消解完成后,还要进行赶酸处理;$HClO_4$ 具有极强的氧化性,不仅能形成金属反应,还能氧化土壤中较难分解的有机物,但需要注意的是 $HClO_4$ 不宜在密闭的条件下使用,容易发生爆炸。

原子吸收光谱法又称原子吸收分光光度分析法,其基本原理是从空心阴极灯或光源中发射出一束特定波长的入射光,通过原子化器中待测元素的原子蒸汽时,部分被吸收,透过的部分经分光系统和检测系统即可测得该特征谱线被吸收的程度即吸光度,根据吸光度与该元素的原子浓度呈线性关系,即可求出待测物的含量。

[试剂与材料]

(1)硝酸:$\rho(HNO_3)=1.42$ g/mL,优级纯。

(2)盐酸:$\rho(HCl)=1.19$ g/mL,优级纯。

(3)氢氟酸:$\rho(HF)=1.49$ g/mL,优级纯。

(4)高氯酸:$\rho(HClO_4)=1.48$ g/mL,优级纯。

(5)金属铜、铅、锌、镍、铬:光谱纯。

(6)盐酸(1:1)溶液:浓盐酸与等体积水混合。

(7)硝酸(1:1)溶液:浓硝酸与等体积水混合。

(8)硝酸溶液(1∶99):1 体积浓硝酸与 99 体积水混合。

(9)铜标准贮备液:$\rho(Cu)=1\,000$ mg/L。称取 1.000 0 g 光谱纯金属铬,用 30 mL 硝酸(1∶1)溶液加热溶解,冷却后,用高纯水定容至 1 L。贮存于聚乙烯瓶中,4 ℃冷藏保存,有效期 2 年。亦可购买市售有证标准物质。

(10)锌标准贮备液:$\rho(Zn)=1\,000$ mg/L。称取 1.000 0 g 光谱纯金属锌,用 40 mL 盐酸加热溶解,冷却后,用高纯水定容至 1 L。贮存于聚乙烯瓶中,4 ℃冷藏保存,有效期 2 年。亦可购买市售有证标准物质。

(11)铅标准贮备液:$\rho(Pb)=1\,000$ mg/L。称取 1.000 0 g 光谱纯金属铅,用 30 mL 硝酸(1∶1)溶液加热溶解,冷却后,用高纯水定容至 1 L。贮存于聚乙烯瓶中,4 ℃冷藏保存,有效期 2 年。亦可购买市售有证标准物质。

(12)镍标准贮备液:$\rho(Ni)=1\,000$ mg/L。称取 1.000 0 g 光谱纯金属镍,用 30 mL 硝酸(1∶1)溶液加热溶解,冷却后,用高纯水定容至 1 L。贮存于聚乙烯瓶中,4 ℃冷藏保存,有效期 2 年。亦可购买市售有证标准物质。

(13)铬标准贮备液:$\rho(Cr)=1\,000$ mg/L。称取 1.000 0 g 光谱纯金属铬,用 30 mL 浓盐酸(1∶1)加热溶解,冷却后,用高纯水定容至 1 L。贮存于聚乙烯瓶中,4 ℃冷藏保存,有效期 2 年。亦可购买市售有证标准物质。

(14)铜标准使用液:$\rho(Cu)=100$ mg/L。准确移取铜标准储备液 10.00 mL 于 100 mL 容量瓶中,用硝酸溶液(1∶99)定容至标线,摇匀。贮存于聚乙烯瓶中,4 ℃冷藏保存,有效期 1 年。

(15)锌标准使用液:$\rho(Zn)=100$ mg/L。准确移取锌标准储备液 10.00 mL 于 100 mL 容量瓶中,用硝酸溶液(1∶99)定容至标线,摇匀。贮存于聚乙烯瓶中,4 ℃冷藏保存,有效期 1 年。

(16)铅标准使用液:$\rho(Pb)=100$ mg/L。准确移取铅标准储备液 10.00 mL 于 100 mL 容量瓶中,用硝酸溶液(1∶99)定容至标线,摇匀。贮存于聚乙烯瓶中,4 ℃冷藏保存,有效期 1 年。

(17)镍标准使用液:$\rho(Ni)=100$ mg/L。准确移取镍标准储备液 10.00 mL 于 100 mL 容量瓶中,用硝酸溶液(1∶99)定容至标线,摇匀。贮存于聚乙烯瓶中,4 ℃冷藏保存,有效期 1 年。

(18)铬标准使用液:$\rho(Cr)=100$ mg/L。准确移取铬标准储备液 10.00 mL 于 100 mL 容量瓶中,用硝酸溶液(1∶99)定容至标线,摇匀。贮存于聚乙烯瓶中,4 ℃冷藏保存,有效期 1 年。

(19)燃气:乙炔,纯度≥99.5%。

[仪器与设备]

(1)仪器。火焰原子吸收分光光度计,铜、锌、铅、镍和铬元素锐线光源或连续光源,温控电热板,分析天平等。

(2)器皿。聚四氟乙烯坩埚、塑料瓶、烧杯、小漏斗、250 mL 分液漏斗、三角瓶、1 L 容量瓶等。

[实验内容与步骤]

1.土壤样品的预处理

用分析天平准确称取过 0.149 mm 孔筛的风干土样 0.5 g(精确至 0.000 2 g)试样于50 mL 聚四氟乙烯坩埚中,用水润湿后分别加入 10 mL 浓盐酸,于通风橱内的电热板上低温加热,使样品初步分解,待蒸发至剩 3 mL 左右时,取下稍冷,然后加入 5 mL 浓硝酸、5 mL 氢氟酸和

3 mL 高氯酸，加盖后于电热板上中温加热。1 h 后，开盖，继续加热除硅，为了达到良好的除硅效果，应经常摇动坩埚，当加热至冒浓厚白烟时，加盖，使黑色有机碳化合物分解。待坩埚壁上的黑色有机物消失后，开盖赶走高氯酸白烟，蒸至内容物呈黏稠状。视消解情况可再加入 3 mL 浓硝酸、3 mL 氢氟酸、1 mL 高氯酸，重复上述消解过程。当白烟再次基本冒尽且坩埚内容物呈黏稠状时，取下稍冷，用水冲洗坩埚盖和内壁，并加入 3 mL 硝酸溶液（1∶99）温热溶解残渣。然后将溶液转移至 50 mL 容量瓶中，用硝酸溶液（1∶99）定容至标线，摇匀，待测。

消煮每一批土壤样品时，同时做 2 个不加土样的空白试样。同时，采用烘干法测定土壤的含水率。

2.待测液的分析测定

（1）设置仪器测定条件。根据仪器操作说明书调节仪器至最佳工作状态。参考测定条件如表 7-1。

表 7-1　仪器参考测定条件

项目	光源	灯电流/mA	测定波长/nm	通带宽度/nm	火焰类型
铜	锐线光源 （铜空心阴极灯）	5.0	324.7	0.5	中性
锌	锐线光源 （锌空心阴极灯）	5.0	213.0	1.0	中性
铅	锐线光源 （铅空心阴极灯）	8.0	283.3	0.5	中性
镍	锐线光源 （镍空心阴极灯）	4.0	232.2	0.2	中性
铬	锐线光源 （铬空心阴极灯）	9.0	357.9	0.2	还原性

注：测定铬时，应调节燃烧器高度，使光斑通过火焰的亮蓝色部分。

（2）标准曲线的建立。取一系列 100 mL 容量瓶，按照表 7-2 用硝酸溶液分别稀释各元素标准使用液，配制成标准系列。

表 7-2　各金属元素的标准系列浓度　　　　　　　　　　　　　　mg/L

元素	标准系列浓度				
铜	0	0.10	0.50	1.00	3.00	5.00
锌	0	0.10	0.20	0.30	0.50	0.80
铅	0	0.50	1.00	5.00	8.00	10.0
镍	0	0.10	0.50	1.00	3.00	5.00
铬	0	0.10	0.50	1.00	3.00	5.00

注：根据仪器的灵敏度或试样的实际浓度调整标准系列的浓度范围，至少配制 6 个浓度点（含零浓度点）。

按照仪器测量条件（表 7-1），用标准曲线的零浓度调节仪器零点，由低浓度到高浓度一次测定标准系列的吸光度,以各元素标准系列质量浓度为横坐标,相应的吸光度为纵坐标,建立标准曲线。

试样的测定:按照与标准曲线的建立的仪器条件进行试样的测定。

空白样品的测定:按照与标准曲线的建立的仪器条件进行空白样品的测定。

[结果计算与表示]

土壤样品中铜、锌、铅、镍和铬的质量分数 w(mg/kg),按照式(1)进行计算:

$$w = \frac{(\rho - \rho_0) \times V}{m \times w_{dm}} \tag{1}$$

式中:w 为土壤中元素的质量分数,mg/kg;ρ 为由校准曲线查得试样中元素的质量浓度,mg/L;ρ_0 为空白试样中元素的质量浓度,mg/L;V 为消解后试样的定容体积,mL;m 为称取土壤样品的质量,g;w_{dm} 为土壤样品的干物质含量,%。当测定结果小于 100 mg/kg 时,结果保留至整数位;当测定结果大于或等于 100 mg/kg 时,结果保留 3 位有效数字。

[注意事项]

(1)土壤样品消解时,应注意各种酸的加入顺序。

(2)空白试样制备时,加酸量要与试样制备时的加酸量保持一致。

(3)由于土壤种类较多,所以有机质差异较大,在消解时,要注意观察,各种酸的用量可视消解情况酌情增减。土壤消解液应呈白色或淡黄色(含铁量高的土壤),没有明显的沉积物存在。

实验 7.2　　土壤镉、铅总量的测定

铅、镉是重金属污染土壤中常见的主要污染物,进入农田土壤后不但影响农作物生长,还会在蔬菜、稻米等农产品中积累,带来食品安全问题,是农田土壤重金属污染防治的主要对象。因此,准确测定土壤中铅、镉含量是土壤污染监测与修复治理的基础。

本实验采用土壤和沉积物铜、锌、铅、镍、铬的测定火焰原子吸收分光光度法(HJ 491—2019)对土壤样品进行前处理,采用石墨炉原子吸收分光光度法测定铅、镉含量。

[实验原理]

当土壤中的铅、镉含量很低时,可以参考《土壤质量 铅、镉的测定 石墨炉原子吸收分光光度法》(GB/T 17141—1997)测定。其测定原理是:将试液注入石墨炉中,经过预先设定的干燥、灰化、原子化等升温程序使共存基体成分蒸发除去,同时在原子化阶段的高温下铅、镉化合物离解为基态原子蒸气,并对空心阴极灯发射的特征谱线产生选择性吸收。在选择的最佳测定条件下,通过背景扣除,测定试液中铅、镉的吸光度。

[试剂与材料]

(1)硝酸:ρ(HNO$_3$)=1.42 g/mL,优级纯。

(2)盐酸：$\rho(HCl)＝1.19\ g/mL$，优级纯。

(3)氢氟酸：$\rho(HF)＝1.49\ g/mL$，优级纯。

(4)高氯酸：$\rho(HClO_4)＝1.48\ g/mL$，优级纯。

(5)金属镉、铅：光谱纯。

(6)0.2%硝酸溶液：吸取浓硝酸 2 mL，加水稀释至 1 L。

(7)镉标准贮备液：$\rho(Cd)＝1\ 000\ mg/L$。称取 1.000 0 g 光谱纯金属镉，用 30 mL 硝酸(1∶1)溶液加热溶解，冷却后，用高纯水定容至 1 L。贮存于聚乙烯瓶中，4 ℃冷藏保存，有效期 2 年。亦可购买市售有证标准物质。

(8)铅标准贮备液：$\rho(Pb)＝1\ 000\ mg/L$。称取 1.000 0 g 光谱纯金属铅，用 30 mL 硝酸(1∶1)溶液加热溶解，冷却后，用高纯水定容至 1 L。贮存于聚乙烯瓶中，4 ℃冷藏保存，有效期 2 年。亦可购买市售有证标准物质。

(9)铅标准使用液：$\rho(Pb)＝250\ \mu g/L$。准确移取 2.5 mL 的 1 000 mg/L 的铅标准溶液于 100 mL 容量瓶中，用 0.2%硝酸溶液定容至刻度，混合均匀，即得到 25 mg/L 的铅标准溶液。准确移取 1 mL 的 25 mg/L 的铅标准溶液于 100 mL 容量瓶中，用 0.2%硝酸溶液定容至刻度，混合均匀，即得到 250 $\mu g/L$ 的铅标准溶液。

(10)镉标准使用液：$\rho(Cd)＝50\ \mu g/L$。准确移取 1 mL 的 1 000 mg/L 的镉标准溶液于 100 mL 容量瓶中，用 0.2%硝酸溶液定容至刻度，混合均匀，即得到 10 mg/L 的镉标准溶液。再取 0.5 mL 的 10 mg/L 的镉标准溶液于 100 mL 容量瓶中，用 0.2%的硝酸溶液定容，得到 50 $\mu g/L$ 镉标准使用溶液。

［仪器与设备］

(1)仪器。微波消解装置、石墨炉原子吸收分光光度计、镉、铅元素锐线光源或连续光源、温控电热板、分析天平。

(2)器皿。聚四氟乙烯消解罐、聚四氟乙烯坩埚、容量瓶、塑料瓶、烧杯、小漏斗等。

［实验内容与步骤］

1.土壤样品的消解

准确称取 0.2～0.3 g(精确至 0.1 mg)的土壤样品(100 目)于 50 mL 聚四氟乙烯消煮管中，用水润湿后加入 5 mL 盐酸，于通风橱内的石墨电热消解仪上 100 ℃加热 45 min。加入 9 mL硝酸，加热 30 min，加入 5 mL 氢氟酸加热 30 min，稍冷，加入 1 mL 高氯酸，加盖 120 ℃加热 3 h；开盖，150 ℃加热至冒白烟，加热时需摇动消解管。若消煮管内壁有黑色碳化物，加入 0.5 mL 高氯酸加盖继续加热至黑色碳化物消失，开盖，160 ℃加热赶酸至内容物呈不流动的液珠状(趁热观察)。加入 3 mL 硝酸溶液，温热溶解可溶性残渣。将溶液全部转移至 25 mL 容量瓶中，用硝酸溶液定容，摇匀，保存于聚乙烯瓶中，静置，取上清液待测。于 30 d 内完成分析。

按照土壤样品消煮的步骤做不加土样的空白试样以及测定土壤的含水率。

2.分析测定

(1)设置仪器测定条件。根据仪器操作说明书调节仪器至最佳工作状态，见表 7-3。

表 7-3　石墨炉测定条件的设置

设定条件	监测波长/nm	狭缝宽度/nm	灯电流/mA	载气流量/(mL/min)
铅	283.31	0.7	6	250
镉	228.80	0.7	4	250

(2)标准曲线的测定。准确移取 0 mL、0.50 mL、1.00 mL、2.00 mL、3.00 mL、5.00 mL 铅、镉混合标准使用液$[\rho(Pb)=250\ \mu g/L,\rho(Cd)=50\ \mu g/L]$于 25 mL 容量瓶中,用 0.2％硝酸溶液定容至刻度。该标准溶液中铅的浓度分别为 0 $\mu g/L$、5.0 $\mu g/L$、10.0 $\mu g/L$、20.0 $\mu g/L$、30.0 $\mu g/L$、50.0 $\mu g/L$,镉浓度分别为 0 $\mu g/L$、1.0 $\mu g/L$、2.0 $\mu g/L$、4.0 $\mu g/L$、6.0 $\mu g/L$、10.0 $\mu g/L$。按仪器操作条件由低到高浓度顺序测定标准溶液的吸光度。用减去空白的吸光度与相对应的元素含量($\mu g/L$)分别绘制铅、镉的校准曲线。

土壤试样和空白样品的测定:按照与标准曲线的建立相同的仪器条件进行空白样品和土壤试样的测定。

[结果计算与表示]

土壤中铅、镉的质量分数 w(mg/kg)按照式(1)进行计算:

$$w=\frac{c\times V}{m\times w_{dm}}\times 10^{-3} \tag{1}$$

式中:w 为土壤中铅或镉元素的质量分数,mg/kg;c 为试液的吸光度减去空白试液的吸光度,在校准曲线上查得铅、镉的含量($\mu g/L$);V 为消解后试样的定容体积,mL;m 为土壤样品的称样量,g;w_{dm}为土壤样品的干物质含量,％。

[注意事项]

(1)微波消解后若有黑色残渣,说明碳化物未被完成消解。在温控加热设备上向坩埚补加 2 mL 硝酸、1 mL 氢氟酸和 1 mL 高氯酸,在微沸状态下加盖反应 30 min 后,揭盖继续加热至高氯酸白烟冒尽,液体成黏稠状。上述过程反复进行直至黑色碳化物消失。

(2)由于不同土壤所含有机质差异较大,微波消解的硝酸、盐酸和氢氟酸的用量可根据实际情况酌情增加。

(3)样品中所含待测元素含量低时,可将样品称取量提高到 1 g(精确至 0.000 1 g),消解的硝酸、盐酸和氢氟酸的用量也按比例根据实际情况酌情增加,或增加消解次数。

(4)为避免消解液损失和安全伤害,消解后的消解罐必须冷却至室温后才能开盖。

实验 7.3	土壤汞、砷总量的测定

2014 年我国土壤污染调查公报显示,汞和砷的超标率分别为 1.6% 和 2.7%。在土壤污染状况调查工作中,砷和汞元素为必测元素。对于土壤中砷和汞元素的检测,土壤样品的前处理过程尤为重要,同时也起到了决定性的作用。

目前,比较常用的土壤样品前处理方法有:电热板消解、水浴消解、微波消解、超声浸提等。待测液中砷的检测方法有分光光度法、原子吸收光谱法、原子荧光光谱法等,汞主要采用电感耦合等离子体质谱法、原子吸收法、冷原子荧光法和原子荧光法等。这些检测方法步骤烦琐,工作量很大。随着原子荧光光谱法技术的发展,双道原子荧光光谱法可以同时测定土壤中砷和汞的含量,从而能够满足大批量的土壤样品分析。

本实验参考 HJ 680—2013,采用王水微波消解-原子荧光法同时测定土壤中砷、汞含量。

[实验原理]

微波消解主要利用微波的加热优势和特性,特殊塑料消解罐中的待消解样品加入酸以后,形成强极性溶液,利用微波体加热性质,溶液内外同时加热,加热更快速、更均匀,提高了效率。把消解后的土壤样品中加入适量的硫脲-抗坏血酸,硫脲-抗坏血酸能把五价砷预还原成为三价砷。在酸性介质中,硼氢化钾把汞还原成原子态汞,砷还原成砷化氢,由氩气载入石英原子化器,在特制的砷、汞空心阴极灯的发射光激发下产生原子荧光,产生的荧光强度与试样中被测元素含量呈正比,与标准系列相比较,即可求得样品中砷、汞的含量。

[试剂与材料]

(1)硝酸:$\rho(HNO_3)=1.42$ g/mL,优级纯。

(2)盐酸:$\rho(HCl)=1.19$ g/mL,优级纯。

(3)氢氧化钾(KOH),优级纯。

(4)硼氢化钾(KBH_4),优级纯。

(5)盐酸溶液:5∶95。移取 25 mL 盐酸用实验用水稀释至 500 mL。

(6)盐酸溶液:1∶1。移取 500 mL 盐酸用实验用水稀释至 1 000 mL。

(7)硫脲(CH_4N_2S):分析纯。

(8)抗坏血酸($C_6H_8O_6$):分析纯。

(9)还原剂。

①硼氢化钾溶液 A:10 g/L。称取 0.5 g 氢氧化钾放入盛有 100 mL 实验用水的烧杯中,玻璃棒搅拌待完全溶解后再加入称好的 1.0 g 硼氢化钾,搅拌溶解。此溶液当日配制,用于测定汞。

②硼氢化钾溶液 B:20 g/L。称取 0.5 g 氢氧化钾放入盛有 100 mL 实验用水的烧杯中,玻璃棒搅拌待完全溶解后再加入称好的 2.0 g 硼氢化钾,搅拌溶解。此溶液当日配制,用于测定砷。

(10)硫脲和抗坏血酸混合溶液。称取硫脲、抗坏血酸各 10 g,用 100 mL 实验用水溶解,混匀,使用当日配制。

(11)汞标准固定液(简称固定液)。将 0.5 g 重铬酸钾溶于 950 mL 实验用水中,再加入 50 mL 硝酸,混匀。

(12)汞(Hg)标准溶液。

①汞标准贮备液:100.0 mg/L。购买市售有证标准物质/有证标准样品,或称取在硅胶干燥器中放置过夜的氯化汞($HgCl_2$)0.135 4 g,用适量实验用水溶解后移至 1 000 mL 容量瓶中,最后用汞标准固定液定容至标线,混匀。

②汞标准中间液:1.00 mg/L。移取汞标准贮备液 5.00 mL,置于 500 mL 容量瓶中,用固定液定容至标线,混匀。

③汞标准使用液:10.0 μg/L。移取汞标准中间液 5.00 mL,置于 500 mL 容量瓶中,用固定液定容至标线,混匀。用时现配。

(13)砷(As)标准溶液。

①砷标准贮备液:100.0 mg/L。购买市售有证标准物质/有证标准样品,或称取 0.132 0 g 经过 105 ℃ 干燥 2 h 的优级纯三氧化二砷(As_2O_3)溶解于 5 mL 1 mol/L 氢氧化钠溶液中,用 1 mol/L 的盐酸溶液中和至酚酞红色褪去,实验用水定容至 1 000 mL,混匀。

②砷标准中间液:1.00 mg/L。移取砷标准贮备液 5.00 mL,置于 500 mL 的容量瓶中,加入 100 mL 盐酸溶液(1∶1),用实验用水定容至标线,混匀。

③砷标准使用液:100.0 μg/L。移取砷标准中间液 10.00 mL,置于 100 mL 容量瓶中,加入 20 mL 盐酸溶液(1∶1),用实验用水定容至标线,混匀。用时现配。

[仪器与设备]

(1)具有温度控制和程序升温功能的微波消解仪,温度精度可达 ±2.5 ℃。

(2)原子荧光光度计应符合 GB/T 21191—2007 的规定,具汞、砷、硒、铋、锑的元素灯。

(3)恒温水浴装置。

(4)分析天平:精度为 0.000 1 g。

(5)实验室常用设备。

[实验内容与步骤]

1.土壤的微波消煮

称取风干、过筛的样品 0.1~0.5 g(精确至 0.000 1 g。样品中元素含量低时,可将样品称取量提高至 1.0 g)置于溶样杯中,用少量实验用水润湿。在通风橱中,先加入 6 mL 盐酸,再慢慢加入 2 mL 硝酸,混匀使样品与消解液充分接触。若有剧烈化学反应,待反应结束后再将溶样杯置于消解罐中密封。将消解罐装入消解罐支架后放入微波消解仪的炉腔中,确认主控消解罐上的温度传感器及压力传感器均已与系统连接好。

按照表 7-4 推荐的升温程序进行微波消解,程序结束后冷却。待罐内温度降至室温后在通风橱中取出,缓慢泄压放气,打开消解罐盖。

表 7-4　微波消解升温程序

步骤	升温时间/min	目标温度/℃	保持时间/min
1	5	100	2
2	5	150	3
3	5	180	25

把玻璃小漏斗插入 50 mL 容量瓶的瓶口,用慢速定量滤纸过滤消解溶液,实验用水洗涤溶样杯及沉淀,将所有洗涤液并入容量瓶中,最后用实验用水定容至标线,混匀。

2.试样的制备

分取 10.0 mL 消煮试液置于 50 mL 容量瓶中,按照表 7-5 加入盐酸、硫脲和抗坏血酸混合溶液,混匀。室温放置 30 min,用实验用水定容至标线,混匀。

表 7-5　定容 50 mL 时试剂加入量　　　　　　　　　　　　　　　　　　　mL

名称	汞	砷
盐酸	2.5	5.0
硫脲和抗坏血酸混合溶液	—	10.0

注:室温低于 15 ℃时,置于 30 ℃水浴中保温 20 min。

3.原子荧光光度计的调试

原子荧光光度计开机预热,按照仪器使用说明书设定灯电流、负高压、载气流量、屏蔽气流量等工作参数,参考条件见表 7-6。

表 7-6　原子荧光光度计的工作参数

元素	灯电流 /mA	负高压 /V	原子化器 温度/℃	载气流量 /(mL/min)	屏蔽气流量 /(mL/min)	灵敏线波长 /nm
汞	15～40	230～300	200	400	800～1 000	253.7
砷	40～80	230～300	200	300～400	800	193.7

4.汞校准曲线的绘制

以硼氢化钾溶液 A 为还原剂、5∶95 盐酸溶液为载流,由低浓度到高浓度顺次测定校准系列标准溶液(表 7-7)的原子荧光强度。用扣除零浓度空白的校准系列原子荧光强度为纵坐标,溶液中相对应的汞浓度(μg/L)为横坐标,绘制校准曲线。

5.砷校准曲线的绘制

以硼氢化钾溶液 B 为还原剂、5∶95 盐酸溶液为载流,由低浓度到高浓度顺次测定校准系列标准溶液(表 7-7)的原子荧光强度。用扣除零浓度空白的校准系列原子荧光强度为纵坐标,溶液中相对应的砷浓度(μg/L)为横坐标,绘制校准曲线。

表 7-7　汞和砷校准系列溶液的浓度　　　　　　　　　　　　　　　　μg/L

元素	标准系列						
汞	0	0.10	0.20	0.40	0.60	0.80	1.00
砷	0	1.00	2.00	4.00	6.00	8.00	10.00

6.试样的测定

将制备好的试样导入原子荧光光度计中,按照与绘制校准曲线相同的仪器工作条件进行测定。如果被测元素浓度超过校准曲线浓度范围,应稀释后重新进行测定。

7.空白样品的稳定

按照试样测定的条件和步骤进行测定。

[结果计算与表示]

土壤中汞、砷元素的含量 w_1（mg/kg）按照式(1)进行计算:

$$w_1 = \frac{(\rho - \rho_0) \times V_0 \times V_2}{m \times w_{dm} \times V_1} \times 10^{-3} \tag{1}$$

式中,w_1 为土壤中元素的含量,mg/kg;ρ 为由校准曲线查得测定试液中元素的浓度,μg/L;ρ_0 为空白溶液中元素的测定浓度,μg/L;V_0 为微波消解后试液的定容体积,mL;V_1 为分取试液的体积,mL;V_2 为分取后测定试液的定容体积,mL;m 为称取样品的质量,g;w_{dm} 为土壤样品的干物质含量,%。

[注意事项]

(1)硝酸和盐酸具有强腐蚀性,样品消解过程应在通风橱内进行,实验人员应注意佩戴防护器具。

(2)实验所用的玻璃器皿均需用(1:1)硝酸溶液浸泡 24 h 后,依次用自来水、实验用水洗净。

(3)消解罐的日常清洗和维护步骤:先进行一次空白消解(加入 6 mL 盐酸,再慢慢加入 2 mL 硝酸,混匀),以去除内衬管和密封盖上的残留;用水和软刷仔细清洗内衬管和压力套管;将内衬管和陶瓷外套管放入烘箱,在 200～250 ℃温度下加热至少 4 h,然后在室温下自然冷却。

实验 7.4　　土壤有效态镉、铅含量的测定

土壤中有效态重金属并非某一特定的形态,它因土壤 pH、有机质含量、粒径组成、植物种类、重金属来源等不同而有所差异,因此准确提取和测定土壤中重金属有效态含量对评价重金属生物有效性具有重要意义。

目前,化学提取法是使用最广泛的评价土壤重金属生物有效性的方法,常采用提取剂包括

NH_4NO_3、$CaCl_2$、EDTA、DTPA、$NaNO_3$等。

本实验采用我国在 2016 年颁布的《土壤 8 种有效态元素的测定 二乙烯三胺五乙酸浸提-电感耦合等离子体发射光谱法》(HJ 804—2016)的方法测定土壤中有效态镉、铅的含量。

[实验原理]

用二乙烯三胺五乙酸-氯化钙-三乙醇胺(DTPA-$CaCl_2$-TEA)缓冲溶液浸提出土壤中的各有效态镉和铅元素,用电感耦合等离子体发射光谱仪测定其含量。试样由载气带入雾化系统进行雾化后,以气溶胶形式进入等离子体,目标元素在等离子体火炬中被气化、电离、激发并辐射出特征谱线。在一定浓度范围内,其特征谱线强度与元素的浓度呈正比。

[试剂与材料]

(1)三乙醇胺($C_6H_{15}NO_3$):TEA。

(2)二乙烯三胺五乙酸($C_{14}H_{23}N_3O_{10}$):DTPA。

(3)二水合氯化钙($CaCl_2 \cdot 2H_2O$)。

(4)盐酸:$\rho(HCl)=1.19$ g/mL,优级纯。

(5)硝酸:$\rho(HNO_3)=1.42$ g/mL,优级纯。

(6)二乙烯三胺五乙酸-氯化钙-三乙醇胺(DTPA-$CaCl_2$-TEA)浸提液:$c(DTPA)=0.005$ mol/L,$c(CaCl_2)=0.01$ mol/L,$c(TEA)=0.1$ mol/L。

在烧杯中依次加入 14.920 0 g(精确至 0.000 1 g)三乙醇胺、1.967 0 g(精确至 0.000 1 g)2,6-二乙烯三胺五乙酸、1.470 0 g(精确至 0.000 1 g)二水合氯化钙,加入适量去离子水,搅拌使其完全溶解,继续加水稀释至约 800 mL,用 1∶1 盐酸溶液调节 pH 为 7.3±0.2(用 pH 计测定),转移至 1 000 mL 容量瓶中,定容至刻度,摇匀。

(7)0.2%硝酸溶液:吸取浓硝酸 2 mL,加水稀释至 1 L。

(8)镉标准贮备液:$\rho(Cd)=1 000$ mg/L。称取 1.000 0 g 光谱纯金属镉,用 30 mL 硝酸(1∶1)溶液加热溶解,冷却后,用高纯水定容至 1 L。贮存于聚乙烯瓶中,4 ℃冷藏保存,有效期 2 年。亦可购买市售有证标准物质。

(9)铅标准贮备液:$\rho(Pb)=1 000$ mg/L。称取 1.000 0 g 光谱纯金属铅,用 30 mL 硝酸(1∶1)溶液加热溶解,冷却后,用高纯水定容至 1 L。贮存于聚乙烯瓶中,4 ℃冷藏保存,有效期 2 年。亦可购买市售有证标准物质。

(10)10 mg/L 铅、1 mg/L 镉混合标准溶液。分别吸取铅、镉标准贮备液 10 mL、1 mL 于 1 L 容量瓶中,用 0.2%硝酸溶液定容,存于塑料瓶中。

[仪器与设备]

(1)电感耦合等离子体发射光谱仪:具有背景校正光谱计算机控制系统。

(2)振荡器:频率可控制在 160～200 r/min。

(3)pH 计:分度为 0.1 pH。

(4)分析天平:精度为 0.000 1 g 和 0.01 g。

(5)离心机:3 000～5 000 r/min。

(6)离心管:50 mL。

（7）三角瓶：100 mL。

（8）中速定量滤纸。

[实验内容与步骤]

1.试样的制备

称取 10.00 g（准确至 0.01 g）风干土壤样品（20 目），置于 100 mL 三角瓶。加入 20.0 mL 浸提液，用双层锡箔纸封好瓶口。在（20±2）℃条件下，以 160～200 r/min 的振荡频率振荡 2 h。将浸提液缓慢倾入 50 mL 离心管中，5 000 r/min 离心 10 min，上清液经中速定量滤纸重力过滤。在 48 h 内，采用 ICP 或 AAS 测定滤液中重金属镉、铅浓度。

2.空白试样的制备

不加土壤样品，按照与试样的制备相同步骤制备实验室空白试样。

3.分析测定

（1）启动仪器。按照仪器操作说明书启动仪器，设置测定参数。

（2）标准曲线的绘制。分别移取一定体积的镉、铅混合标准溶液于一系列 100 mL 容量瓶中，用 DTPA-CaCl$_2$-TEA 浸提液稀释定容至刻度，混匀。一般来说，混合标准溶液中镉浓度分别为 0 mg/L、0.01 mg/L、0.02 mg/L、0.04 mg/L、0.08 mg/L、0.12 mg/L，铅浓度分别为 0 mg/L、0.50 mg/L、1.00 mg/L、1.50 mg/L、2.00 mg/L、5.00 mg/L。按照优化的仪器参考条件，将标准系列一次从低到高浓度导入雾化器进行分析。以目标元素的质量浓度为横坐标，其对应的发射强度为纵坐标，建立标准曲线。标准曲线的浓度范围可根际实际样品中待测元素的浓度进行调整。

（3）试样的测定。试样测定铅，用硝酸溶液（1∶99）冲洗系统直至仪器信号降到最低，待分析信号稳定后方能开始测定。按照与监理标准曲线相同的条件和步骤进行试样的测定。如果试样中待测元素的浓度超出了标准曲线范围，试样须经稀释后重新测定。稀释液使用 DTPA-CaCl$_2$-TEA 浸提液，稀释倍数为 f。

（4）实验室空白试样的测定：按照与试样测定相同的条件和步骤测定实验室空白试样。

[结果计算与表示]

土壤中有效态镉、铅含量 ω（mg/kg）按照式（1）计算：

$$\omega = \frac{(\rho - \rho_0) \times V \times f}{m \times W_{dm}} \tag{1}$$

式中：ω 为土壤中有效态镉或铅的含量，mg/kg；ρ 为由标准曲线查得测定试样中有效态镉（或铅）的质量浓度，mg/L；ρ_0 为由标准曲线差得实验室空白试样中有效态镉（或铅）的质量浓度，mg/L；V 为试样制备时加入浸提液的体积，mL；f 为试样的稀释倍数；m 为称取的土壤样品的质量，g；W_{dm} 为土壤样品中干物质含量，%。测定结果小数位数的保留与方法检出限一致，最多保留三位有效数字。

[注意事项]

（1）实验所用的玻璃器皿需用硝酸溶液（1∶1）浸泡 24 h，依次用自来水和去离子水冲洗干净,置于干净的环境中晾干。

(2)仪器点火后,应预热 30 min 以上,以防波长漂移。

(3)配制标准溶液和制备试样时,应使用同一批配制的浸提液。

实验 7.5	土壤重金属(铅)形态的测定

环境中重金属的迁移性主要取决于它们的化学形态或与元素的结合形式,仅以总量作为土壤重金属污染评价基准,不能对其生态效应进行良好预测。重金属形态是指重金属的价态、化合态、结合态和结构态四个方面,即某一重金属元素在环境中以某种离子或分子存在的实际形式。重金属进入土壤后,通过溶解、沉淀、凝聚、络合吸附等作用,形成不同的化学形态,并表现出不同的活性。重金属的活动性、迁移路径、生物有效性及毒性等主要取决于其形态。因此,重金属形态分析是土壤重金属污染防治的关键。

由于土壤体系的复杂性,对重金属形态进行精确研究十分困难。在诸多形态分析方法中,连续提取法(sequential extraction)由于操作简便、适用性强、蕴涵信息丰富等优点,得到了广泛应用。使用不同的化学提取剂对土壤重金属进行连续浸提,可以将土壤中重金属形态进行分组。

重金属形态不同,采用的浸提剂和浸提方法也不同。本实验分别采用 Tessier 连续提取法和改进原欧洲共同体标准物质局(BCR)连续提取法对土壤中重金属铅(Pb)的不同形态进行提取,并采用石墨炉原子吸收分光光度计测定不同形态 Pb 的含量。

7.5.1　Tessier 连续提取法

[实验原理]

Tessier 连续提取法是由 Tessier 等提出,将重金属形态分为可交换态、碳酸盐结合态、铁锰氧化物结合态、有机结合态和残渣态等 5 种形态。

可交换态是指交换吸附在沉积物上的黏土矿物及其他成分上的重金属形态,该形态对环境变化非常敏感,易于迁移转化,能被植物吸收,能够反映人类近期排污的影响以及对生物的毒性作用。

碳酸盐结合态是指与碳酸盐沉淀结合的重金属形态。该形态对土壤环境条件特别是 pH 变化敏感,当 pH 下降时容易重新释放进入环境中,易被作物吸收,对作物危害大。

铁锰氧化物结合态是指与铁或锰的氧化物生成土壤结核的重金属形态。土壤中 pH 和氧化还原条件的变化对铁锰氧化物结合态有重要影响,pH 和氧化还原电位较高时,有利于铁锰氧化物的形成,对作物存在潜在风险。

有机结合态是指以不同形式进入或包裹在有机质颗粒上,同有机质螯合或生成硫化物的重金属形态。该形态较为稳定,一般不易被生物吸收。

残渣态是指存在于硅酸盐、原生和次生矿物等土壤晶格中的重金属形态,是自然地质风化过程的结果。在自然界正常条件下不易释放,能长期稳定存在,不易为植物吸收。但是在植物生长、根系分泌物、土壤动物和微生物活动等作用下,也可能导致残渣态重金属向其他形态转化。

Tessier 连续提取法通过模拟各种可能的环境条件变化,使用一系列选择性试剂,按照由弱到强的原则,连续溶解重金属的不同结合相,把原来单一分析的重金属提取为不同形态,然后采用石墨炉原子分光光度计测量其各形态含量。

[试剂与材料]

(1)$MgCl_2$ 溶液:$c(MgCl_2)=1.0$ mol/L。在 800 mL 超纯水中溶解 203.4 g $MgCl_2 \cdot 6H_2O$ 固体,定容 1 L,分装成小份并高压灭菌备用,使用时用盐酸调节 pH 至 7.0。

(2)醋酸钠溶液:$c(CH_3COONa)=1.0$ mol/L。在 800 mL 超纯水中溶解 136.08 g $CH_3COONa \cdot 3H_2O$ 固体,定容 1 L,用冰醋酸调节 pH 至 5.0。

(3)盐酸羟胺的 25%(体积分数)醋酸溶液:$c(HONH_3Cl)=0.04$ mol/L。在 500 mL 超纯水中溶解 2.779 6 g 盐酸羟胺 $HONH_3Cl$ 固体,加入 250 mL 的冰醋酸溶液,用超纯水定容 1 L。

(4)硝酸溶液:$c(HNO_3)=0.02$ mol/L。量取 1.32～1.38 mL(浓硝酸含量范围:65%～68%)浓硝酸溶液缓缓倒入 800 mL 超纯水中,边倒边搅拌,用超纯水定容 1 L。

(5)过氧化氢(体积分数 30%)。用浓硝酸调节 pH 至 2。

(6)醋酸铵的 20%(体积分数)硝酸溶液:$c(CH_3COONH_4)=3.2$ mol/L。将 200 mL 浓硝酸缓缓倒入 600 mL 溶解有 246.656 g 醋酸铵固体的超纯水中,边倒边搅拌,定容 1 L。

[仪器与设备]

(1)仪器。微波消解装置、石墨炉原子吸收分光光度计、铅元素锐线光源或连续光源、温控电热板、分析天平、恒温振荡机、离心机。

(2)器皿。聚四氟乙烯消解罐、容量瓶、塑料瓶、烧杯、小漏斗、离心管等。

[实验内容与步骤]

1.土壤样品处理

采集后的土壤样品风干后备用。使用前,于 55 ℃干燥直至恒重。将干燥后的土壤样品破碎,过 20 目尼龙筛除去沙砾和生物残体,用四分法处理,取其中一份用研钵磨过 100 目尼龙筛,后将样品保存备用。

2.不同形态铅的提取与测定

(1)可交换态。准确称取 1 g 样品(精确至 0.000 1 g)于 50 mL 聚丙烯离心管中,加入 8 mL 1 mol/L $MgCl_2$ 溶液(pH=7.0),在 25 ℃下连续振荡 1 h,然后在 4 000 r/min 下离心 10 min,取出上清液,加 5 mL 超纯水洗涤残余物,再于 4 000 r/min 下离心 10 min,将两次上清液在 50 mL 比色管中定容,待测。

(2)碳酸盐结合态。向上一步的残渣中加入 8 mL 1 mol/L CH_3COONa 溶液(用冰醋酸调至 pH=5),在室温下连续振荡 5 h,然后在 4 000 r/min 下离心 10 min,过滤出上清液,再加入 5 mL 超纯水洗涤残余物,再于 4 000 r/min 下离心 10 min,过滤出上清液,将两次上清液在

50 mL 比色管中定容,待测。

(3)铁锰氧化物结合态。向上一步的残渣中加入 20 mL 0.04 mol/L 盐酸羟胺的 25%(体积分数)醋酸溶液,在(96±3)℃下恒温断续振荡 6 h,然后在 4 000 r/min 下离心 10 min,过滤出上清液,再加入 5 mL 超纯水洗涤残余物,再于 4 000 r/min 下离心 10 min,过滤出上清液,将两次上清液在 50 mL 比色管中定容,待测。

(4)有机结合态。向上一步的残渣中加入 3 mL 0.02 mol/L HNO_3 溶液,5 mL 30% 的 H_2O_2 溶液(pH=2),在(85±2)℃下断续振荡 2 h;然后再加入 3 mL 30% 的 H_2O_2 溶液(pH=2),在(85±2)℃下断续振荡 3 h,取出离心管,冷却到室温。在离心管中加入 5 mL 3.2 mol/L CH_3COONH_4 的 20%(体积分数)硝酸溶液,加入蒸馏水稀释到 20 mL,连续振荡 30 min 后,在 4 000 r/min 下离心 10 min,过滤出上清液,加 5 mL 超纯水洗涤残余物,再于 4 000 r/min 下离心 10 min,过滤出上清液,将两次上清液在 50 mL 比色管中定容,待测。

(5)残渣态。按照实验 7.2 土壤镉、铅总量的测定中方法,对上一步的残渣进行消解,并在 50 mL 比色管中定容,待测。将所有待测液使用石墨炉原子吸收分光光度法测定不同形态铅吸收值,并在标准曲线上计算相应的浓度。

[结果计算与表示]

铅的含量按式(1)进行计算,所测得的吸收值(如试剂空白有吸收,则应扣除空白吸收值)在标准曲线上得到相应的浓度 c(mg/L)。

$$铅的含量(mg/kg)=\frac{c \times V}{m} \tag{1}$$

式中,c 为标准曲线上得到的相应浓度,mg/L;V 为定容体积,mL;m 为试样质量,g。

[注意事项]

(1)氯化镁($MgCl_2$)极易潮解,应选购小瓶(如 100 g)试剂,启用新瓶后勿长期存放。

(2)保存待测溶液的方法:在测试前加硝酸使溶液的 pH 小于 2。

(3)实验中所用的离心管和容量瓶等在使用前均用 20% 的硝酸浸泡过夜,用超纯水冲洗干净。

(4)残渣态含量的测定也可以采用差减法获得。

(5)以上实验均做空白实验和平行样进行质量控制。

7.5.2　改进 BCR 连续提取法

[实验原理]

改进 BCR 连续提取法是 Rauret 等在原欧洲共同体标准物质局(European Community Bureau of Reference)提出的重金属形态标准提取流程基础上,做出改进形成的重金属形态划分方法。该方法将重金属形态分为四种,即弱酸提取态(如碳酸盐结合态)、可还原态(如铁锰氧化物结合态)、可氧化态(如有机态)和残渣态。

[试剂与材料]

(1)醋酸溶液:c(CH_3COOH)=0.11 mol/L。准确量取吸取 6.291 mL 冰醋酸并用超纯水

定容 1 L。

(2)盐酸羟胺溶液：$c(HONH_3Cl)＝0.5$ mol/L。在 800 mL 超纯水中溶解 34.745 g 盐酸羟胺，用超纯水定容 1 L。

(3)醋酸铵溶液：$c(CH_3COONH_4)＝1.0$ mol/L。在 800 mL 超纯水中溶解 77.08 g 醋酸铵，用超纯水定容 1 L。

(4)H_2O_2(30％)。使用前用浓盐酸调 pH 至 2～3。

[仪器与设备]

(1)仪器。微波消解装置、石墨炉原子吸收分光光度计、铅元素锐线光源或连续光源、温控电热板、分析天平、恒温振荡机、离心机。

(2)器皿。聚四氟乙烯消解罐、容量瓶、塑料瓶、烧杯、小漏斗、离心管等。

[实验内容与步骤]

1.土壤样品处理

采集后的土壤样品风干后备用。使用前，于 55 ℃ 干燥直至恒重。将干燥后的土壤样品破碎，过 20 目尼龙筛除去沙砾和生物残体，用四分法处理，取其中一份用研钵磨过 100 目尼龙筛，后将样品保存备用。

2.不同形态铅的提取与测定

(1)弱酸提取态。准确称取 1 g 样品(精确至 0.000 1 g)于 100 mL 聚丙烯离心管中，加入 0.11 mol/L CH_3COOH 提取液 40 mL，室温下振荡 16 h(250 r/min，保证管内混合物处于悬浮状态)，然后 4 000 r/min 离心分离 20 min。过滤出上层清液于聚乙烯瓶中，保存于 4 ℃ 冰箱中待测。加入 20 mL 超纯水清洗残余物，振荡 20 min，离心，弃去清洗液。

(2)可还原态。向上一步提取后的残余物中加入 0.5 mol/L $HONH_3Cl$ 提取液 40 mL，室温振荡 16 h，然后 4 000 r/min 离心分离 20 min。过滤出上层清液于聚乙烯瓶中，保存于 4 ℃冰箱中待测。加入 20 mL 超纯水清洗残余物，振荡 20 min，离心，弃去清洗液。

(3)可氧化态。向上一步提取后的残余物中缓慢加入 10 mL H_2O_2(30％)，盖上表面皿，偶尔振荡，室温下消解 1 h，然后水浴加热到 85 ℃，消解 1 h，去表面皿，升温加热至溶液近干，再加入 H_2O_2(30％)，重复以上过程。冷却后，加入 1 mol/L CH_3COONH_4 提取液 50 mL，室温下振荡 16 h，然后 4 000 r/min 离心分离 20 min。过滤出上层清液于聚乙烯瓶中，保存于 4 ℃冰箱中待测。加入 20 mL 超纯水清洗残余物，振荡 20 min，离心，弃去清洗液。

(4)残渣态。按照实验 7.2 土壤镉、铅总量的测定中的方法，对上一步的残渣进行消解，并在 50 mL 比色管中定容，待测。将所有待测液使用石墨炉原子吸收分光光度法测定不同形态铅吸收值，并在标准曲线上计算相应的浓度。

[结果计算与表示]

铅的含量按式(2)进行计算，所测得的吸收值(如试剂空白有吸收，则应扣除空白吸收值)在标准曲线上得到相应的浓度 c(mg/L)。

$$铅的含量(mg/kg) = \frac{c \times V}{m} \tag{2}$$

式中:c 为标准曲线上得到的相应浓度,mg/L;V 为提取液体积或定容体积,mL;m 为试样质量,g。

[注意事项]

(1)每次加入提取剂后应立即开始振荡,不要停留。

(2)离心提取完后应破坏粉碎管底的沉积物,利于下次提取。

(3)实验中所用的离心管和容量瓶等在使用前均用 20%的硝酸浸泡过夜,用超纯水冲洗干净。

(4)残渣态含量的测定也可以采用差减法获得。

(5)以上实验均做空白实验和平行样进行质量控制。

实验 7.6　土壤不同粒径团聚体中重金属(镉/铅)总量和生物有效性的测定

团聚体作为土壤中重要的结构之一,其稳定性不仅可以反映土壤结构抵抗外力破坏的能力,而且其大小和含量也可以作为表征土壤质量的重要指标。土壤不同粒径团聚体对于重金属污染物环境迁移、地球化学形态和健康风险等具有重要的影响。因此了解不同粒径团聚体重金属总量及有效态含量对阐明土壤重金属环境行为具有重要意义。

对土壤进团聚体的测定常用方法有干筛法和湿筛法。本实验采用干筛测定土壤各级团聚体组成,然后对不同的团聚体进行重金属含量的测定分析。

[实验原理]

土壤中各级大团聚体的组成测定是将土壤放在不同孔径组成的一套筛子上进行干筛,收集各筛上的土壤样品,分别称重,然后计算各粒径大团聚体的百分组成。对不同粒径团聚体样品分别测定其重金属总量和有效态含量。

[试剂与材料]

土壤镉、铅总量的测定,见实验 7.2。

土壤中有效态镉、铅含量的测定,见实验 7.4。

[仪器与设备]

(1)尼龙筛:筛孔大小为 5 mm、2 mm、1 mm、0.5 mm、0.25 mm 的尼龙筛,加筛盖和筛底盒。

(2)振筛机。

(3)电子天平。

(4)其他仪器见实验 7.2 和实验 7.4。

[实验内容与步骤]

(1)称取一定量风干土壤样品,剔出土壤以外的侵入体,如植物残体、石块颗粒等杂质。

(2)将筛组(孔径为 5.0 mm、2.0 mm、1.0 mm、0.5 mm、0.25 mm)按照筛孔由小到大自上而下套好的次序套好,放置于振筛机上。

(3)将风干土样 1 500 g(不少于 500 g)分几次置于套筛的最上层,每次数量为 500 g 左右,底层放置套盒以备收取<0.25 mm 的土壤团聚体,振动 30 min 后,即可得到 6 组不同粒径(>5 mm、2～5 mm、1～2 mm、0.5～1 mm、0.25～0.5 mm、<0.25 mm)的土壤颗粒,将筛分后的土壤重复筛分 3 次,确认粒径分离准确。

(4)将每次筛分出来的各级团聚体中相同粒径的放在一起,分别称重,记录不同粒径团聚体质量(表 7-8)。

(5)称重后的不同粒径团聚体土壤,用于测定重金属总量和有效态含量。测定方法分别按照实验 7.2 和实验 7.4 进行。

[结果计算与表示]

(1)不同粒径的团聚体土壤质量记录于表 7-8,并分析计算其百分比。

表 7-8　不同粒级的质量统计

土壤样品	>5 mm		2～5 mm		1～2 mm		0.5～1 mm		0.25～0.5 mm		<0.25 mm		样品总量
	质量/g	所占比例/%	质量/g	所占比例/%	质量/g	所占比例/%	质量/g	所占比例/%	质量/g	所占比例/%	质量/g	所占比例/%	质量/g
干筛													

(2)计算不同粒径团聚体土壤重金属分布差异。将不同粒级团聚体土壤的重金属含量整理记录于表 7-9。

表 7-9　不同粒级团聚体重金属含量　　　　　　　　　　　　　　　　　　　mg/kg

土壤样品	>5 mm	2～5 mm	1～2 mm	0.5～1 mm	0.25～0.5 mm	<0.25 mm
重金属含量						
有效态含量						

[注意事项]

(1)土壤均匀地分布在整个筛面上。套筛按顺序放置,不能错乱。

(2)筛分时,须平行重复实验 3 次,平行绝对误差应不超过 3%。

第8章 土壤有机污染物含量分析

土壤样品中有机污染物的测定包括提取纯化与检测分析两大过程。

土壤样品中基体复杂,干扰物较多,且土壤样品中有机污染物多为痕量级,直接测定困难,样品前处理的准确性对测定结果有重要的影响,提取技术应确保土壤样品中的有机污染物尽可能被富集完全,因此土壤样品中有机污染物的提取步骤显得尤为重要。常用的提取技术有索氏提取法、固相萃取法、固相微萃取法、微波提取法,以及加速溶剂提取法等。

提取液中有机污染物的含量通常较低,常用的仪器分析方法有气相色谱法(GC)、高效液相色谱法(HPLC)、气相色谱-质谱法(GC-MS)、液相色谱-质谱法(HPLC-MS),以及液相色谱-质谱-质谱法(HPLC-MS-MS)。近年来,也有使用气相色谱-飞行时间质谱法(GC-TOF-MS)和其他仪器测试环境样品中有机污染物的相关报道。

实验8.1 土壤多环芳烃类(PAHs)化合物的提取与测定

多环芳烃(polycyclic aromatic hydrocarbons,PAHs)是一类由2个及以上苯环构成的线性或角状或簇状排列的稠环化合物,由自然和人类活动产生,广泛分布于环境中,对人、动植物及微生物具有"三致"作用,即致癌、致畸、致突变。20世纪80年代,美国环境保护署将未带分支的16种PAHs[萘、苊、二氢苊、芴、菲、蒽、荧蒽、芘、苯并(a)蒽、䓛、苯并(b)荧蒽、苯并(k)荧蒽、苯并(a)芘、二苯并(a,h)蒽、苯并(g,h,i)芘、茚并(1,2,3-cd)芘]列为环境中的优先控制污染物。

PAHs的多苯环共轭体系增强了其结构稳定性,辛醇-水系数随苯环数和分子质量的增加而提高,常附着于土壤颗粒中,且在土壤中迁移,具有生物积累、生物放大、对生物的持续性毒害,其中苯并(a)芘被列入我国《农用地土壤污染风险管控标准》(GB 15168—2018),苯并(a)蒽、苯并(a)芘、苯并(b)荧蒽、苯并(k)荧蒽、䓛、二苯并(a,h)蒽、茚并(1,2,3-cd)芘、萘被列入我国《建设用地土壤污染风险管控标准》(GB 36600—2018)。

本实验介绍气相色谱-质谱法测定土壤中PAHs的原理和步骤,主要参考HJ 805—2016标准方法。

[实验原理]

土壤中的多环芳烃采用适合的萃取方法(索氏提取、加压流体萃取等)提取,根据样品基体干扰情况选择合适的净化方法(铜粉脱硫、硅胶层析柱、硅酸镁小柱或凝胶渗透色谱)对提取液净化、浓缩、定容,经气相色谱分离、质谱检测。通过与标准物质质谱图、保留时间、碎片离子质荷比及其丰度比较进行定性,内标法定量。

[试剂与材料]

除非另有说明，分析时均使用符合国家标准的分析纯试剂。实验用水为新制备的超纯水或蒸馏水。

（1）丙酮（C_3H_6O，色谱级）。

（2）正己烷（C_6H_{14}，色谱级）。

（3）二氯甲烷（CH_2Cl_2，色谱级）。

（4）乙酸乙酯（$C_4H_8O_2$，色谱级）。

（5）戊烷（C_5H_{12}，色谱级）。

（6）环己烷（C_6H_{12}，色谱级）。

（7）丙酮-正己烷混合溶剂。用正己烷和丙酮按 1:1 体积比混合。

（8）二氯甲烷-戊烷混合溶剂。用二氯甲烷和戊烷按 2:3 体积比混合。

（9）二氯甲烷-正己烷混合溶剂。用二氯甲烷和正己烷按 1:9 体积比混合。

（10）凝胶渗透色谱流动相。用乙酸乙酯和环己烷按 1:9 体积比混合，或按仪器说明书配制其他溶剂体系。

（11）硝酸（优级纯），$\rho(HNO_3) = 1.42$ g/mL。

（12）硝酸溶液。用硝酸和蒸馏水按 1:1 体积比混合。

（13）铜粉。纯度为 99.5%。使用前用硝酸溶液去除铜粉表面的氧化物，用实验用水冲洗除酸，并用丙酮清洗后，用氮气吹干待用，每次临用前处理，保持铜粉表面光亮。

（14）多环芳烃标准贮备液，$\rho = 1\,000 \sim 5\,000$ mg/L。市售有证标准溶液。

（15）多环芳烃标准中间液，$\rho = 200 \sim 500$ μg/mL。用丙酮-正己烷混合溶剂稀释多环芳烃标准贮备液。

（16）内标贮备液，$\rho = 5\,000$ mg/L。萘-d_8、苊-d_{10}、菲-d_{10}-d_{12} 和䓛-d_{12}，市售有证标准溶液。

（17）内标中间液，$\rho = 200 \sim 400$ μg/mL。用丙酮-正己烷混合溶剂稀释内标贮备液。

（18）替代物贮备液，$\rho = 2\,000 \sim 4\,000$ mg/L，市售有证标准溶液。2-氟联苯和对三联苯-d_{14}；亦可选用氘代多环芳烃做替代物。

（19）替代物中间液，$\rho = 500$ μg/mL。用丙酮-正己烷混合溶剂稀释替代物贮备液。

（20）十氟三苯基膦（DFTPP），$\rho = 50$ mg/L，市售标准溶液。亦可采购较高浓度 DFTPP 标准溶液，用二氯甲烷稀释成 50 mg/L。

（21）干燥剂。优级纯无水硫酸钠（Na_2SO_4）或粒状硅藻土。置于马弗炉中 400 ℃烘 4 h，冷却后装入磨口玻璃瓶中密封，于干燥器中保存。

（22）硅胶吸附剂。75（200 目）～150 μm（100 目），置于表面皿中，以铝箔或锡纸轻覆，130 ℃活化至少 16 h，取出放入干燥器中冷却、待用。临用前活化。

（23）玻璃层析柱。内径 10 mm 左右，长 20～30 cm，具聚四氟乙烯活塞。

（24）硅酸镁净化小柱。填料为硅酸镁，1 000 mg，柱体积为 6 mL。

（25）凝胶渗透色谱校准溶液。含有玉米油（25 mg/mL）、邻苯二甲酸二（2-二乙基己基）酯（1 mg/mL）、甲氧滴滴涕（200 mg/L）、䓛（20 mg/L）和硫（80 mg/L）的混合溶液。市售。

（26）石英砂。150（100 目）～830 μm（20 目）。置于马弗炉中 400 ℃烘 4 h，冷却后装入磨口玻璃瓶中密封保存。

（27）玻璃棉或玻璃纤维滤膜。使用前用二氯甲烷浸洗,待二氯甲烷挥发干后,贮于磨口玻璃瓶中密封保存。

（28）载气。高纯氦气,纯度为99.999％以上。

［仪器与设备］

（1）气相色谱/质谱仪:电子轰击(EI)电离源。

（2）色谱柱:石英毛细管柱,长30 m,内径0.25 mm,膜厚0.25 mm,固定相为5％-苯基-甲基聚硅氧烷,或其他等效的毛细管色谱柱。

（3）提取装置:索氏提取或加压流体萃取仪等性能相当的设备。

（4）凝胶渗透色谱仪(GPC):具254 nm固定波长紫外检测器,填充凝胶填料的净化柱。

（5）浓缩装置:旋转蒸发仪、氮吹仪或其他同等性能的设备。

（6）真空冷冻干燥仪:空载真空度达13 Pa以下。

（7）固相萃取装置。

（8）一般实验室常用仪器和设备。

［样品采集和制备］

1.样品的采集

按照HJ/T 166—2004的相关要求进行样品的采集和保存。样品应于洁净的棕色磨口瓶中保存。运输过程中应密封、避光、4 ℃以下冷藏。若不能及时分析,应于4 ℃以下冷藏、避光、密封保存,保存时间为10 d。

2.样品的制备

将所采土壤或沉积物样品置于搪瓷或玻璃托盘中,除去枝棒、叶片、石子等异物,充分混匀。采用真空冷冻干燥仪对样品进行脱水,将冷冻后的样品进行充分研磨、均化成1 mm左右的细小颗粒。也可采用加入无水硫酸钠进行脱水,称取20 g(精确至0.01 g)新鲜样品,加入适量无水硫酸钠,掺拌均匀,研磨成细粒状。

在称取样品的同时,另取一份样品,按照HJ 613—2011测定土壤样品干物质含量。

［样品制备］

1.提取

本实验采用索氏提取法。称取制备好的样品20 g(精确到0.000 1 g),在制备好的土壤样品中加入80.0 μL替代物中间液,将全部样品小心转入纸质套筒中,将纸质套筒置于索氏提取器回流管中,在圆底溶剂瓶中加入100 mL丙酮-正己烷混合溶剂,提取16～18 h,回流速度控制在每小时4～6次,收集提取液。

2.浓缩

浓缩方法推荐使用氮吹浓缩或旋转蒸发浓缩两种方式。

（1）氮吹浓缩。开启氮气至溶剂表面有气流波动(避免形成气涡)为宜,用正己烷多次洗涤氮吹过程中已露出的浓缩器管壁。若不需净化,直接浓缩至约0.5 mL,加入适量内标中间液使其内标浓度和校准曲线中内标浓度保持一致,并用丙酮-正己烷混合溶剂定容至1.0 mL,

待测。

若需净化,直接将提取液浓缩至约 2 mL。当选用硅胶层析柱净化时,继续加入约 4 mL 环己烷进行溶剂转换,再浓缩至约 2 mL,待净化;当选用硅酸镁净化小柱净化时,直接按照不需净化的相同步骤浓缩至约 2 mL,待净化。

(2)旋转蒸发浓缩。根据仪器说明书设定加热温度条件,若不需净化,将提取液浓缩至约 2 mL,用一次性滴管将浓缩液转移至具刻度浓缩器皿,并用少量丙酮-正己烷混合溶剂将旋转蒸发瓶底部冲洗 2 次,合并全部的浓缩液,再用氮吹浓缩至约 0.5 mL,加入适量内标中间液使其内标浓度和校准曲线中内标浓度保持一致,并用丙酮-正己烷混合溶剂定容至 1.0 mL,待测。

若需净化,直接将提取液浓缩至约 2 mL,并全量转移至具刻度浓缩器皿。当选用硅胶层析柱净化时,继续加入约 4 mL 环己烷进行溶剂转换,再浓缩至约 2 mL,待净化;当选用硅酸镁净化小柱净化时,直接按照不需净化的相同步骤浓缩至约 2 mL,待净化。

3.脱硫

浓缩后的提取液颜色较深时,须进行脱硫。在制备好的硅胶层析柱或活化后的固相萃取柱上端加入约 2 g 铜粉,待净化,使提取液浸润在柱上端的铜粉中进行脱硫。

若使用凝胶渗透色谱净化,可省略脱硫步骤。

4.净化

本实验推荐使用硅胶层析柱、硅酸镁净化小柱和凝胶渗透色谱 3 种净化方式。

(1)硅胶层析柱净化。

①硅胶层析柱制备。在玻璃层析柱底部填入玻璃棉,依次加入约 1.5 cm 厚的无水硫酸钠和 10 g 硅胶吸附剂,轻敲层析柱壁,使硅胶吸附剂填充均匀。在硅胶吸附剂上端加入约 1.5 cm 厚的无水硫酸钠。加入适量二氯甲烷淋洗,轻敲层析柱壁,赶出气泡,使硅胶填实,保持填料充满二氯甲烷,关闭活塞,浸泡填料至少 10 min,放出二氯甲烷,继续慢慢加入正己烷 30～60 mL 淋洗,当上端无水硫酸钠层恰好暴露于空气之前,关闭活塞待用。

②净化。用 40 mL 戊烷预淋洗制备好的硅胶层析柱,淋洗速度控制在 2 mL/min,在上端无水硫酸钠或脱硫铜粉层暴露于空气之前,关闭层析柱活塞,弃去淋洗液。将浓缩脱硫后的提取液转至硅胶层析柱,用 2 mL 环己烷分 3 次清洗浓缩器,全部移入层析柱(若须脱硫,应将此溶液浸没在铜粉中约 5 min),打开活塞,缓缓加入 25 mL 戊烷洗脱,弃去此部分戊烷淋洗液。另用 25 mL 二氯甲烷-戊烷混合溶剂洗脱,并全部收集此洗脱液,待再次浓缩。

(2)硅酸镁净化。将硅酸镁净化小柱固定在固相萃取装置上,用 4 mL 二氯甲烷淋洗净化小柱,加入 5 mL 正己烷待柱充满后关闭流速控制阀浸润 5 min,缓慢打开控制阀,继续加入 5 mL 正己烷,在填料暴露于空气之前,关闭控制阀,弃去流出液。将浓缩脱后的提取液转移至小柱中,用 2 mL 正己烷分 3 次洗涤浓缩器皿,洗液全部转入小柱中(若须脱硫,应将此溶液浸没在铜粉中约 5 min)。缓慢打开控制阀,在填料或铜粉暴露于空气之前关闭控制阀,加入 5 mL 二氯甲烷-正己烷混合溶剂进行洗脱,缓慢打开控制阀待洗脱液浸满净化柱后关闭控制阀,浸润 2 min,缓缓打开控制阀,继续加入 5 mL 二氯甲烷-正己烷混合溶剂,并收集全部洗脱液,待再次浓缩。

（3）凝胶渗透色谱净化。

①凝胶渗透色谱柱的校准。按照仪器说明书对凝胶渗透色谱（GPC）柱进行校准，GPC校准液得到的色谱峰应满足以下条件：所有峰形均匀对称；玉米油和邻苯二甲酸二(2-二乙基己基)酯的色谱峰之间分辨率大于85%；邻苯二甲酸二(2-二乙基己基)酯和甲氧滴滴涕的色谱峰之间分辨率大于85%；甲氧滴滴涕和芘的色谱峰之间分辨率大于85%；芘和硫的色谱峰不能饱和，基线分离大于90%。

多环芳烃的收集时间限定在玉米油出峰后至硫出峰前，芘的色谱峰出现后，立即停止收集。

②净化。配制一个校准曲线中间点浓度的多环芳烃混合标准溶液，按照校准时确定的收集时间，将混合标准溶液全部通过净化柱，根据多环芳烃混合标准溶液出峰时间，再次调整收集时间。按照调整后的收集时间，再次将该中间点浓度的混合标准溶液通过净化柱，测定其回收率，当目标物（除苊烯外）回收率均大于90%时，即可按此条件净化样品，否则需继续调整。

将浓缩后的提取液，用GPC的流动相定容至GPC定量环需要的体积，按照确定后的净化条件自动净化、收集流出液，待再次浓缩。

5.浓缩、加内标

净化后的试液再次按照氮吹浓缩或旋转蒸发浓缩的步骤进行浓缩、加入适量内标中间液，并定容至1.0 mL，混匀后转移至2 mL样品瓶中，待测。

6.空白试样的制备

用石英砂代替实际样品，按照与以上试样的制备相同步骤制备空白试样。

[分析步骤]

1.仪器参考条件

（1）气相色谱参考条件。进样口温度：280 ℃，不分流，或分流进样（样品浓度较高或仪器灵敏度足够时）。进样量：1.0 μL；柱流量：1.0 mL/min（恒流）；升温程序：80 ℃保持2 min；以20 ℃/min速率升180 ℃，保持5 min；再以10 ℃/min速率升至290 ℃，保持5 min。

（2）质谱参考条件。电子轰击源（EI）；离子源温度：230 ℃；离子化能量：70 eV；接口温度：280 ℃；四级杆温度：150 ℃；质量扫描范围：45～450 amu；溶剂延迟时间：5 min；扫描模式：全扫描Scan或选择离子模式（SIM）模式。

2.校准

（1）质谱性能检查。每次分析前，应进行质谱自动调谐，再将气相色谱和质谱仪设定至分析方法要求的仪器条件，并处于待机状态，通过气相色谱进样口直接注入1.0 μL十氟三苯基膦（DFTPP），按以上运行方法，得到十氟三苯基膦质谱图，其质量碎片的离子丰度应全部符合表8-1中的要求。否则须清洗质谱仪离子源。

表 8-1　十氟三苯基膦(DFTPP)关键离子及离子丰度评价

质荷比/(m/z)	相对丰度规范	质荷比/(m/z)	相对丰度规范
51	198 峰(基峰)的 30%~60%	199	198 峰的 5%~9%
68	小于 69 峰的 2%	275	基峰的 10%~30%
70	小于 69 峰的 2%	365	大于基峰的 1%
127	基峰的 40%~60%	441	存在且小于 443 峰
197	小于 198 峰的 1%	442	基峰或大于 198 峰的 40%
198	基峰,丰度 100%	443	442 峰的 17%~23%

(2)校准曲线的绘制。取 5 个 5 mL 容量瓶,预先加入 2 mL 丙酮-正己烷混合溶剂,分别移取适量的多环芳烃标准中间液、替代物中间液和内标中间液,用丙酮-正己烷混合溶剂定容,配制成至少 5 个浓度点的标准系列,使得多环芳烃和替代物的质量浓度均分别为 2.0 μg/mL、5.0 μg/mL、10.0 μg/mL、20.0 μg/mL、40.0 μg/mL,内标质量浓度均为 20.0 μg/mL。也可根据仪器灵敏度或目标物浓度配制成其他浓度水平的标准系列。

按照仪器参考条件,从低浓度到高浓度依次进样分析。以目标化合物浓度和内标化合物浓度比值为横坐标;以目标化合物定量离子响应值和内标化合物定量离子响应值的比值,与内标化合物质量浓度的乘积为纵坐标,绘制校准曲线。

(3)标准样品的色谱图。图 8-1 为在本标准推荐的仪器参考条件下,目标物的总离子流色谱图。

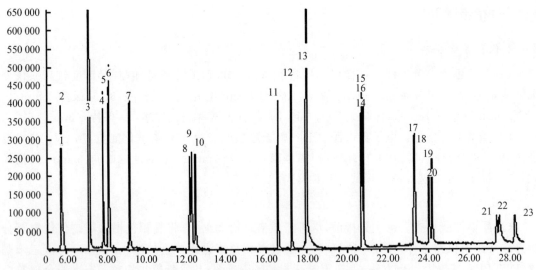

1.萘-d8(内标 1);2.萘;3.2-氟联苯(替代物 1);4.苊烯;5.苊烯-d₁₀(内标 2);6.苊;7.芴;8.菲-d₁₀(内标 3);9.菲;10.蒽;11.荧蒽;12.芘;13.对三联苯-d₁₄(替代物 2);14.苯并(a)蒽;15.䓛-d₁₂(内标 4);16.䓛;17.苯并(b)荧蒽;18.苯并(k)荧蒽;19.苯并(a)芘;20.苝-d₁₂(内标 5);21.茚并(123-cd)芘;22.二苯并(a,h)蒽;23.苯并[g,h,i]苝。

图 8-1　16 种多环芳烃的质谱总离子流谱图

3.试样的测定

将待测的试样按照与绘制校准曲线相同的仪器分析条件进行测定。

4.空白试样的测定

按照与试样的测定相同的仪器分析条件进行空白试样的测定。

[结果计算与表示]

1.定性分析

通过样品中目标物与标准系列中目标物的保留时间、质谱图、碎片离子质荷比及其丰度等信息比较,对目标物进行定性。应多次分析标准溶液得到目标物的保留时间均值,以平均保留时间±3倍的标准偏差为保留时间窗口,样品中目标物的保留时间应在其范围内。

目标物标准质谱图中相对丰度高于30%的所有离子应在样品质谱图中存在,样品质谱图和标准质谱图中上述特征离子的相对丰度偏差要在±30%之内。一些特殊的离子如分子离子峰,即使其相对丰度低于30%,也应该作为判别化合物的依据。如果实际样品存在明显的背景干扰,比较时应扣除背景影响。

2.定量分析

在对目标物定性判断的基础上,根据定量离子的峰面积,采用内标法进行定量。当样品中目标化合物的定量离子有干扰时,可使用辅助离子定量。定量离子、辅助离子参见本实验后附录8-1。

3.结果计算

标准系列第 i 点中目标化合物的相对响应因子(RRF$_i$)按照式(1)计算。

$$\mathrm{RRF_i} = \frac{A_i}{A_{ISi}} \times \frac{\rho_{ISi}}{\rho_i} \tag{1}$$

式中:RRF$_i$为标准系列中第 i 点目标化合物的相对响应因子;A_i为标准系列中第 i 点目标化合物定量离子的响应值;A_{ISi}为标准系列中第 i 点与目标化合物相对应内标定量离子的响应值;ρ_{ISi}为标准系列中内标物的质量浓度,$\mu g/mL$;ρ_i为标准系列中第 i 点目标化合物的质量浓度,$\mu g/mL$。

校准曲线中目标化合物的平均相对响应因子$\overline{\mathrm{RRF}}$,按照式(2)计算。

$$\overline{\mathrm{RRF}} = \frac{\sum_{i=1}^{n} \mathrm{RRF_i}}{n} \tag{2}$$

式中:$\overline{\mathrm{RRF}}$为校准曲线中目标化合物的平均相对响应因子;RRF$_i$为标准系列中第 i 点目标化合物的相对响应因子;n 为标准系列点数。

土壤样品中的目标化合物含量 ω(mg/kg)按照式(3)进行计算。

$$\omega = \frac{A_x \times \rho_{IS} \times V_x}{A_{IS} \times \overline{\mathrm{RRF}} \times m \times W_{dm}} \tag{3}$$

式中:ω 为样品中的目标物含量,mg/kg;A_x 为试样中目标化合物定量离子的峰面积;A_{IS} 为试样中内标化合物定量离子的峰面积;ρ_{IS} 为试样中内标的浓度,$\mu g/mL$;$\overline{RRF}$ 为校准曲线中目标化合物的平均相对响应因子;V_x 为试样的定容体积,mL;m 为样品的称取量,g;W_{dm} 为样品干物质含量,%。

[注意事项]

(1)本标准适用于土壤和沉积物中 16 种多环芳烃的测定,具体化合物见本实验后附录 8-1 中的表 8-2,内标化合物和替代物除外。

(2)当取样量为 20.0 g,浓缩后定容体积为 1.0 mL 时,采用全扫描方式测定,目标物的方法检出限为 0.08~0.17 mg/kg,测定下限为 0.32~0.68 mg/kg。各化合物的方法检出限和测定下限见附录 8-2 中的表 8-3。

(3)质谱的选择离子检测通常较全扫描灵敏度高。由于选择离子检测方法提供的质谱信息较少,所选择的离子组通常情况下存在较多干扰,其定性的可信度比较低,检测结果存在一定风险;因此,本方法建议,仅当个别目标物[如苯并(a)芘、苯并(g,h,i)芘等]质谱全扫描检测方式的检出限不能满足需求时,并在确保试剂空白、仪器系统空白和空白实验样品对目标物选择离子干扰足够低时,方可采用选择离子检测方法进行定性、定量分析。

(4)质量保证和质量控制。

①空白试验。每批样品(不超过 20 个样品)须做一个空白试验,测定结果中目标物浓度不应超过方法检出限。否则,应检查试剂空白、仪器系统以及前处理过程。

②校准曲线。校准曲线中目标化合物相对响应因子的相对标准偏差应小于或等于 20%。否则,说明进样口或色谱柱存在干扰,应进行必要的维护。连续分析时,每 24 h 分析一次校准曲线中间浓度点,其测定结果与实际浓度值相对标准偏差应小于或等于 20%。否则,须重新绘制校准曲线。

③平行样品。每批样品(最多 20 个样品)应分析 1 对平行样,平行样测定结果相对偏差应小于 30%。

④基体加标。每批样品(最多 20 个样品)应分析 1 对基体加标样品。土壤和沉积物加标样品回收率控制范围为 40%~150%。

⑤替代物的回收率。实验室应建立替代物加标回收控制图,按同一批样品(20~30 个样品)进行统计,剔除离群值,计算替代物的平均回收率 p 及相对标准偏差 s,实验室该方法替代物回收率应控制在 $p\pm 3s$ 内。

(5)试验中产生的所有废液和废物(包括检测后的残液)应置于密闭容器中保存,委托有资质的单位处理。

(6)当测定结果小于 1 mg/kg 时,小数位数的保留与方法检出限一致;当测定结果大于或等于 1 mg/kg 时,结果最多保留 3 位有效数字。

附录 8-1

表 8-2　目标化合物的测定参考参数

编号	名称	CAS	定量离子/(m/z)	辅助离子/(m/z)
1	萘-d$_8$（内标 1）		136	108、154
2	萘	91-20-3	128	127、129
3	2-氟联苯（替代物）	321-60-8	172	171、170
4	苊烯	208-96-8	152	151、153
5	苊烯-d$_{10}$（内标 2）		162	167、160、163
6	苊	83-32-9	154	153、152
7	芴	86-73-7	166	165、167
8	菲-d$_{10}$（内标 3）		188	189、160、94
9	菲	85-01-8	178	179、176
10	蒽	120-12-7	178	179、176
11	荧蒽	206-44-0	202	200、203、101、100
12	芘	129-00-0	202	200、203、101、100
13	4,4'-三联苯-d$_{14}$（替代物）	1718-51-0	244	245、243
14	苯并(a)蒽	56-55-3	228	226、229、114、113
15	䓛-d$_{12}$（内标 4）		240	236、238、241
16	䓛	218-01-9	228	226、229、114、113
17	苯并(b)荧蒽	205-99-2	252	253、250、251
18	苯并(k)荧蒽	207-08-9	252	253、250、251
19	苯并(a)芘	50-32-8	252	253、250、251
20	苝-d$_{12}$（内标 5）		264	260、265、263
21	茚并(123-c,d)芘	193-39-5	276	277、275、274
22	二苯并(a,h)蒽	53-70-3	278	276、279、138
23	苯并[g,h,i]苝	191-24-2	276	275、274、138

附录 8-2

表 8-3　方法检出限和测定下限 　　　　　　　　　　　　　　　　　　mg/kg

序号	化合物	全扫描检测方法	
		检出限	测定下限
1	萘	0.09	0.36
2	苊烯	0.09	0.36
3	苊	0.12	0.48
4	芴	0.08	0.32
5	菲	0.10	0.40
6	蒽	0.12	0.48
7	荧蒽	0.14	0.56
8	芘	0.13	0.52
9	苯并(a)蒽	0.12	0.48
10	䓛	0.14	0.56
11	苯并(b)荧蒽	0.17	0.68
12	苯并(k)荧蒽	0.11	0.44
13	苯并(a)芘	0.17	0.68
14	茚并(1,2,3-cd)芘	0.13	0.52
15	二苯并(a,h)蒽	0.13	0.52
16	苯并(g,h,i)芘	0.12	0.48

注:前处理方式为 20 g 空白样品,提取方法加压流体萃取,浓缩为旋转蒸发和氮吹浓缩,净化为凝胶渗透色谱。

实验 8.2　土壤有机氯农药(OCPs)的提取与测定

20 世纪后半叶,有机氯农药(organochlorine pesticides,OCPs)作为一种高效、低成本的广谱杀虫剂广泛应用于我国农业生产中,其主要分为以苯为原料和以环戊二烯为原料的两大类。以苯为原料的有机氯农药包括使用最早、应用最广的杀虫剂 DDT 和六六六,以及它们的类似物;以环戊二烯为原料的有机氯农药包括作为杀虫剂的氯丹、七氯、艾氏剂、狄氏剂、异狄氏剂、硫丹等。

虽然我国已于 1983 年全面禁止有机氯农药的生产和使用,但由于其在环境中难降解,且存在大气传输和近期农业生产中新有机氯农药的非法输入等影响因素,目前在各种环境介质中均能检出不同浓度的有机氯农药。农业活动中施用的有机氯农药通常沉降在土壤中,且有机氯农药具有脂溶性,土壤被认为是环境有机氯农药的重要储存场所。有机氯农药作为一类典型的持久性有机污染物(persistent organic pollutants,POPs),具有半挥发性、持久性、生物富集性和高毒性等特性,对生态环境和人体健康存在严重危害。因此,分析测定土壤中有机氯农药的含量水平和污染程度具有重要意义。

与多环芳烃(PAHs)相似,土壤样品中有机氯农药的测定包括提取纯化与检测分析两大过程。本实验介绍气相色谱-质谱法测定土壤中有机氯农药的原理和步骤,主要参考HJ 835—2017标准方法。

[实验原理]

土壤中的有机氯农药采用合适的萃取方法(索氏提取、加压流体萃取等)提取,根据样品基体干扰情况选择合适的净化方法(铜粉脱硫、硫酸镁柱或凝胶渗透色谱),对提取液净化、浓缩、定容,经气相色谱分离、质谱检测,根据标准物质质谱图、保留时间、碎片离子质荷比及其丰度定性,内标法定量。

[试剂与材料]

除非另有说明,分析时均使用符合国家标准的分析纯试剂。实验用水为新制备的超纯水或蒸馏水。

(1)丙酮(C_3H_6O,色谱级)。

(2)正己烷(C_6H_{14},色谱级)。

(3)二氯甲烷(CH_2Cl_2,色谱级)。

(4)乙酸乙酯($C_4H_8O_2$,色谱级)。

(5)环己烷(C_6H_{12},色谱级)。

(6)乙醚($C_4H_{10}O$,色谱级)。

(7)正己烷-丙酮混合溶剂 I:用正己烷和丙酮按 1:1 体积比混合。

(8)正己烷-丙酮混合溶剂 II:用正己烷和丙酮按 9:1 体积比混合。

(9)二氯甲烷-丙酮混合溶剂:用二氯甲烷和丙酮按 1:1 体积比混合。

(10)正己烷-乙醚混合溶剂 I:用正己烷和乙醚按 94:6 体积比混合。

(11)正己烷-乙醚混合溶剂 II:用正己烷和乙醚按 85:15 体积比混合。

(12)正己烷-乙醚混合溶剂 III:用正己烷和乙醚按 1:1 体积比混合。

(13)正己烷-二氯甲烷混合溶剂 I:用正己烷和二氯甲烷按 1:1 体积比混合。

(14)正己烷-二氯甲烷混合溶剂 II:用正己烷和二氯甲烷按 74:26 体积比混合。

(15)凝胶渗透色谱流动相:用乙酸乙酯和环己烷按 1:1 体积比混合,或按仪器说明书配制其他溶剂体系。

(16)硝酸(优级纯),$\rho(HNO_3)=1.42$ g/mL。

(17)硝酸溶液:用优级纯硝酸与实验用水按 1:1 体积比混合配置。

(18)有机氯农药标准贮备液,$\rho=1\,000\sim5\,000$ mg/L,市售有证标准溶液。

(19)有机氯农药标准中间液,$\rho=200\sim500$ mg/L。用正己烷-丙酮混合溶剂 I 对有机氯农药标准贮备液稀释配制,并混匀。

(20)内标贮备液,$\rho=5\,000$ mg/L。选用五氯硝基苯或菲-d_{10}或䓛-d_{12}作内标。市售有证标准溶液。

(21)内标中间液,$\rho=500$ mg/L。量取 1.0 mL 内标贮备液于 10 mL 容量瓶中,用正己烷-丙酮混合溶剂 I 稀释至标线,混匀。

(22)替代物贮备液,$\rho=2\,000\sim4\,000$ mg/L,市售有证标准溶液。宜选用十氯联苯或 2,4,5,6-四氯间二甲苯和氯茵酸二丁酯。

(23)替代物中间液,$\rho=200\sim400$ mg/L。用正己烷-丙酮混合溶剂 I 对替代物标准贮备液稀释配制,并混匀。

(24)十氟三苯基膦(DFTPP)溶液,$\rho=50$ mg/L,市售标准溶液。其他浓度用二氯甲烷稀释成 50 mg/L 浓度。

(25)凝胶渗透色谱校准溶液。含玉米油(25 mg/mL)、邻苯二甲酸二(2-二乙基己基)酯(1 mg/mL)、甲氧滴滴涕(200 mg/L)、苊(20 mg/L)和硫(80 mg/L)的混合溶液。市售。

(26)干燥剂。优级纯无水硫酸钠(Na_2SO_4)或粒状硅藻土 $250\sim150$ μm(60~100 目)。置于马弗炉中 400 ℃烘烤 4 h,冷却后装入磨口玻璃瓶中密封,于干燥器中保存。

(27)铜粉(Cu):纯度为 99.5%。使用前用硝酸溶液去除铜粉表面的氧化物,用实验室用水冲洗除酸,再用丙酮清洗,然后用高纯氮气吹干待用,每次临用前处理,保持铜粉表面光亮。

(28)硅酸镁吸附剂:$75\sim150$ μm(200~100 目)。置于表面皿中,以铝箔或锡纸轻覆,130 ℃下活化 12 h 左右,取出放入干燥器中冷却、待用。临用前活化。

(29)玻璃层析柱:内径 10 mm 左右,长 20~30 cm,具聚四氟乙烯活塞。

(30)硅酸镁净化小柱:填料为硅酸镁,1 000 mg,柱体积为 6~10 mL。

(31)石英砂:$150\sim830$ μm(100~20 目)。置于马弗炉中 400 ℃烘 4 h,冷却后装入具塞磨口玻璃瓶中密封保存。

(32)玻璃棉或玻璃纤维滤膜。使用前用二氯甲烷-丙酮混合溶剂浸洗,待溶剂挥发干后,贮于具塞磨口玻璃瓶中密封保存。

(33)索氏提取套筒。玻璃纤维或天然纤维材质套筒,玻璃纤维套筒置于马弗炉中 400 ℃烘烤 4 h,天然纤维材质套筒使用前应用和样品提取相同的溶剂清洗净化。

(34)高纯氮气:纯度为 99.999%。

(35)载气:高纯氮气,纯度为 99.999%。

[仪器与设备]

(1)气相色谱/质谱仪:电子轰击(EI)电离源。

(2)色谱柱:石英毛细管柱,长 30 m,内径 0.25 mm,膜厚 0.25 μm,固定相为 5%-苯基-甲基聚硅氧烷,或其他等效的毛细管色谱柱。

(3)提取装置:索氏提取等性能相当的设备。

(4)凝胶渗透色谱仪(GPC):具 254 nm 固定波长紫外检测器,填充凝胶填料的净化柱。

(5)浓缩装置:旋转蒸发仪、氮吹仪或其他同等性能的设备。

(6)真空冷冻干燥仪:空载真空度达 13 Pa 以下。

(7)固相萃取装置。

(8)一般实验室常用仪器和设备。

[样品采集和制备]

1.样品的采集

按照 HJ/T 166—2004 的相关要求进行样品的采集和保存。样品应于洁净的棕色磨口瓶中保存。运输过程中应密封、避光、4 ℃以下冷藏。若不能及时分析,应于 4 ℃以下冷藏、避光、密封保存,保存时间为 10 d。

2.样品的制备

将样品放在搪瓷盘或不锈钢盘上,混匀,除去枝棒、叶片、石子等异物,一般情况下应对新鲜样品进行干燥处理,可采用冻干法或干燥剂法。

方法一:冻干法。取适量混匀后样品,放入真空冷冻干燥仪中干燥脱水。干燥后的样品需研磨、过 250 μm(60 目)孔径的筛子,均化处理成 250 μm(60 目)左右的颗粒。然后称取 20 g (精确到 0.01 g)样品进行提取。

方法二:干燥剂法。称取 20 g(精确到 0.01 g)的新鲜样品,加入一定量的干燥剂混匀、脱水并研磨成细小颗粒,充分拌匀直到散粒状,全部转移至提取容器中待用。

按照 HJ 613 测定土壤样品干物质含量。

[样品制备]

1.提取

提取方法可选择索氏提取、加压流体萃取及其他等效萃取方法。

(1)索氏提取。将制备好的土壤或沉积物样品全部转入索氏提取套筒中,加入曲线中间点以上浓度的替代物中间液,小心置于索氏提取器回流管中,在圆底溶剂瓶中加入 100 mL 正己烷-丙酮混合溶剂 I,提取 16~18 h,回流速度控制在 4~6 次/h。然后停止加热回流,取出圆底溶剂瓶,待浓缩。

(2)加压流体萃取。将制备好的土壤装入萃取池,以二氯甲烷-丙酮混合溶剂或正己烷-丙酮混合溶剂为提取溶液,按以下参考条件进行萃取:载气压力为 0.8 MPa,萃取温度 100 ℃,萃取压力 1 500 psi(1 psi=6.895 kPa),静态萃取时间 5 min,淋洗为 60%池体积,氮气吹扫时间 60 s,萃取循环次数 2 次。收集提取溶液。

2.过滤和脱水

如果上述提取液存在明显水分,需要进一步过滤和脱水。在玻璃漏斗上垫一层玻璃棉或玻璃纤维滤膜,加入约 5 g 无水硫酸钠,将提取液过滤至浓缩器皿中。再用少量正己烷-丙酮混合溶剂 I 洗涤提取容器 3 次,洗涤液并入漏斗中过滤,最后再用少量正己烷-丙酮混合溶剂 I 冲洗漏斗,全部收集至浓缩器皿中,待浓缩。

3.浓缩

浓缩方法推荐使用以下两种方式。其他方法经验证效果优于或等效时也可使用。

(1)氮吹浓缩。在室温条件下,开启氮气至溶剂表面有气流波动(避免形成气涡),用正己烷-丙酮混合溶剂 I 多次洗涤氮吹过程中已露出的浓缩器管壁,浓缩至约 1 mL,待净化。

(2)旋转蒸发浓缩。加热温度设置在 40 ℃左右,将提取液浓缩至约 2 mL,停止浓缩。用一次性滴管将浓缩液转移至具刻度浓缩器皿,并用少量正己烷-丙酮混合溶剂Ⅰ将旋转蒸发瓶底部冲洗2次,合并全部的浓缩液,再用氮吹浓缩至约1 mL,待净化。

4.净化

净化推荐使用以下方式。其他方法经验证效果优于或等效时也可使用。

(1)硅酸镁层析柱净化法。

①硅酸镁层析柱制备。在玻璃层析柱底部填入玻璃棉,依次加入约1.5 cm厚的无水硫酸钠和20 g硅酸镁吸附剂,轻敲层析柱壁,使硅酸镁吸附剂填充均匀。再添加约1.5 cm厚的无水硫酸钠。加入60 mL正己烷淋洗,同时轻敲层析柱壁,赶出气泡,使硅酸镁吸附剂填实,保持填料充满正己烷,关闭活塞,浸泡填料至少10 min,此时在层析柱上端加入约2 g铜粉用于脱除提取液中的硫。打开活塞的同时,继续加入正己烷60 mL淋洗,当上端无水硫酸钠层恰好暴露于空气之前,关闭活塞待用。如果填料干枯,需要重新处理。

②净化。将浓缩后的提取液转至硅酸镁层析柱内,并用2 mL正己烷分两次清洗浓缩管,全部移入层析柱,应将此溶液浸没在铜粉中约5 min。

不需要分离样品中多氯联苯和有机氯农药时,可直接使用200 mL正己烷-二氯甲烷混合溶剂Ⅰ淋洗层析柱,收集全部洗脱液。待再次浓缩后测定。

需要分离样品中多氯联苯和有机氯农药时,于硅酸镁层析柱下置一圆底烧瓶,打开活塞使浓缩液至液面刚没过硫酸钠层,关闭活塞。用200 mL正己烷-乙醚混合溶剂Ⅰ淋洗层析柱,洗脱液速度保持在5 mL/min,收集全部淋洗液。此洗脱液包含多氯联苯及六六六、氯丹等大部分有机氯农药(表8-4)。然后用200 mL正己烷-乙醚混合溶剂Ⅱ再次淋洗层析柱,此洗脱液包含β-硫丹、硫丹硫酸酯、异狄氏剂醛和异狄氏剂酮等有机氯农药。再用200 mL正己烷-乙醚混合溶剂Ⅲ再次淋洗层析柱,此洗脱液将剩余β-硫丹、硫丹硫酸酯、异狄氏剂醛和异狄氏剂酮等有机氯农药淋洗完全,不需要独立测试多氯联苯时合并全部淋洗液,需要独立测试多氯联苯时,不要将第一部分淋洗合并在一起。待再次浓缩后测定。

表8-4　硅酸镁层析柱不同阶段洗脱组分　　　　　　　　　　　　　　%

序号	化合物名称	洗脱液1	洗脱液2	洗脱液3
1	α-六六六	95.2		
2	六氯苯	107.3		
3	β-六六六	111.3		
4	γ-六六六	105.5		
5	δ-六六六	122.6		
6	七氯	107.9		
7	艾氏剂	109.5		
8	环氧化七氯	105.6		
9	α-氯丹	113.8		
10	α-硫丹	114.5		
11	γ-氯丹	108.4		

续表8-4

序号	化合物名称	洗脱液 1	洗脱液 2	洗脱液 3
12	狄氏剂	118.3		
13	p,p′-DDE	104.4		
14	异狄氏剂	123.8		
15	β-硫丹	7.4	60.9	7.2
16	p,p′-DDD	120.5		
17	硫丹硫酸酯	5.8	33.6	40.0
18	异狄氏剂醛	2.0	31.2	78.4
19	o,p′-DDT	111.8		
20	异狄氏剂酮	11.0	79.1	7.1
21	p,p′-DDT	117.4		
22	甲氧滴滴涕	121.8		
23	灭蚁灵	99.8		

注：洗脱液组分。洗脱液 1：200 mL 乙醚、正己烷混合液(体积比 6：94)；洗脱液 2：200 mL 乙醚、正己烷混合液(体积比 15：85)；洗脱液 3：200 mL 乙醚、正己烷混合液(体积比 1：1)

（2）硅酸镁净化小柱。浓缩后的提取液颜色较浅时，可采用硅酸镁净化小柱净化。操作步骤如下：

将硅酸镁净化小柱固定在固相萃取装置上，用 4 mL 正己烷淋洗净化小柱，再加入 5 mL 正己烷，待柱充满后关闭流速控制阀浸润 5 min，缓慢打开控制阀，此时在层析柱上端加入约 2 g 铜粉用于脱除提取液中的硫。继续加入 5 mL 正己烷，在铜粉暴露于空气之前，关闭控制阀，弃去流出液。将浓缩液转移至小柱中，用 2 mL 正己烷分次洗涤浓缩器皿，洗液全部转入小柱中(若须脱硫，应将此溶液浸没在铜粉中约 5 min)。缓慢打开控制阀，在铜粉暴露于空气之前关闭控制阀。

不需要分离样品中多氯联苯和有机氯农药时，打开控制阀，用 9 mL 正己烷-丙酮混合溶剂 Ⅱ 洗脱，缓慢打开控制阀，使洗脱液浸没填料层，关闭控制阀约 1 min，再打开收集全部洗脱液，待再次浓缩加入内标后测定。

（3）凝胶色谱净化。

①凝胶渗透色谱柱的校准。按照仪器说明书对凝胶渗透色谱柱进行校准，凝胶渗透色谱校准溶液得到的色谱峰应满足以下条件：所有峰形均匀对称；玉米油和邻苯二甲酸二(2-二乙基己基)酯的色谱峰之间分辨率大于 85％；邻苯二甲酸二(2-二乙基己基)酯和甲氧滴滴涕的色谱峰之间分辨率大于 85％；甲氧滴滴涕和芘的色谱峰之间分辨率大于 85％；芘和硫的色谱峰不能重叠，基线分离大于 90％。

②确定收集时间。有机氯农药的初步收集时间限定在玉米油出峰后至硫出峰前，芘洗脱出以后，立即停止收集。然后用有机氯农药标准中间液进样形成标准物谱图，根据标准物谱图确定起始和停止收集时间，并测定其回收率，当目标物回收率均大于 90％时，即可按此收集时间和仪器条件净化样品，否则需继续调整收集时间和其他条件。

③提取液净化。用凝胶渗透色谱流动相将浓缩液定容至凝胶渗透色谱仪定量环需要的体积,按照确定后的收集时间自动净化、收集流出液,再次浓缩。

5.浓缩定容和加内标

净化后的试液再次按照氮吹浓缩或旋转蒸发浓缩的步骤进行浓缩,加入适量内标中间液,并定容至 1.0 mL,混匀后转移至 2 mL 样品瓶中,待测。

6.空白试样的制备

用石英砂代替实际样品,按照与试样的制备相同步骤制备空白试样。

[分析步骤]

1.仪器参考条件

(1)气相色谱参考条件。进样口温度:250 ℃,不分流;进样量:1.0 μL,柱流量:1.0 mL/min(恒流);柱温:120 ℃保持 2 min;以 12 ℃/min 速率升至 180 ℃,保持 5 min;再以 7 ℃/min 速率升至 240 ℃,保持 1 min;再以 1 ℃/min 速率升至 250 ℃,保持 2 min;后程序升温至 280 ℃保持 2 min。

(2)质谱分析参考条件。电子轰击源:EI;离子源温度:230 ℃;离子化能量:70 eV;接口温度:280 ℃;四级杆温度:150 ℃;质量扫描范围:45～450 amu;溶剂延迟时间:5 min;扫描模式:全扫描(Scan)或选择离子模式(SIM)模式。

2.校准

(1)质谱性能检查。每次分析前,应进行质谱自动调谐,再将气相色谱和质谱仪设定至分析方法要求的仪器条件,并处于待机状态,通过气相色谱进样口直接注入 1 μL 十氟三苯基膦(DFTPP)溶液,得到十氟三苯基膦质谱图,其质量碎片的离子丰度应全部符合表 8-5 中的要求。否则须清洗质谱仪离子源。

表 8-5　DFTPP 关键离子及离子丰度评价表

质量离子 /(m/z)	丰度评价	质量离子 /(m/z)	丰度评价
51	强度为 198 碎片的 30%～60%	199	强度为 198 碎片的 5%～9%
68	强度小于 69 碎片的 2%	275	强度为 198 碎片的 10%～30%
70	强度小于 69 碎片的 2%	365	强度大于 198 碎片的 1%
127	强度为 198 碎片的 40%～60%	441	存在但不超过 443 碎片的强度
197	强度小于 198 碎片的 1%	442	强度大于 198 碎片的 40%
198	基峰,相对强度 100%	443	强度为 442 碎片的 17%～23%

(2)校准曲线的绘制。取 5 个 5 mL 容量瓶,预先加入 2 mL 正己烷-丙酮混合溶剂 I,分别量取适量的有机氯农药标准中间液、替代物中间液和内标中间液,用正己烷-丙酮混合溶剂 I 定容后混匀,配制成至少 5 个浓度点的标准系列,有机氯农药和替代物的质量浓度均分别为 1.00 μg/mL、5.00 μg/mL、10.0 μg/mL、20.0 μg/mL、50.0 μg/mL,添加的内标质量浓度均为 40.0 μg/mL。也可根据仪器灵敏度或样品中目标物浓度配制成其他气相色谱-质谱仪适合浓

度水平的标准系列。

按照仪器参考条件,从低浓度到高浓度依次进样分析。以目标化合物浓度为横坐标,以目标化合物与内标化合物定量离子响应值的比值和内标化合物质量浓度的乘积为纵坐标,绘制校准曲线。

(3)标准样品的气相色谱-质谱图。在本标准推荐的仪器参考条件下,目标物的总离子流谱图见图 8-2。

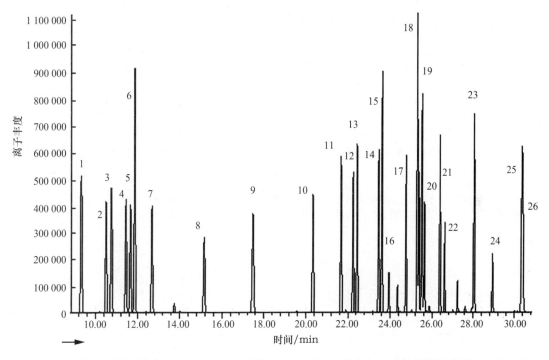

1.2,4,5,6-四氯间二甲苯(替代物);2.α-六六六;3.六氯苯;4.β-六六六;5.γ-六六六;6.五氯硝基苯(内标);7.δ-六六六;
8.七氯;9.艾氏剂;10.环氧化七氯;11.α-氯丹;12.α-硫丹;13.γ-氯丹;14.狄氏剂;15.p,p'-DDE;16.异狄氏剂;17.β-硫丹;
18.p,p'-DDD;19.o,p'-DDT;20.异狄氏剂醛;21.硫丹硫酸酯;22.p,p'-DDT;23.异狄氏剂酮;24.甲氧滴滴涕;25.灭蚁灵;
26.氯菌酸二丁酯(替代物)。

图 8-2　23 种有机氯农药标准样品的总离子流图

3.试样的测定

取待测试样,按照与绘制标准曲线相同的分析步骤进行测定。

4.空白试样的测定

取空白试样,按照与绘制标准曲线相同的分析步骤进行测定。

[结果计算与表示]

1.定性分析

通过样品中目标物与标准系列中目标物的保留时间、质谱图、碎片离子质荷比及其丰度等信息比较,对目标物进行定性。应多次分析标准溶液得到目标物的保留时间均值,以平均保留时间±3 倍的标准偏差为保留时间窗口,样品中目标物的保留时间应在其范围内。

目标物标准质谱图中相对丰度高于30%的所有离子应在样品质谱图中存在,样品质谱图和标准质谱图中上述特征离子的相对丰度偏差要在±30%之内。一些特殊的离子如分子离子峰,即使其相对丰度低于30%,也应该作为判别化合物的依据。如果实际样品存在明显的背景干扰,应扣除背景影响。

2.定量分析

在对目标物定性判断的基础上,根据定量离子的峰面积,采用内标法进行定量。当样品中目标化合物的定量离子有干扰时,可使用辅助离子定量。定量离子、辅助离子参见附录8-3。

3.计算结果

标准系列第 i 点中目标化合物的相对响应因子(RRF$_i$)按照式(1)计算。

$$\mathrm{RRF}_i = \frac{A_i}{A_{\mathrm{IS}i}} \times \frac{\rho_{\mathrm{IS}i}}{\rho_i} \tag{1}$$

式中:RRF$_i$ 为标准系列中第 i 点目标化合物的相对响应因子;A_i 为标准系列中第 i 点目标化合物定量离子的响应值;$A_{\mathrm{IS}i}$ 为标准系列中第 i 点与目标化合物相对应内标定量离子的响应值;$\rho_{\mathrm{IS}i}$ 为标准系列中内标物的质量浓度,μg/mL;ρ_i 为标准系列中第 i 点目标化合物的质量浓度,μg/mL。

校准曲线中目标化合物的平均相对响应因子$\overline{\mathrm{RRF}}$按照式(2)计算。

$$\overline{\mathrm{RRF}} = \frac{\sum_{i=1}^{n} \mathrm{RRF}_i}{n} \tag{2}$$

式中:$\overline{\mathrm{RRF}}$ 为校准曲线中目标化合物的平均相对响应因子;RRF$_i$ 为标准系列中第 i 点目标化合物的相对响应因子;n 为标准系列点数。

土壤样品中的目标化合物含量 ω(mg/kg)按照式(3)进行计算。

$$\omega = \frac{A_x \times \rho_{\mathrm{IS}} \times V_x}{A_{\mathrm{IS}} \times \overline{\mathrm{RRF}} \times m \times W_{\mathrm{dm}}} \tag{3}$$

式中:ω 为样品中的目标物含量,mg/kg;A_x 为试样中目标化合物定量离子的峰面积;A_{IS} 为试样中内标化合物定量离子的峰面积;ρ_{IS} 为试样中内标的浓度,μg/mL;$\overline{\mathrm{RRF}}$ 为校准曲线中目标化合物的平均相对响应因子;V_x 为试样的定容体积,mL;m 为样品的称取量,g;W_{dm} 为样品干物质含量,%。

[注意事项]

(1)本标准适用于土壤和沉积物中23种有机氯农药的测定,目标物包括:α-六六六、六氯苯、β-六六六、γ-六六六、δ-六六六、七氯、艾氏剂、环氧化七氯、α-氯丹、α-硫丹、γ-氯丹、狄氏剂、p,p′-DDE、异狄氏剂、β-硫丹、p,p′-DDD、硫丹硫酸酯、异狄氏剂醛、o,p′-DDT、异狄氏剂酮、p,p′-DDT、甲氧滴滴涕、灭蚁灵。

(2)当取样量为20.0 g,浓缩后定容体积为1.0 mL时,采用全扫描方式测定,方法检出限为0.02~0.09 mg/kg,测定下限为0.08~0.36 mg/kg。各化合物的方法检出限和测定下限详见本实验后附录8-4。

(3)质量保证与质量控制。

①空白实验。每批样品(不超过 20 个样品)须做一个空白试验,测定结果中目标物浓度不应超过方法检出限。否则,应检查试剂空白、仪器系统以及前处理过程。

②校准曲线。校准曲线中目标化合物相对响应因子的相对标准偏差应小于或等于 20%。否则,说明进样口或色谱柱存在干扰,应进行必要的维护。连续分析时,每 24 h 分析一次校准曲线中间浓度点,其测定结果与实际浓度值相对标准偏差应小于或等于 20%。否则,须重新绘制校准曲线。

③平行样品。每批样品(最多 20 个样品)应分析平行样,平行样测定结果相对偏差应小于 35%。

④基体加标。每批样品(最多 20 个样品)应分析基体加标平行样品。土壤和沉积物加标样品回收率控制范围为 40%~150%。

⑤替代物的回收率。实验室应建立替代物加标回收控制图,按同一批样品(20~30 个样品)进行统计,剔除离群值,计算替代物的平均回收率 p 及相对标准偏差 s,应控制在 $p\pm 3s$ 内。

(4)仪器性能检查。

①用 2 mL 试剂瓶装入未经浓缩的二氯甲烷,按照样品分析的仪器条件做一个空白,TIC 谱图中应没有干扰物。干扰较多或浓度较高的样品分析后也应做一个这样的空白检查,如果出现较多的干扰峰或高温区出现干扰峰或流失过多,应检查污染来源,必要时采取更换衬管、清洗离子源或保养、更换色谱柱等措施。

②进样口惰性检查:DDT 到 DDE 和 DDD 的降解率应不超过 15%。如果 DDT 衰减过多或出现较差的色谱峰,则需要清洗或更换进样口,同时还要截取毛细管前端的 5 cm,重新校准。

DDT 和异狄氏剂降解率的计算式如下:

$$\text{DDT 的降解率} = \frac{(\text{DDE} + \text{DDD}) \text{的检出量(ng)}}{\text{DDT 的检出量(ng)}} \times 100\% \tag{4}$$

$$\text{异狄氏剂降解率} = \frac{(\text{异狄氏醛} + \text{异狄氏酮}) \text{的检出量(ng)}}{\text{异狄氏剂的检出量(ng)}} \times 100\% \tag{5}$$

(5)邻苯二甲酸酯类是有机氯农药检测的重要干扰物,样品制备过程会引入邻苯二甲酸酯类的干扰。应避免接触和使用任何塑料制品,并且检查所有溶剂空白,保证这类污染在检出限以下。

(6)彻底清洗所用的任何玻璃器皿,以消除干扰物质。先用热水加清洁剂清洗,或用铬酸洗液浸泡清洗,再用自来水和不含有机物的试剂水淋洗,在 130 ℃下烘 2~3 h,或用甲醇淋洗后晾干。干燥的玻璃器皿应在干净的环境中保存。

(7)废弃物的处理。试验中所产生的所有废液和其他废弃物(包括检测后的残液)应集中密封存放,并附警示标志,委托有资质单位集中处置。

(8)当测定结果小于 1 mg/kg 时,小数位数的保留与方法检出限一致;当测定结果大于或等于 1 mg/kg 时,结果最多保留 3 位有效数字。

附录 8-3

表 8-6　目标化合物的测定参考参数

编号	名称	CAS	定量离子/(m/z)	辅助离子/(m/z)
1	四氯间二甲苯(替代物)	877-09-8	207	201、244、242
2	α-六六六	319-84-6	183	181、109
3	六氯苯	118-74-1	284	286、282
4	β-六六六	319-85-7	181	183、109
5	γ-六六六	58-89-9	183	181、109
6	五氯硝基苯(内标)	82-68-8	237	249、214、142
7	δ-六六六	319-86-8	183	181、109
8	七氯	76-44-8	100	272、274
9	艾氏剂	309-00-2	66	263、220
10	环氧化七氯	1024-57-3	353	355、351
11	α-氯丹	5103-71-9	373	375、377
12	α-硫丹	959-98-8	195	339、341
13	γ-氯丹	5103-74-2	375	237、272
14	狄氏剂	60-57-1	79	263、279
15	p,p'-DDE	72-55-9	246	248、176
16	异狄氏剂	72-20-8	263	82、81
17	β-硫丹	33213-65-9	337	339、341
18	p,p'-DDD	72-54-8	235	237、165
19	菲-d$_{10}$	—	188	189、160、94
20	o,p'-DDT	789-02-6	235	237、165
21	异狄氏剂醛	7421-93-4	67	345、250
22	硫丹硫酸酯	1031-07-8	272	387、422
23	p,p'-DDT	50-29-3	235	237、165
24	异狄氏剂酮	53494-70-5	67	317、147
25	甲氧滴滴涕	72-43-5	227	228、152、274
26	灭蚁灵	2385-85-5	272	274、270
27	氯茵酸二丁酯(替代物)	1770-80-5	57	99、388

注:按出峰顺序给出了目标化合物、内标、替代物的化学文摘登记号 CAS、定量离子和辅助离子。

附录 8-4

表 8-7　方法检出限和测定下限　　　　　　　　　　　　　　　　　mg/kg

序号	化合物	全扫描	
		检出限	测定下限
1	α-六六六	0.07	0.28
2	六氯苯	0.03	0.12
3	β-六六六	0.06	0.24
4	γ-六六六	0.06	0.24
5	δ-六六六	0.10	0.40
6	七氯	0.04	0.16
7	艾氏剂	0.04	0.16
8	环氧化七氯	0.09	0.36
9	α-氯丹	0.02	0.08
10	α-硫丹	0.06	0.24
11	γ-氯丹	0.02	0.08
12	狄氏剂	0.02	0.08
13	p,p′-DDE	0.04	0.16
14	异狄氏剂	0.06	0.24
15	β-硫丹	0.09	0.36
16	p,p′-DDD	0.08	0.32
17	硫丹硫酸酯	0.07	0.28
18	异狄氏剂醛	0.08	0.32
19	o,p′-DDT	0.08	0.32
20	异狄氏剂酮	0.05	0.20
21	p,p′-DDT	0.09	0.36
22	甲氧滴滴涕	0.08	0.32
23	灭蚁灵	0.06	0.24

注：给出了目标化合物的出峰顺序、方法检出限和测定下限。试验采用 20 g 空白样品，加压流体萃取、旋转蒸发、氮吹浓缩、凝胶渗透色谱等前处理方法。

实验 8.3　土壤多氯联苯类(PCBs)化合物的提取与测定

多氯联苯(polychlorinated biphenyls，PCBs)是联苯(Biphenyl，BP)中的氢原子被氯原子不同程度取代而形成的一类人工合成有机物，共有 209 种同系物，分子通式为 $C_{12}H_{10-n}Cl_n$ $(1 \leqslant n \leqslant 10)$，$n$ 具有较好的热稳定性、高绝缘性及阻燃性，曾在 20 世纪 30—70 年代被广泛应用于工业生产的各个领域，如作为变压器、电容器、蓄电池的介电流体，同时也可作为阻燃剂、润滑剂、增塑剂等。

多氯联苯是典型的持久性有机污染物(persistent organic pollutants，POPs)，低剂量的长期暴露即可表现出高毒性，且具有持久性、生物蓄积性、长距离迁移性。多氯联苯虽已停产多年，但由于多氯联苯的化学稳定性及难生物降解性，在自然环境中仍大量存在。环境中残留的多氯联苯仍会对生态系统及人类健康造成极大危害。多氯联苯具有极强的疏水性，且易被有机质吸附，土壤和沉积物被认为是多氯联苯最大的贮存库。研究发现，环境中的多氯联苯经迁移转化后，约有 93.1% 贮存于土壤。因此，分析测定土壤中多氯联苯的含量水平和污染程度具有重要意义。

本实验介绍气相色谱-质谱法测定土壤中 PCBs 的提取及仪器检测的方法原理和步骤，主要参考 HJ 743—2016 标准方法。

[实验原理]

采用合适的萃取方法(微波萃取、超声波萃取等)提取土壤或沉积物中的多氯联苯，根据样品基体干扰情况选择合适的净化方法(浓硫酸磺化、铜粉脱硫、弗罗里硅土柱、硅胶柱等凝胶渗透净化小柱)，对提取液净化、浓缩、定容后，用气相色谱-质谱仪分离、检测，内标法定量。

[试剂与材料]

除非另有说明，分析时均使用符合国家标准的分析纯试剂和实验用水。

(1)甲苯(C_7H_8，色谱纯)。

(2)正己烷(C_6H_{14}，色谱纯)。

(3)丙酮(CH_3COCH_3，色谱纯)。

(4)无水硫酸钠(Na_2SO_4，优级纯)。在马弗炉中 450 ℃烘烤 4 h 后冷却，置于干燥器内玻璃瓶中备用。

(5)碳酸钾(K_2CO_3，优级纯)。

(6)硝酸，$\rho(HNO_3) = 1.42$ g/mL。

(7)硝酸溶液:用硝酸和蒸馏水按 1:9 体积比混合。

(8)硫酸，$\rho(H_2SO_4) = 1.84$ g/mL。

(9)正己烷-丙酮混合溶剂Ⅰ:用正己烷和丙酮按 1:1 的体积比混合。

(10)正己烷-丙酮混合溶剂Ⅱ:用正己烷和丙酮按 9:1 的体积比混合。

（11）碳酸钾溶液，$\rho=0.1$ g/mL。称取 1.0 g 碳酸钾溶于水中，定容至 10.0 mL。

（12）铜粉（Cu），99.5%。使用前用硝酸溶液去除铜粉表面的氧化物，用蒸馏水洗去残留酸，再用丙酮清洗，并在氮气流下干燥铜粉，使铜粉具光亮的表面。临用前处理。

（13）多氯联苯标准贮备液，$\rho=10\sim100$ mg/L。用正己烷稀释纯标准物质制备，该标准溶液在 4 ℃下避光密闭冷藏，可保存半年。也可直接购买有证标准溶液（多氯联苯混合标准溶液或单个组分多氯联苯标准溶液），保存时间参见标准溶液证书的相关说明。

（14）多氯联苯标准使用液，$\rho=1.0$ mg/L（参考浓度）。用正己烷稀释多氯联苯标准贮备液。

（15）内标贮备液，$\rho=1\,000\sim5\,000$ mg/L。选择 2,2',4,4'5,5'-六溴联苯或邻硝基溴苯作为内标；当十氯联苯为非待测化合物时，也可选用十氯联苯作为内标。也可直接购买有证标准溶液。

（16）内标使用液，$\rho=10$ mg/L（参考浓度）。用正己烷稀释内标贮备液。

（17）替代物贮备液，$\rho=1\,000\sim5\,000$ mg/L。选择 2,2',4,4'5,5'-六溴联苯或四氯间二甲苯作为替代物，当十氯联苯为非待测化合物时，也可选用十氯联苯作为替代物。也可直接购买有证标准溶液。

（18）替代物使用液，$\rho=5.0$ mg/L（参考浓度）。用丙酮稀释替代物贮备液。

（19）十氟三苯基磷（DFTPP）溶液，$\rho=1\,000$ mg/L，溶剂为甲醇。

（20）十氟三苯基磷使用液，$\rho=50.0$ mg/L。移取（19）中的 500 μL 十氟三苯基磷（DFTPP）溶液至 10 mL 容量瓶中，用正己烷定容至标线，混匀。

（21）弗罗里硅土柱：1 000 mg，6 mL。

（22）硅胶柱：1 000 mg，6 mL。

（23）石墨碳柱：1 000 mg，6 mL。

（24）石英砂：20～50 目。在马弗炉中 450 ℃烘烤 4 h 后冷却，置于玻璃瓶中干燥器内保存。

（25）硅藻土：100～400 目。在马弗炉中 450 ℃烘烤 4 h 后冷却，置于玻璃瓶中干燥器内保存。

［仪器与设备］

（1）气相色谱-质谱仪：具毛细管分流/不分流进样口，具有恒流或恒压功能；柱温箱可程序升温；具 EI 源。

（2）色谱柱：石英毛细管柱，长 30 m，内径 0.25 mm，膜厚 0.25 μm，固定相为 5%苯基-甲基聚硅氧烷，或等效的色谱柱。

（3）提取装置：微波萃取装置、索氏提取装置、探头式超声提取装置或具有相当功能的设备。需在临用前及使用中进行空白试验，所有接口处严禁使用油脂润滑剂。

（4）浓缩装置：氮吹浓缩仪、旋转蒸发仪、K-D 浓缩仪或具有相当功能的设备。

（5）采样瓶：广口棕色玻璃瓶或聚四氟乙烯衬垫螺口玻璃瓶。

（6）一般实验室常用仪器和设备。

[样品采集和制备]

1.样品的采集

按照 HJ/T 166—2004 的相关要求进行样品的采集和保存。样品保存在事先清洗洁净的棕色广口瓶或聚四氟乙烯衬垫螺口玻璃瓶中,运输过程中应密封、避光、4 ℃以下冷藏。若不能及时分析,应于 4 ℃以下冷藏、避光、密封保存,保存时间为 14 d。样品提取溶液 4 ℃以下避光冷藏,保存时间为 40 d。

2.样品的制备

将样品放在搪瓷盘或不锈钢盘上,混匀,除去枝棒、叶片、石子等异物。称取约 10 g(精确到 0.01 g)样品双份,一份按照 HJ 613—2011 测定土壤样品干物质含量,另一份加入适量无水硫酸钠,研磨均化成流沙状,如使用加压流体萃取,则用硅藻土脱水。

[试样制备]

1.提取

采用微波萃取或超声萃取,也可采用索氏提取、加压流体萃取。如需用替代物指示试样全程回收效率,则可在称取好待萃取的试样中加入一定量的替代物使用液,使替代物浓度在标准曲线中间浓度点附近。

(1)微波萃取。称取制备好的土壤样品 10.0 g(可根据试样中待测化合物浓度适当增加或减少取样量)于萃取罐中,加入 30 mL 正己烷-丙酮混合溶剂Ⅰ。萃取温度为 110 ℃,微波萃取时间 10 min,收集提取溶液。

(2)超声波萃取。称取制备好的土壤样品 5.0～15.0 g(可根据试样中待测化合物浓度适当增加或减少取样量),置于玻璃烧杯中,加入 30 mL 正己烷-丙酮混合溶剂Ⅰ,用探头式超声波萃取仪,连续超声萃取 5 min,收集萃取溶液。上述萃取过程重复 3 次,合并提取溶液。

(3)索氏提取。用纸质套筒称取制备好的土壤样品约 10.0 g(可根据试样中待测化合物浓度适当增加或减少取样量),加入 100 mL 正己烷-丙酮混合溶剂Ⅰ,提取 16～18 h,回流速度约 10 次/h。收集提取溶液。

(4)加压流体萃取。称取制备好的土壤样品 5.0～15.0 g(可根据试样中待测化合物浓度适当增加或减少取样量),根据试样量选择体积合适的萃取池,装入试样,以正己烷-丙酮混合溶剂Ⅰ为提取溶液,按以下参考条件进行萃取:萃取温度 100 ℃,萃取压力 1 500 psi,静态萃取时间 5 min,淋洗为 60%池体积,氮气吹扫时间 60 s,萃取循环次数 2 次。收集提取溶液。

2.过滤和脱水

如萃取液未能完全和固体样品分离,可采取离心后倾出上清液或过滤等方式分离。如萃取液存在明显水分,需进行脱水。在玻璃漏斗上垫一层玻璃棉或玻璃纤维滤膜,铺加约 5 g 无水硫酸钠,将萃取液经上述漏斗直接过滤到浓缩器皿中,用 5～10 mL 正己烷-丙酮混合溶剂Ⅰ充分洗涤萃取容器,将洗涤液也经漏斗过滤到浓缩器皿中。最后再用少许上述混合溶剂冲洗无水硫酸钠。

3.浓缩和更换溶剂

采用氮吹浓缩法,也可采用旋转蒸发浓缩、K-D 浓缩等其他浓缩方法。氮吹浓缩仪设置温度 30 ℃,小流量氮气将提取液浓缩到所需体积。如需更换溶剂体系,则将提取液浓缩至 1.5～2.0 mL,用 5～10 mL 溶剂洗涤浓缩器管壁,再用小流量氮气浓缩至所需体积。

4.净化

如提取液颜色较深,可首先采用浓硫酸净化,可去除大部分有机化合物包括部分有机氯农药。样品提取液中存在杀虫剂及多氯碳氢化合物干扰时,可采用氟罗里硅土柱或硅胶柱净化;存在明显色素干扰时,可用石墨碳柱净化。沉积物样品含有大量元素硫的干扰时,可采用活化铜粉去除。

(1)浓硫酸净化。浓硫酸净化前,须将萃取液的溶剂更换为正己烷。按步骤 3,将萃取液的溶剂更换为正己烷,并浓缩至 10～50 mL。将上述溶液置于 150 mL 分液漏斗中,加入约 1/10 萃取液体积的硫酸,振摇 1 min,静置分层,弃去硫酸层。按上述步骤重复数次,至两相层界面清晰并均呈无色透明为止。

在上述正己烷萃取液中加入相当于其一半体积的碳酸钾溶液,振摇后,静置分层,弃去水相。可重复上述步骤 2～4 次直至水相呈中性,再按步骤 2 对正己烷萃取液进行脱水(注:在浓硫酸净化过程中,须防止发热爆炸,加浓硫酸后先慢慢振摇,不断放气,再稍剧烈振摇)。

(2)脱硫。将萃取液体积预浓缩至 10～50 mL。若浓缩时产生硫结晶,可用离心方式使晶体沉降在玻璃容器底部,再用滴管小心转移出全部溶液。在上述萃取浓缩液中加入大约 2 g 活化后的铜粉,振荡混合至少 1～2 min,将溶液吸出使其与铜粉分离,转移至干净的玻璃容器内,待进一步净化或浓缩。

(3)弗罗里柱净化。弗罗里柱用约 8 mL 正己烷洗涤,保持柱吸附剂表面浸润。萃取液按照步骤 3 预浓缩至 1.5～2 mL,用吸管将其转移到弗罗里柱上停留 1 min 后,让溶液流出小柱并弃去,保持柱吸附剂表面浸润。加入约 2 mL 正己烷-丙酮混合溶剂 Ⅱ 并停留 1 min,用 10 mL 小型浓缩管接收洗脱液,继续用正己烷/丙酮溶液 Ⅱ 洗涤小柱,至接收的洗脱液体积到 10 mL 为止。

(4)硅胶柱净化。用约 10 mL 正己烷洗涤硅胶柱。萃取液浓缩并替换至正己烷,用硅胶柱对其进行净化,具体步骤参见弗罗里柱净化方法。

(5)石墨碳柱净化。用约 10 mL 正己烷洗涤石墨碳柱。萃取液浓缩并替换至正己烷,分析多氯联苯时,用甲苯溶剂为洗脱溶液,具体洗脱步骤参见弗罗里柱净化方法。收集甲苯洗脱液体积为 12 mL;分析除 PCB81、PCB77、PCB126 和 PCB169 以外的多氯联苯时,也可采用正己烷-丙酮混合溶液 Ⅱ 为洗脱溶液,具体步骤参照弗罗里柱净化方法。收集的洗脱液体积为 12 mL(注:每批次新购买的弗罗里硅土柱、硅胶柱、石墨碳柱等净化柱,均需做空白检验确定其不含影响测定的杂质干扰时,方可使用)。

5.浓缩定容和加内标

净化后的洗脱液按步骤 3 浓缩并定容至 1.0 mL。取 20 μL 内标使用液,加入浓缩定容后的试样中,混匀后转移至 2 mL 样品瓶中,待分析。

6.空白试样制备

用石英砂代替实际样品,按与试样的预处理相同步骤制备空白试样。

[分析步骤]

1.仪器参考条件

(1)气相色谱条件。进样口温度:270 ℃,不分流进样;柱流量:1.0 mL/min;柱箱温度:40 ℃,以 20 ℃/min 升温至 280 ℃,保持 5 min;进样量:1.0 μL。

(2)质谱分析条件。四极杆温度:150 ℃;离子源温度:230 ℃;传输线温度:280 ℃;扫描模式:选择离子扫描(SIM),多氯联苯的主要选择离子参见附录 8-5;溶剂延迟时间:5 min。

2.校准

(1)仪器性能检查。样品分析前,用 1 μL 十氟三苯基膦(DFTPP)溶液对气相色谱-质谱系统进行仪器性能检查,所得质量离子的丰度应满足表 8-8 的要求。

表 8-8   DFTPP 关键离子及离子丰度评价表

质量离子 /(m/z)	丰度评价	质量离子 /(m/z)	丰度评价
51	强度为 198 碎片的 30%～60%	199	强度为 198 碎片的 5%～9%
68	强度小于 69 碎片的 2%	275	强度为 198 碎片的 10%～30%
70	强度小于 69 碎片的 2%	365	强度大于 198 碎片的 1%
127	强度为 198 碎片的 40%～60%	441	存在但不超过 443 碎片的强度
197	强度小于 198 碎片的 1%	442	强度大于 198 碎片的 40%
198	基峰,相对强度 100%	443	强度为 442 碎片的 17%～23%

(2)标准曲线的配制。用多氯联苯标准使用液配制标准系列,如样品分析时采用了替代物指示全程回收效率则同步加入替代物标准使用液,多氯联苯目标化合物及替代物标准系列浓度为:10.0 μg/L、20.0 μg/L、50.0 μg/L、100 μg/L、200 μg/L、500 μg/L;分别加入内标使用液,使其浓度均为 200 μg/L。

(3)标准曲线的测定。按照仪器参考条件进行分析,得到不同浓度各目标化合物的质谱图,记录各目标化合物的保留时间和定量离子质谱峰的峰面积(或峰高)。

3.样品的测定

取待测试样,按照与绘制标准曲线相同的分析步骤进行测定。

4.空白试样的测定

取空白试样,按照与绘制标准曲线相同的分析步骤进行测定。

[结果计算与表示]

1.定性分析

以样品中目标物的保留时间(RRT)、辅助定性离子和目标离子峰面积比(Q)与标准样品比较来定性。多氯联苯化合物的特征离子,见附录 8-5。

样品中目标化合物的保留时间与期望保留时间(即标准样品中的平均相对保留时间)的相

对标准偏差应控制在±3％ 以内；样品中目标化合物的辅助定性离子和目标离子峰面积比与期望 Q 值(即标准曲线中间点辅助定性离子和目标离子的峰面积比)的相对偏差应控制在±30％。

多氯联苯化合物标准物质的选择离子扫描总离子流图,见图 8-3。

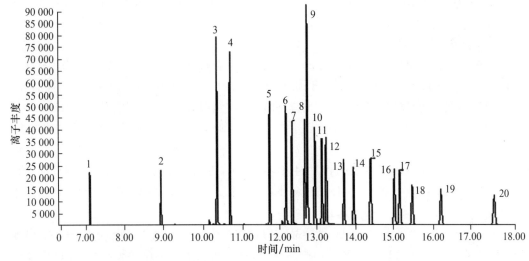

1.邻硝基溴苯(内标)；2.四溴间二甲苯(替代物)；3.2,4,4'-三氯联苯；4.2,2',5,5'-四氯联苯；5.2,2',4,5,5'-五氯联苯；6.3,4,4',5-四氯联苯；7.3,3',4,4'-四氯联苯；8.2',3,4,4',5-五氯联苯；9.2,3',4,4',5-五氯联苯；10.2,3,4,4',5-五氯联苯；11.2,2',4,4',5,5'六氯联苯；12.2,3,3',4,4'-五氯联苯；13.2,2',3,4,4',5'-六氯联苯；14.3,3',4,4',5-五氯联苯；15.2,3',4,4',5,5'-六氯联苯；16.2,3,3',4,4',5-六氯联苯；17.2,3,3',4,4',5'-六氯联苯；18.2,2',3,4,4',5,5'七氯联苯；19.3,3',4,4',5,5'-六氯联苯；20.2,3,3',4,4',5,5'-七氯联苯。

图 8-3　多氯联苯选择离子扫描总离子流图

2.定量分析

以选择离子扫描方式采集数据,内标法定量。

3.计算结果

平均响应因子(RF)按照式(1)计算。

$$RF = \frac{A_x}{A_{IS}} \times \frac{\rho_{IS}}{\rho_x} \tag{1}$$

式中:A_x 表示目标化合物定量离子峰面积；A_{IS} 表示内标化合物特征离子峰面积；ρ_{IS} 表示内标化合物的质量浓度,mg/L；ρ_x 表示目标化合物的质量浓度,mg/L。

土壤样品中的目标化合物含量 ω_1(μg/kg)按照式(2)进行计算。

$$\omega_1 = \frac{A_x \times \rho_{IS} \times V_x}{A_{IS} \times \overline{RF} \times m \times W_{dm}} \times 1\,000 \tag{2}$$

式中:ω_1 为样品中的目标物含量,μg/kg；A_x 为试样中目标化合物定量离子的峰面积；A_{IS} 为试样中内标化合物定量离子的峰面积；ρ_{IS} 为试样中内标的质量浓度,mg/L；$\overline{RF}$ 为校准曲线的平均相对响应因子；V_x 为样品提取液的定容体积,mL；m 为称取样品的质量,g；W_{dm} 为样品的干物质含量,％。

[注意事项]

(1)本标准适用于土壤和沉积物中 7 种指示性多氯联苯和 12 种共平面多氯联苯的测定。其他多氯联苯如果通过验证也可用本方法测定。

(2)当取样量为 10.0 g、采用选择的离子扫描模式时,多氯联苯的方法检出限为 0.4～0.6 μg/kg,测定下限为 1.6～2.4 μg/kg,详见附录 8-6。

(3)质量保证与质量控制。

①空白实验。每批次样品(不超过 20 个样品)至少应做一个实验室空白,空白中目标化合物浓度均应低于方法检出限,否则应查找原因,至实验室空白检验合格后,才能继续进行样品分析。

②校准曲线。每批样品应绘制校准曲线。内标法定量时,内标峰面积应不低于标准曲线内标峰面积的±50%,各目标化合物平均响应因子的相对标准偏差≤15%,否则应重新绘制校准曲线。

每 20 个样品或每批次(少于 20 个样品/批)应分析一个曲线中间浓度点标准溶液,其测定结果与初始曲线在该点测定浓度的相对偏差应≤20%,否则应查找原因,重新绘制校准曲线。

③平行样品的测定。每 20 个样品或每批次(少于 20 个样品/批)分析一个平行样,单次平行样品测定结果相对偏差一般不超过 30%。

④空白加标样品的测定。每 20 个样品或每批次(少于 20 个样品/批)分析一个空白加标样品,回收率应在60%～130%,否则应查明原因,直至回收率满足质控要求后,才能继续进行样品分析。

⑤样品加标的测定。每 20 个样品或每批次(少于 20 个样品/批)分析一个加标样品,土壤样品加标回收率应在60%～130%,沉积物加标样品的回收率应在55%～135%。

⑥替代物的回收率。如需采取加入替代物指示全程样品回收效率,可抽取同批次 25～30 个样品的替代物加标回收率,计算其平均加标回收率 p 及相对标准偏差 s,则替代物的回收率须控制在 $p\pm3s$ 内。

(4)试验中产生的所有废液和废物(包括检测后的残液)应置于密闭容器中保存,委托有资质的单位处理。

(5)当测定结果小于 100 μg/kg 时,结果保留小数点后一位;当测定结果大于或等于 100 μg/kg时,结果保留 3 位有效数字。

附录 8-5

表 8-9 目标物的测定参考参数

序号	目标物中文名称	CAS No.	特征离子/(m/z)
1	2,4,4'-三氯联苯 *	7012-37-5	256/258/186/188
2	2,2',5,5'-四氯联苯 *	35693-99-3	292/290/222/220
3	2,2',4,5,5'-五氯联苯 *	37680-73-2	326/328/254/256
4	3,4,4',5-四氯联苯	70362-50-4	292/290/220/222
5	3,3',4,4'-四氯联苯	32598-13-3	292/290/220/222
6	2',3,4,4',5-五氯联苯	65510-44-3	326/328/254/256
7	2,3',4,4',5-五氯联苯 * *	31508-00-6	326/328/254/256

续表8-9

序号	目标物中文名称	CAS No.	特征离子/（m/z）
8	2,3,4,4',5-五氯联苯	74472-37-0	326/328/254/256
9	2,2',4,4',5,5'-六氯联苯＊	35065-27-1	360/362/290/288
10	2,3,3',4,4'-五氯联苯	32598-14-4	326/328/254/256
11	2,2',3,4,4',5'-六氯联苯＊	35065-28-2	360/362/290/288
12	3,3',4,4',5-五氯联苯	57465-28-8	326/328/254/256
13	2,3',4,4',5,5'-六氯联苯	52663-72-6	360/362/290/288
14	2,3,3',4,4',5-六氯联苯	38380-08-4	360/362/290/288
15	2,3,3',4,4',5'-六氯联苯	69782-90-7	360/362/290/288
16	2,2',3,4,4',5,5'-七氯联苯＊	35065-29-3	394/396/324/326
17	3,3',4,4',5,5'-六氯联苯	32774-16-6	360/362/290/288
18	2,3,3',4,4',5,5'-七氯联苯	39635-31-9	394/396/326/324

注:"＊"为指示性多氯联苯;未标识为共平面多氯联苯;"＊＊"既为指示性多氯联苯,又为共平面多氯联苯。

附录 8-6

表 8-10　方法检出限和测定下限　　　　　　　　　　　　　　　g/kg

序号	目标物中文名称	目标物简称	检出限	测定下限
1	2,4,4'-三氯联苯＊	PCB 28	0.4	1.6
2	2,2',5,5'-四氯联苯＊	PCB 52	0.4	1.6
3	2,2',4,5,5'-五氯联苯＊	PCB 101	0.6	2.4
4	3,4,4',5-四氯联苯	PCB81	0.5	2.0
5	3,3',4,4'-四氯联苯	PCB 77	0.5	2.0
6	2',3,4,4',5-五氯联苯	PCB 123	0.5	2.0
7	2,3',4,4',5-五氯联苯＊＊	PCB 118	0.6	2.4
8	2,3,4,4',5-五氯联苯	PCB 114	0.5	2.0
9	2,2',4,4',5,5'-六氯联苯＊	PCB 153	0.6	2.4
10	2,3,3',4,4'-五氯联苯	PCB 105	0.4	1.6
11	2,2',3,4,4',5'-六氯联苯＊	PCB 138	0.4	1.6
12	3,3',4,4',5-五氯联苯	PCB 126	0.5	2.0
13	2,3',4,4',5,5'-六氯联苯	PCB 167	0.4	1.6
14	2,3,3',4,4',5'-六氯联苯	PCB 156	0.4	1.6
15	2,3,3',4,4',5'-六氯联苯	PCB 157	0.4	1.6
16	2,2',3,4,4',5,5'-七氯联苯＊	PCB 180	0.6	2.4
17	3,3',4,4',5,5'-六氯联苯	PCB 169	0.5	2.0
18	2,3,3',4,4',5,5'-七氯联苯	PCB 189	0.4	1.6

注:"＊"为指示性多氯联苯;未标识为共平面多氯联苯;"＊＊"既为指示性多氯联苯,又为共平面多氯联苯。

土壤邻苯二甲酸酯类(PAEs)化合物的提取与测定

邻苯二甲酸酯(phthalic acid esers,PAEs),俗称酞酸酯,是邻苯二甲酸的重要衍生物,可用作塑料的增塑剂,增大产品的可塑性和提高产品的强度,它在塑料中的添加量高达 20%~60%。由于邻苯二甲酸酯并未共价聚合到聚烯烃类塑料高分子碳链上,而是彼此保持各自相对独立的化学性质,因此,随着时间的推移,邻苯二甲酸酯可由塑料中释放进入环境中,在环境中普遍被检出。

邻苯二甲酸酯是一类疏水性有机污染物,具有较高的辛醇-水分配系数(K_{ow}),容易吸附于沉积物和土壤颗粒物上。土壤中邻苯二甲酸酯不仅影响土壤质量、植物的生长和品质,而且还在作物中具有一定的生物累积效应。因此,农业土壤中的邻苯二甲酸酯既是污染物的"汇",又是污染物的"源",对生态系统和人体健康构成严重威胁。

本实验介绍气相色谱-质谱法测定土壤中邻苯二甲酸酯的原理及步骤,主要参考 ISO 13913—2014 国际标准方法。

[方法原理]

土壤样品经冷冻或硫酸钠干燥,采用乙酸乙酯振荡萃取,经氧化铝净化后用毛细管柱进行气相色谱分离,用质谱法对邻苯二甲酸酯进行鉴定,内标法定量。

[试剂与材料]

除非另有说明,分析时均使用符合国家标准的分析纯化学试剂,且不含邻苯二甲酸酯,必要时需对试剂进行纯化。实验用水为新制备的去离子水或蒸馏水。

(1)乙酸乙酯($C_4H_8O_2$,高纯度),不含邻苯二甲酸酯。

(2)异辛烷(C_8H_{18}),2,2,4-三甲基戊烷。

(3)邻苯二甲酸酯标准贮备液,$\rho=1\,000\sim5\,000$ mg/L。附录 8-7 中列举了一系列邻苯二甲酸酯化合物,可直接购买有证标准溶液,邻苯二甲酸酯混合标准溶液或单个组分邻苯二甲酸酯标准溶液,保存时间参见标准溶液证书的有关说明。也可购买粉末状标准物质,用乙酸乙酯溶液稀释纯标准物质制备。如在 10 mL 容量瓶中加入 10 mg 目标化合物标准物质,用乙酸乙酯溶液定容,获得目标化合物浓度为 1 000 mg/L。溶液装入玻璃瓶中,在 −18 ℃条件下避光保存,3 个月测定一次浓度。

(4)邻苯二甲酸酯标准使用液,$\rho=100$ mg/L。用乙酸乙酯稀释邻苯二甲酸酯标准贮备液。溶液装入玻璃瓶中,在 −18 ℃条件下避光保存,3 个月测定一次浓度。

(5)内标贮备液,$\rho=1\,000\sim5\,000$ mg/L。可采用氘代邻苯二甲酸二丁酯(D_4-$C_{16}H_{22}O_4$,D_4-DBP)、氘代邻苯二甲酸二(2-乙基)己酯(D_4-$C_{24}H_{38}O_4$,D_4-DEHP)或氘代邻苯二甲酸二辛酯(D_4-$C_{24}H_{38}O_4$,D_4-DOP)作为内标物质。直接购买有证标准溶液,保存时间参见标准溶液证书的有关说明。也可以购买粉末状内标物质。称取每一种 D_4 邻苯二甲酸酯内标物 0.1 g,加入装有 5 mL 乙酸乙酯的 10 mL 容量瓶中,然后用乙酸乙酯定容,获得每一种 D_4 邻苯二甲酸酯内标物的最终浓度为 10 000 mg/L。装入玻璃瓶中在－18 ℃条件下保存。

（6）内标使用液，$\rho=50\sim100$ mg/L。用乙酸乙酯稀释内标贮备液。如果稀释位数较大，应采用逐级稀释法。

（7）氧化铝（Al_2O_3）：中性，$50\sim200$ μm，400 ℃烘 4 h。热处理后的氧化铝保存在密封的烧杯或干燥器中，5 d 内使用。

（8）石英砂：400 ℃烘 4 h。

（9）玻璃层析小柱：用于过滤装置，适合于 6 mL，具聚四氟乙烯活塞。

（10）铝箔：能加热到 400 ℃。

（11）氮气（N_2）：干燥后的纯度应在 99.9%以上。

（12）氦气（He）：纯度在 99.999%以上。

［仪器与设备］

（1）天平：量程 $0.001\sim100$ g。

（2）振荡装置，水平振荡。

（3）冷冻干燥仪。

（4）真空抽滤装置。

（5）采样瓶：广口棕色玻璃瓶，容量为 500 mL 和 1 000 mL，或聚四氟乙烯垫螺口玻璃瓶。

（6）样品瓶：2 mL，玻璃材质，带惰性材料塞子，如内含聚四氟乙烯（PTFE）隔膜。

（7）玻璃小柱：用于制作氧化铝柱。

（8）气相色谱-质谱仪。

（9）一般实验室常用仪器与设备。

［样品采集和制备］

1.样品的采集

按照 HJ/T 166—2004 的相关要求进行样品的采集和保存。样品保存在事先清洗洁净的广口棕色玻璃瓶中，运输过程中应密封、避光、4 ℃以下冷藏。若不能及时分析，应于 4 ℃以下冷藏、避光、密封保存，保存时间为 14 d。样品提取溶液 4 ℃以下避光冷藏，保存时间为 40 d。

2.样品的制备

将样品放在搪瓷盘或不锈钢盘上，混匀，除去枝棒、叶片、石子等异物。一般情况下应对新鲜样品进行干燥处理，可采用冷冻干燥法。将一部分均质样品或代表性样品在－18℃下冷冻，然后在约 5 kPa 下冷冻干燥，直到达到恒定质量。然后用玛瑙研钵将样品混匀。

同时，按照 HJ 613—2004 测定土壤样品干物质含量。

［试样的制备］

1.提取

称取 $1\sim10$ g（取决于干物质含量和邻苯二甲酸盐浓度）冷冻干燥后的样品加到 250 mL 的锥形瓶中，并加入 20 mL 含内标使用液的乙酸乙酯。如果土壤样品中邻苯二甲酸酯的含量较高，可以将提取溶剂加倍，用塞子将锥形瓶封口，在振荡装置上提取样品至少 30 min，确保样品和溶剂充分混合。

如果提取液不需要净化,则吸取 1 mL 提取液储存至色谱样品瓶中(注意将加热的铝箔放在瓶子和盖子之间,以避免隔膜中的邻苯二甲酸盐污染),直接用气相色谱-质谱联用进行分析。如果提取液需要净化,则需要吸取 3 mL 的提取液,按以下步骤进行净化。

2.净化

只有当 GC-MS 色谱中的干扰来自基质时才需要进行净化,否则,由于可能会造成额外的污染,应该避免净化。

用氧化铝进行净化,将活性氧化铝装入玻璃小柱;将乙酸乙酯加满小柱,以清洗柱内氧化铝;弃去柱内乙酸乙酯,并用氮吹法干燥 1 min;将提取液转移至小柱,用乙酸乙酯洗脱,收集洗脱液。

3.浓缩与定容

采用氮吹法或旋转蒸发浓缩样品至近干,加入一定量的内标使用液,用乙酸乙酯定容至 1 mL,混合后转移至 2 mL 的样品瓶中,待分析。

4.空白试样的制备

空白试样要以与样品相同的方式处理石英砂。石英砂的质量要与样品中添加的量相同,然后按照样品处理的相同方法进行处理。

[分析步骤]

1.仪器参考条件

(1)气相色谱条件。毛细管柱:填料 5%苯基甲基硅氧烷,长度 30 m,内径 0.25 mm,膜厚 0.25 μm;载气:氦气 5.0,压力 4.5 Pa;进样:不分流;进样口温度:250 ℃;检测器温度:290 ℃;进样量:1.0 μL。

(2)质谱分析条件。离子源温度:230 ℃;离子化模式:EI。

2.校准

(1)标准曲线的配制。用邻苯二甲酸使用液配制标准系列,如样品分析时采用了替代物指示全程回收效率,则同步加入替代物标准使用液,邻苯二甲酸目标化合物及替代物标准系列浓度可设为:0 μg/mL、1 μg/mL、2 μg/mL、5 μg/mL、10 μg/mL、20 μg/mL、50 μg/mL、100 μg/mL。分别加入内标使用液,使其浓度均为 10 μg/mL。

(2)标准曲线的测定。为了清洁进样系统使其不含邻苯二甲酸酯,在测量样品提取物或校准溶液之前,先注入乙酸乙酯至少注入 5 次。然后按照仪器参考条件进行分析,得到不同浓度各目标化合物的质谱图,记录各目标化合物的保留时间和定量离子质谱峰面积(或峰高)。在以上条件下获得的邻苯二甲酸酯化合物的色谱图见图 8-4。

(3)验证校准曲线。注入至少两个浓度为既定线性范围的(20±10)%和(80±10)%的标准液,并根据这些测量值计算直线相关性。如果直线落在初始校准线的 95%置信范围内,则认为初始校准线有效。如果没有,应根据定量分析步骤(2)建立新的校准曲线。

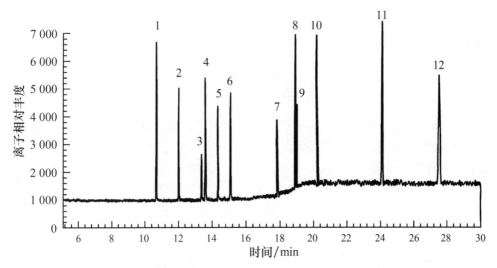

1.DMP;2.DEP;3.DAP*;4.DPP;5.DiBP;6.DBP;7.BBzP;8.DCHP;9.DEHP;10.DOP;11.DDcP;12.DUP。

图 8-4　邻苯二甲酸酯化合物的气相色谱图

注：* DAP 是邻苯二甲酸二烯丙基酯，分子式为 $C_{14}H_{14}O_4$。

3.样品的测定

取待测试液,按照与绘制标准曲线相同的分析步骤进行测定。

4.空白试样的测定

取空白试样,按照与绘制标准曲线相同的分析步骤进行测定。

［结果计算与表示］

1.定性分析

以样品中目标物的保留时间(RRT)、辅助定性离子和目标离子峰面积比(Q)与标准样品比较来定性。邻苯二甲酸化合物的特征离子见表 8-11。

样品中目标化合物的保留时间与期望保留时间(即标准样品中的平均相对保留时间)的相对标准偏差应控制在±3%;样品中目标化合物的辅助定性离子和目标离子峰面积比与期望 Q 值(即标准曲线中间点辅助定性离子和目标离子的峰面积比)的相对偏差应控制在±30%。

2.定量分析

在对目标化合物定性判断的基础上,根据定量离子的峰面积,采用内标法进行定量。

3.结果计算

标准系列第 i 点中目标化合物的相对响应因子(RRF_i)按照式(1)计算。

$$RRF_i = \frac{A_i}{A_{ISi}} \times \frac{\rho_{ISi}}{\rho_i} \tag{1}$$

式中:RRF_i 为标准系列中第 i 点目标化合物的相对响应因子;A_i 为标准系列中第 i 点目标化合物定量离子的响应值;A_{ISi} 为标准系列中第 i 点与目标化合物相对应内标定量离子的响应

值;ρ_{ISi}为标准系列中内标物的质量浓度,$\mu g/mL$;ρ_i为标准系列中第 i 点目标化合物的质量浓度,$\mu g/mL$。

校准曲线中目标化合物的平均相对响应因子$\overline{RRF}$按照式(2)计算。

$$\overline{RRF} = \frac{\sum_{i=1}^{n} RRF_i}{n} \tag{2}$$

式中:$\overline{RRF}$为校准曲线中目标化合物的平均相对响应因子;RRF_i为标准系列中第 i 点目标化合物的相对响应因子;n 为标准系列点数。

土壤样品中的目标化合物含量 $\omega(mg/kg)$按照式(3)进行计算。

$$\omega = \frac{A_x \times \rho_{IS} \times V_x}{A_{IS} \times \overline{RRF} \times m \times W_{dm}} \tag{3}$$

式中:ω 为样品中的目标物含量,mg/kg;A_x 为试样中目标化合物定量离子的峰面积;A_{IS} 为试样中内标化合物定量离子的峰面积;ρ_{IS} 为试样中内标的浓度,$\mu g/mL$;$\overline{RRF}$为校准曲线中目标化合物的平均相对响应因子;V_x 为试样的定容体积,mL;m 为样品的称取量,g;W_{dm} 为样品干物质含量,$\%$。

以每千克存在多少毫克干物质作为结果表达,要求两位有效数字。例如邻苯二甲酸二辛酯 0.65 mg/kg Dm;邻苯二甲酸二癸酯 1.5 mg/kg Dm;邻苯二甲酸二甲酯 12 mg/kg Dm。

[注意事项]

(1)本标准适用于土壤中 11 种邻苯二甲酸酯(表 8-11)的气相色谱-质谱测定方法。

(2)该方法的检测限为 0.1~0.5 mg/kg,取决于每种化合物的具体情况。

(3)由于邻苯二甲酸酯作为增塑剂而广泛存在于实验室各种塑料制品中,因此整个实验过程要特别注意,避免污染。

①可能与样品和其提取物接触的设备或配件不应该含有邻苯二甲酸酯,可通过清洗所有玻璃仪器去除和通过空白对照检查。

②玻璃仪器的准备。在机器中清洗除移液管外的所有用于分析的玻璃仪器,并在烘箱中 105 ℃烘干。然后用马弗炉将预冲洗玻璃设备在 400 ℃烘 4 h,冷却到室温。

③采样过程的干扰。用经过预处理的采样瓶进行采样,并确保采样瓶的塞子经过预处理。采样应该使用不锈钢容器或玻璃容器。为了避免污染,禁止使用任何塑料材料。

④空气交叉感染。交叉污染通常发生在实验室空气中。因此,尽可能地把塑料材料搬离实验室。清洗剂通常含有邻苯二甲酸酯,如果长期使用将对实验室造成严重污染。因此在实验过程中不要在实验室使用清洁剂。

⑤气相色谱的干扰。邻苯二甲酸酯可以从进样器的隔膜中流入气相色谱仪中,因此需要使用不会污染系统的隔膜。

⑥仪器污染检查。通过定期的溶剂和空白试样检测来检查仪器与试剂是否含有目标化合物。

⑦每组样品都要设置两个空白对照,每种邻苯二甲酸盐的空白限值不应低于最低报告限值的 50%。空白对照之间差值不能大于 30%,否则要重新测定。

附录 8-7

表 8-11　能被检测出的 11 种 PAEs 及其基本信息

序号	缩写	中文名称	英文名称	分子式	特征离子		
					目标离子 M1 定量离子 M2	定量离子 M2 定量离子 M3	
1	DMP	邻苯二甲酸二甲酯	Dimethylphthalate	$C_{10}H_{10}O_4$	163	194	135
2	DEP	邻苯二甲酸二乙酯	Diethylphthalate	$C_{12}H_{14}O_4$	149	177	222
3	DPP	邻苯二甲酸二戊酯	Dipropylphthalate	$C_{14}H_{18}O_4$	149	209	191
4	DiBP	邻苯二甲酸二异丁酯	Di-(2-methyl-propyl)phthalate	$C_{16}H_{22}O_4$	149	223	205
5	DBP	邻苯二甲酸二丁酯	Dibutylphthalate	$C_{16}H_{22}O_4$	149	223	278
6	BBzP	邻苯二甲酸丁基苄基酯	Butylbenzylphthalate	$C_{19}H_{20}O_4$	149	206	312
7	DCHP	邻苯二甲酸二环己酯	Dicyclohexylphthalate	$C_{20}H_{26}O_4$	149	167	249
8	DEHP	邻苯二甲酸二(2-乙基)己酯	Di-(2-ethylhexyl)phthalate	$C_{24}H_{38}O_4$	149	167	279
9	DOP	邻苯二甲酸二正辛酯	Dioctylphthalate	$C_{24}H_{38}O_4$	149	279	207
10	DDcP	邻苯二甲酸二癸酯	Didecylphthalate	$C_{28}H_{46}O_4$	149	307	—
11	DUP	双十一烷基邻苯二甲酸酯	Diundecylphthalate	$C_{30}H_{50}O_4$	149	321	—
12	D4-DBP*				153	227	—
13	D4-DEHP*				153	171	283
14	D4-DOP*				153	283	—

注:标 * 的为内标化合物。

土壤四环素类(TCs)抗生素的提取与测定

农业畜禽养殖业抗生素的广泛使用以及畜禽粪肥的大量还田,必然大大加快了土壤环境中抗生素的污染。四环素类抗生素(TCs)是一类具有并四苯结构的广谱性抗生素,常用种类包括金霉素(CTC)、土霉素(OTC)、四环素(TC)及半合成衍生物甲烯土霉素、多西环素、二甲胺基四环素等。因其价格低廉,TCs 在世界范围内被大量使用。

与其他种类的抗生素相比,四环素类抗生素具有较高的固-液分配系数,更容易在土壤中累积。土壤四环素类抗生素污染破坏土壤微生物的群落结构与功能,从而干扰生态系统物质循环和能量流动;影响植物的叶绿素合成、酶分泌和根系生长,从而降低作物产量;甚至被农作物吸收累积,而危及农产品生产安全。

本实验介绍高效液相色谱-质谱-质谱法(HPLC-MS-MS)测定土壤中四环素类抗生素的原理及步骤(Gu et al.,2021)。

[实验原理]

先采用超声法提取土壤中的四环素类抗生素,然后对提取液进行 HLB 小柱萃取净化、浓缩和定容,提取液中的四环素类抗生素采用高液相色谱-质谱-质谱仪进行分离和检测。通过与标准物质质谱图、保留时间、碎片离子质荷比及其丰度比较进行定性,外标法定量。

[试剂与材料]

除非另有说明,分析时均使用符合国家标准的分析纯试剂,实验用水为蒸馏水或同等纯度的水。

(1)甲酸(HCOOH,色谱纯)。

(2)甲醇(CH$_3$OH,色谱纯)。

(3)0.1%甲酸溶液:量取 1 mL 的甲酸,用纯净水稀释,并定容至 1 L。

(4)含 0.1%甲酸的甲醇溶液:量取 1 mL 的甲酸,用甲醇稀释,并定容至 1 L。

(5)一水柠檬酸(C$_6$H$_{10}$O$_8$,分析纯)。

(6)十二水合磷酸氢二钠(Na$_2$HPO$_4$·12H$_2$O,分析纯)。

(7)乙二胺四乙酸二钠(EDTA-2Na,分析纯)。

(8)提取液:称取一水柠檬酸 12.9 g、十二水合磷酸氢二钠 27.5 g、乙二胺四乙酸二钠 37.2 g,溶于水,定容至 1 L(pH=4),配制成柠檬酸 EDTA-2Na 缓冲溶液,临用时与甲醇 1:1 混合使用。

(9)定容溶液:甲醇与 0.1%甲酸溶液等体积混合。

(10)四环素类抗生素标样(包括土霉素、金霉素和四环素,色谱纯),粉末状。

(11)四环素类抗生素标准贮备溶液,ρ=1 000 mg/L。准确称取 3 种四环素类标样各 0.1 g(精确到 0.000 1 g),用甲醇溶解并定容至 100 mL,配制成 1 000 μg/mL 的标准贮备液。在 −18 ℃下避光保存,1 个月内使用。

(12)3 种 TCs 抗生素标准使用液,$\rho=100$ mg/L。用甲醇稀释四环素类抗生素标准贮备溶液。在-18 ℃ 下避光保存,1 个月内使用。

(13)CNWBOND SAX 固相萃取小柱,强阴离子交换,500 mg,6 mL。

(14)OasisO^R HLB 固相萃取小柱,500 mg,6 mL,填料为 N-乙烯基吡啶烷酮和二乙烯苯共聚物。

(15)PTFE 针头式滤膜。

(16)大容量采样管。

(17)石英砂:20～50 目。在马弗炉中 450 ℃ 烘烤 4 h 后冷却,置于玻璃瓶中干燥器内保存。

[仪器与设备]

(1)冷冻干燥机。

(2)漩涡振荡器。

(3)超声波仪。

(4)台式高速冷冻离心机。

(5)真空旋转蒸发器。

(6)氮吹仪。

(7)固相萃取装置。

(8)一般实验室常用仪器和设备。

[样品采集与制备]

1.样品的采集与保存

土壤样品按照 HJ/T 166—2004 的相关要求采集和保存。样品保存在事先清洗洁净的广口棕色玻璃瓶或聚四氟乙烯衬垫螺口玻璃瓶中,运输过程中应密封避光,尽快运回实验室分析。如暂不能分析,应在 4 ℃ 以下冷藏保存,保存时间为 14 d,样品提取溶液 4 ℃ 以下避光冷藏保存时间为 40 d。

2.样品的制备

将样品放在搪瓷盘或不锈钢盘上,混匀,除去枝棒、叶片、石子等异物,按照 HJ/T 166—2004 进行四分法粗分。一般情况下应对新鲜样品进行处理,新鲜土壤样品可采用冷冻干燥的方法。自然干燥不影响分析目的时,也可将样品自然干燥。

取适量混匀后样品,放入真空冷冻干燥仪中干燥脱水。干燥后的样品需研磨、过 250 μm (60 目)孔径的筛子,均化处理成 250 μm(60 目)左右的颗粒。

土壤样品干物质和水分的测定按照 HJ 613 执行。

[试样的制备]

1.提取

采用超声提取法。可采用样品加标的方法来指示试样全程回收效率,在称取好待提取的土壤样品中加入一定量的替代物使用液,使加入浓度为样品浓度的 1/2 左右。

准确称取制备好的样品 10 g(精确到 0.01 g)(也根据采集样品中目标化合物浓度的动态变化而定),置于 50 mL 玻璃离心管中,加入 10 mL 提取液,漩涡振荡 1 min 后,常温下超声 15 min,以 4 500 r/min 转速离心 15 min,将上清液用玻璃滴管吸至 250 mL 平底烧瓶中。重复提取 3 次,合并上清液。

2.浓缩

用氮吹法或真空旋转蒸发浓缩法对提取液进行浓缩。调节氮吹仪或真空旋转蒸发仪温度为 40 ℃,将提取液的体积浓度至 1/2 左右。

3.分离与净化

向浓缩好的提取液中加入 0.1g EDTA-2Na 消除金属离子干扰,加入纯净水 200 mL,使有机相含量少于 5％。

将 MAX 柱和 HLB 柱串联,然后装于固相萃取装置上(HLB 柱端靠近固相萃取装置),用 6 mL 甲醇和 6 mL 纯水依次活化处理柱子(活化中及活化后均要保持柱子填料处于湿润状态)。用大容量采样管连接样品和萃取小柱,开启真空泵,调节减压阀,控制样品约以 5 mL/min 的流速经过 MAX 和 HLB 萃取小柱。柱富集完后,弃去 MAX 柱。然后用 10 mL 纯水冲洗 HLB 柱,干燥 20 min,用 10 mL 含 0.1％甲酸的甲醇溶液洗脱,洗脱液接至 10 mL 棕色玻璃比色管中。

4.浓缩与定容

采用与步骤 2 相同的浓缩方式对洗脱液进行浓缩。调节氮吹仪或真空旋转蒸发仪温度为 40 ℃,将洗脱液浓缩至近干,并定容至 1.0 mL,超声 15 min,洗脱比色管壁残留的目标化合物,用 0.22 μm 针头式滤膜过滤样品,转移至 2.0 mL 棕色进样瓶中,−4 ℃避光保存备测。

5.空白试样的制备

用石英砂代替实际样品,按照与试样的制备相同步骤制备空白试样。

[分析步骤]

1.仪器参考条件

(1)液相色谱参考条件。色谱柱,Agilent eclipse plus C18(50 mm×2.1 mm,1.8 μm);流动相 A 为 0.1％甲酸水溶液,流动相 B 为乙腈;进样体积 10 μL;流速 0.4 mL/min;柱温 40 ℃;梯度洗脱程序:0～6 min,A 相 90％;6～6.5 min,A 相 40％;6.5～10 min,A 相 90％;保留 10 min。

(2)质谱分析参考条件。三重四级杆串联质谱仪。电喷雾离子源(ESI),正离子模式;离子源温:300 ℃;气流量:5 L/min;喷雾针压力:45 psi;壳气流:10 L/min;壳气温:250 ℃;毛细管电压:3 500 V;碰撞气为氮气;检测方式为多反应选择监测(MRM)离子模式,全扫描。

2.校准曲线的配制

用四环素类抗生素标准使用液配制标准系列。四环素类抗生素目标化合物标准系列浓度可设置为:0 μg/mL、1 μg/mL、2 μg/mL、5 μg/mL、10 μg/mL、20 μg/mL、50 μg/mL。

3.标准曲线的测定

按照仪器参考条件,从低浓度到高浓度依次进样分析,得到不同浓度各目标化合物的质谱图,记录各目标化合物的保留时间和定量离子质谱峰的峰面积。得到单种 TCs 的质量浓度-峰面积标准工作曲线。

4.试样的测定

将待测试样按照与绘制标准曲线相同的仪器分析条件进行测定。

5.空白试样的测定

将空白试样按照与试样的测定相同的仪器分析条件进行测定。

[结果计算与表示]

1.定性分析

通过样品中目标物与标准系列中目标物的保留时间、质谱图、碎片离子质荷比及其丰度等信息比较,对目标物进行定性。表 8-12 为 MRM 模式下的质谱参数。

应多次分析标准溶液得到目标物的保留时间均值,以平均保留时间±3 倍的标准偏差为保留时间窗口,样品中目标物的保留时间应在其范围内。

表 8-12　三种 TCs 的质谱参数

目标化合物	母离子/(m/z)	定量离子/(m/z)	锥孔电压/V	碰撞能/V
TC	445.2	410.2	130	13
OTC	461.2	426.1	130	13
CTC	479.1	444.1	140	17

2.定量分析

在对目标物定性判断的基础上,根据定量离子的峰面积,采用外标法定量。

3.结果计算

土壤样品中的目标化合物含量 ω(mg/kg)按照式(1)进行计算。

$$\omega = \frac{C_x \times V_x}{m \times W_{dm}} \tag{1}$$

式中:ω 为样品中的目标物含量,mg/kg;C_x 为试样中目标化合物的定量浓度,mg/L;V_x 为试样的定容体积,mL;m 为样品的称取量,g;W_{dm} 为样品干物质含量,%。

土壤样品中的目标化合物回收率 k(%)按照式(2)进行计算。

$$k = \frac{\omega_1 - \omega_2}{\omega_0} \tag{2}$$

式中:k 为样品中目标化合物的回收率,%;ω_0 为样品中目标化合物的加入量,mg/kg;ω_1 为加标样品中目标化合物含量,mg/kg;ω_2 为未加标样品中目标化合物的含量,mg/kg。

[注意事项]

(1)样品整个提取流程,采用 100 μg/kg 或 500 μg/kg 加标浓度进行目标化合物回收率测定,所有的样品分析数据均要经回收率校正。

（2）根据 1 μg/L 混合工作液色谱峰的 3 倍和 10 倍信噪比（S/N）确定目标化合物的检测限和定量限。

（3）为控制实验过程中人为污染,保证实验操作过程准确,在进样过程中每 10 个样品间隔设置固定浓度标样和空白溶剂样进行质量控制。

（4）每批样品应做标准曲线,标准曲线的相关系数不应小于 0.999。每批样品应至少做 10% 的平行样,当样品量少于 10 个时,平行样不少于 1 个。

（5）当测定结果小于 1 mg/kg 时,小数位数的保留与方法检出限一致;当测定结果大于或等于 1 mg/kg 时,结果最多保留 3 位有效数字。

实验 8.6　　土壤石油类物质的提取与测定

石油类（petroleum）主要包括烷烃、环烷烃、芳香烃以及不饱和烃,大多为非水溶相流体。随着石油消耗量的日益增大,其在开采到使用的过程中难免会发生泄漏,并在自重、河水冲刷或降雨作用下进入土壤。土壤中的石油污染主要来源于陆上石油运输泄漏、石化相关工业的污染物泄漏和违法排放以及石油加工产品使用的过程中。

石油具有较高的黏性和极强的疏水性,容易被土壤颗粒吸附,从而降低土壤原生导水能力,破坏原生的土壤结构以及土壤营养元素的占比,对土著菌群结构和土壤动、植物的生长产生严重影响,并且会进入环境介质再次扩大污染范围,最终危害人体健康。

本实验介绍红外分光光度法测定土壤中的石油类物质的原理和步骤,主要参考 HJ 1051—2019标准方法。

[实验原理]

土壤用四氯乙烯提取,提取液经硅酸镁吸附,除去动植物油等极性物质后,测定石油类。石油类的含量由波数分别为 2 930 cm^{-1}（CH_2基团中 C-H 键的伸缩振动）、2 960 cm^{-1}（CH_3基团中 C-H 键的伸缩振动）和 3 030 cm^{-1}（芳香环中 C-H 键的伸缩振动）处的吸光度 A_{2930}、A_{2960} 和 A_{3030},根据校正系数进行计算。

[试剂与材料]

除非另有说明,分析时均使用符合国家标准的分析纯试剂,实验用水为蒸馏水或同等纯度的水。

（1）四氯乙烯（C_2Cl_4）。以干燥 40 mm 空石英比色皿为参比,在波数 2 930 cm^{-1}、2 960 cm^{-1} 和 3 030 cm^{-1}处吸光度应分别不超过 0.34、0.07 和 0。

（2）正十六烷（$C_{16}H_{34}$,色谱纯）。

（3）异辛烷（C_8H_{18},色谱纯）。

（4）苯（C_6H_6,色谱纯）。

（5）无水硫酸钠（Na_2SO_4）。置于马弗炉内 450 ℃加热 4 h,稍冷后置于磨口玻璃瓶中,置于干燥器内贮存。

(6)硅酸镁(MgSiO₃):150～250 μm(60～100 目)。取硅酸镁于瓷蒸发皿中,置于马弗炉内 450 ℃加热 4 h,稍冷后移入干燥器中冷却至室温,置于磨口玻璃瓶中保存。使用时,称取适量的硅酸镁于磨口玻璃瓶中,根据硅酸镁的质量,按 6%(m/m)比例加入适量的蒸馏水,密塞并充分振荡,放置 12 h 后使用。

(7)石英砂:270～830 μm(20～50 目)。置于马弗炉内 450 ℃烘烤 4 h,稍冷后置于磨口玻璃瓶中,置于干燥器内贮存。

(8)玻璃纤维滤膜:直径 60 mm。置于马弗炉内 450 ℃烘烤 4 h,稍冷后置于干燥器内贮存。

(9)正十六烷标准贮备液,$\rho \approx 10\,000$ mg/L。称取 1.0 g(准确至 0.1 mg)正十六烷于 100 mL 容量瓶中,用四氯乙烯稀释定容至标线,摇匀。0～4 ℃冷藏、避光可保存 1 年。或购买市售有证标准物质。

(10)正十六烷标准使用液,$\rho = 1\,000$ mg/L。将正十六烷标准贮备液用四氯乙烯稀释定容于 100 mL 容量瓶中。临用现配。

(11)异辛烷标准贮备液,$\rho \approx 10\,000$ mg/L。称取 1.0 g(准确至 0.1 mg)异辛烷于 100 mL 容量瓶中,用四氯乙烯定容,摇匀。0～4 ℃冷藏、避光可保存 1 年。或购买市售有证标准物质。

(12)异辛烷标准使用液,$\rho = 1\,000$ mg/L。将异辛烷标准贮备液用四氯乙烯稀释定容于 100 mL 容量瓶中。临用现配。

(13)苯标准贮备液,$\rho \approx 10\,000$ mg/L。称取 1.0 g(准确至 0.1 mg)苯于 100 mL 容量瓶中,用四氯乙烯定容,摇匀。0～4 ℃冷藏、避光可保存 1 年。或购买市售有证标准物质。

(14)苯标准使用液,$\rho = 1\,000$ mg/L。将苯标准贮备液用四氯乙烯稀释定容于 100 mL 容量瓶中。临用现配。

(15)石油类标准贮备液,$\rho \approx 10\,000$ mg/L。按 65：25：10(V/V)的比例,量取正十六烷、异辛烷和苯配制混合物。称取 1.0 g(准确至 0.1 mg)混合物于 100 mL 容量瓶中,用四氯乙烯定容,摇匀。0～4 ℃冷藏、避光可保存 1 年。或购买市售有证标准物质。

(16)石油类标准使用液,$\rho = 1\,000$ mg/L。将石油类标准贮备液用四氯乙烯稀释定容于 100 mL 容量瓶中。临用现配。

(17)玻璃棉:使用前,将玻璃棉用四氯乙烯浸泡洗涤,晾干备用。

(18)吸附柱:在内径 10 mm、长约 200 mm 的玻璃柱出口处填塞少量玻璃棉,将硅酸镁缓缓倒入玻璃柱中,边倒边轻轻敲打,填充高度约为 80 mm。

[仪器与设备]

(1)红外测油仪或红外分光光度计:能在 2 930 cm⁻¹、2 960 cm⁻¹、3 030 cm⁻¹ 处测量吸光度,并配有 40 mm 带盖石英比色皿。

(2)水平振荡器:振荡频次为 150～250 次/min。

(3)马弗炉。

(4)天平:感量为 0.01 g 和 0.000 1 g。

(5)具塞锥形瓶:100 mL。

(6)玻璃漏斗:直径为 60 mm。

(7)采样瓶:500 mL,广口棕色玻璃瓶,具聚四氟乙烯衬垫。

(8)一般实验室常用器皿和设备。

[样品采集和制备]

1.样品的采集与保存

按照 HJ/T 166 的相关要求进行样品的采集和保存。样品装满装实采样瓶,密封后置于冷藏箱内,尽快运回实验室分析。若暂时不分析,应在 4 ℃以下冷藏保存,保存时间为 7 d。

2.样品的制备

除去样品中的异物(石子、叶片等),混匀。称取 10 g(精确至 0.01 g)样品,加入适量无水硫酸钠,研磨均化成流沙状,转移至具塞锥形瓶中。

在称取样品的同时,另取一份样品,按照 HJ 613 测定土壤样品干物质含量。

[试样的制备]

1.提取

在装有样品的锥形瓶中加入 20.0 mL 四氯乙烯,密封,置于振荡器中,以 200 次/min 的频次振荡提取 30 min。静置 10 min 后,用带有玻璃纤维滤膜的玻璃漏斗将提取液过滤至50 mL比色管中。再用 20.0 mL 四氯乙烯重复提取一次,将提取液和样品全部转移过滤。用 10.0 mL四氯乙烯洗涤具塞锥形瓶、滤膜、玻璃漏斗以及土壤样品,合并提取液。

2.净化

将提取液倒入吸附柱,弃去前 5 mL 流出液,保留剩余流出液,待测(注:如土壤样品中石油类含量过高,可适当增加重复提取次数)。

3.空白试样的制备

称取 10 g(精确到 0.01 g)石英砂代替土壤样品,按与试样制备相同的步骤进行空白试样的制备。

[测试分析]

1.校准

分别移取 2.00 mL 正十六烷标准使用液、2.00 mL 异辛烷标准使用液和 10.00 mL 苯标准使用液于 3 个 100 mL 容量瓶中,用四氯乙烯定容至标线,摇匀。正十六烷、异辛烷和苯标准溶液的浓度分别为 20.0 mg/L、20.0 mg/L 和 100 mg/L。

以 40 mm 石英比色皿加入四氯乙烯为参比,分别测量正十六烷、异辛烷和苯标准溶液在 $2\,930\ cm^{-1}$、$2\,960\ cm^{-1}$、$3\,030\ cm^{-1}$ 处的吸光度 A_{2930}、A_{2960}、A_{3030}。将正十六烷、异辛烷和苯标准溶液在上述波数处的吸光度按照式(1)联立方程式,经求解后分别得到相应的校正系数 X,Y,Z 和 F。

$$\rho_1 = X \cdot A_{2930} + Y \cdot A_{2960} + Z \cdot \left(A_{3030} - \frac{A_{2930}}{F}\right) \tag{1}$$

式中:ρ_1 为石油类标准溶液浓度,mg/L;A_{2930}、A_{2960}、A_{3030} 为各对应波数下测得的吸光度;X

为与 CH_2 基团中 C-H 键吸光度相对应的校正系数；Y 为与 CH_3 基团中 C-H 键吸光度相对应的校正系数；Z 为与芳香环中 C-H 键吸光度相对应的校正系数；F 为脂肪烃对芳香烃影响的校正因子，即正十六烷在 2 930 cm^{-1} 与 3 030 cm^{-1} 处的吸光度之比。

对于正十六烷和异辛烷，由于其芳香烃含量为零，即

$$A_{3030} - \frac{A_{2930}}{F} = 0$$

则有

$$F = \frac{A_{2930}(H)}{A_{3030}(H)} \tag{2}$$

$$\rho(H) = X \cdot A_{2930}(H) + Y \cdot A_{2960}(H) \tag{3}$$

$$\rho(I) = X \cdot A_{2930}(I) + Y \cdot A_{2960}(I) \tag{4}$$

由式(2)可得 F 值，由式(3)和(4)可得 X 值和 Y 值。对于苯，则有：

$$\rho(B) = X \cdot A_{2930}(B) + Y \cdot A_{2960}(B) + Z \cdot \left[A_{3030}(B) - \frac{A_{2930}(B)}{F} \right] \tag{5}$$

由式(5)可得 Z 值。

式中：$\rho(H)$ 为正十六烷标准溶液的浓度，mg/L；$\rho(B)$ 为异辛烷标准溶液的浓度，mg/L；$\rho(I)$ 为苯标准溶液的浓度，mg/L；$A_{2930}(H)$、$A_{2960}(H)$、$A_{3030}(H)$ 为各对应波数下测得的正十六烷标准溶液的吸光度；$A_{2930}(I)$、$A_{2960}(I)$、$A_{3030}(I)$ 为各对应波数下测得的异辛烷标准溶液的吸光度；$A_{2930}(B)$、$A_{2960}(B)$、$A_{3030}(B)$ 为各对应波数下测得的苯标准溶液的吸光度。

2.试样的测定

将经硅酸镁吸附后的剩余流出液转移至 40 mm 石英比色皿中，以四氯乙烯作参比，在波数 2 930 cm^{-1}、2 960 cm^{-1}、3 030 cm^{-1} 处测量其吸光度 A_{2930}、A_{2960}、A_{3030}。按照式(1)计算石油类浓度。

3.空白试验

按与试样的测定相同的步骤，进行空白试样的测定。

［结果计算与表示］

土壤中石油类的含量 w(mg/kg)按照式(6)进行计算：

$$w = \frac{\rho_2 \cdot V}{m \cdot W_{dm}} \tag{6}$$

式中：w 为土壤中石油类的含量，mg/kg；ρ_2 为提取液中石油类浓度，mg/L；V 为提取液体积，mL；m 为土壤样品质量，g；W_{dm} 为土壤干物质含量，%。

［注意事项］

(1)石油类(petroleum)，指在本标准规定的条件下，能够被四氯乙烯提取且不被硅酸镁吸附，在波数为 2 930 cm^{-1}、2 960 cm^{-1}、3 030 cm^{-1} 全部或部分谱带处有特征吸收的物质。

(2)本标准规定的条件下，当取样量为 10 g，提取液体积为 50 mL，使用 40 mm 石英比色皿时，方法检出限为 4 mg/kg，测定下限为 16 mg/kg。

（3）质量保证与质量控制。

①四氯乙烯品质检验。四氯乙烯须避光保存。使用前须进行四氯乙烯品质检验和判定，确认符合要求后方可使用。

②空白试验。每 20 个样品或每批次（≤20 个样品/批）至少做 2 个实验室空白试验，空白试验结果应低于方法检出限。

③校正系数检验。每批样品均应进行校正系数的检验，使用时根据所需浓度，取适量的石油类标准使用液，以四氯乙烯为溶剂配制适当浓度的石油类标准溶液，与试样测定相同的步骤进行测定，按照式（1）计算石油类标准溶液的浓度。如果测定值与标准值的相对误差在±10%以内，则校正系数可采用，否则重新测定校正系数并检验，直至符合条件为止。也可使用有证标准物质/样品进行检验。

④平行样。每 20 个样品或每批次（≤20 个样品/批）样品应测定一个平行样品，平行样的相对偏差应≤30%。

⑤基体加标。每 20 个样品或每批次（≤20 个样品/批）样品应测定一个基体加标样品，加标回收率应控制在 70%～110%。

（4）废物处理。实验中产生的废物应分类收集，并做好相应标识，委托有资质的单位进行处理。

（5）同一批样品测定所使用的四氯乙烯应来自同一瓶，如样品数量多，可将多瓶四氯乙烯混合均匀后使用。

（6）样品制备间应清洁、无污染，样品制备过程中应远离有机气体，使用的所有工具都应进行彻底清洗，防止交叉污染。

（7）测定结果小数点后位数的保留与方法检出限一致，最多保留 3 位有效数字。

实验 8.7　　土壤石油烃（C_6-C_9）的提取与测定

石油烃（petroleum hydrocarbons）主要是石油中的正构烷烃类物质，是一类宽分子量分布的碳氢化合物。石油烃具有一定的毒性，进入土壤中的石油烃会引起土壤物理化学性质的改变和微生物群落的改变，对植物的生长具有一定的抑制作用和毒性。

土壤中石油烃的提取与测定方法也与石油烃的碳原子数量密切相关。本实验介绍吹扫捕集/气相色谱法测定土壤中碳原子数介于 6～9 的石油烃的原理与步骤，主要参考 HJ 1020—2019 标准方法。

[实验原理]

土壤中的石油烃（C_6-C_9）经高纯氮气吹扫后吸附于捕集管中，将捕集管加热并以高纯氮气反吹，被热脱附出来的组分经气相色谱柱分离后，用氢火焰离子化检测器（FID）检测，根据保留时间窗定性，外标法定量。

[试剂与材料]

除非另有说明,分析时均使用符合国家标准的分析纯试剂,实验用水为新制备的不含目标物的纯水。

(1)甲醇(CH_3OH,优级纯)。

(2)石油烃(C_6-C_9)标准贮备液,$\rho(C_6-C_9)=5\ 000$ mg/L。溶剂为甲醇,可直接购买有证标准溶液。

(3)石油烃(C_6-C_9)标准使用液,$\rho(C_6-C_9)=1\ 000$ mg/L。在容量瓶中准确加入 4.0 mL 甲醇,再加入 1.0 mL 石油烃(C_6-C_9)标准贮备液,混匀。密闭冷冻保存,保存期为 6 个月。

(4)替代物标准溶液,$\rho(BFB)=500$ mg/L。选用 4-溴氟苯(BFB)作替代物,可直接购买有证标准溶液。

(5)2-甲基戊烷标准溶液,$\rho(C_6H_{14})=500$ mg/L。溶剂为甲醇,可直接购买有证标准溶液。

(6)正癸烷标准溶液,$\rho(C_{10}H_{22})=500$ mg/L。溶剂为甲醇,可直接购买有证标准溶液。

(7)高纯氮气:纯度≥99.999%。

(8)氢气:纯度≥99.99%。

(9)空气:经变色硅胶除水和除烃管除烃的空气,或经 5 Å(1 Å=10^{-10} m)分子筛净化的无油空气。

[仪器与设备]

(1)气相色谱仪:具分流/不分流进样口,可程序升温,具有氢火焰离子化检测器(FID)。

(2)吹扫捕集仪:带有 5 mL 的吹扫管,捕集管选用 100% Tenax 吸附剂。

(3)色谱柱:石英毛细管色谱柱,30 m×0.53 mm×3.0 μm ,固定相为 6%氰丙基苯基-94%二甲基硅氧烷,或其他等效的色谱柱。

(4)样品瓶:40 mL 棕色玻璃瓶,具硅橡胶-聚四氟乙烯衬垫螺旋盖。

(5)微量注射器:10 μL、100 μL、1000 μL。

(6)气密性注射器:5 mL(吹扫捕集仪专用,用于手动进样)。

(7)容量瓶:5 mL,棕色玻璃瓶。

(8)采样瓶:100 mL,棕色广口玻璃瓶。

(9)一般实验室常用仪器和设备。

[样品的采集与制备]

1.样品的采集

按照 HJ/T 166 中挥发性有机物的相关要求采集和保存土壤样品。所有样品均应采集 2 份平行样品,装入采样瓶,装满压实并密封。采集样品的同时应做全程序空白样品,即在现场加入 5 mL 同批次的水到样品瓶中,盖紧瓶盖,与样品一起运回实验室。

样品采集后如需要保存,则需要 4 ℃ 以下避光保存,样品存放区域应无有机物干扰,7 d 内完成分析。

2.样品的制备

将样品放在搪瓷盘或不锈钢盘上,混匀,除去枝棒、叶片、石子等异物。同时,取一份样品按照 HJ 613 测定土壤样品干物质和水分含量。

[试样的制备]

1.低浓度试样的制备

称取约 5 g(精确到 0.01 g)样品于样品瓶中,迅速加入 5 mL 水,盖紧瓶盖,摇匀,待测(注:当样品浓度大于 6.0 mg/kg 时,可适当减少取样量,但取样量不得低于 1.0 g)。

2.高浓度试样的制备

当样品浓度大于 30.0 mg/kg 时,准确称取 5～10 g(精确到 0.01 g)样品到样品瓶中,迅速加入适量甲醇(1 g 样品加入 1～2 mL 的甲醇),摇匀,静置 1～2 h(注:对有明显汽油味的样品可先按高浓度试样进行制备)。

3.空白试样的制备

低浓度空白试样的制备:在样品瓶中加入 5 mL 同批次的水,盖紧瓶盖,待测。

高浓度空白试样的制备:在样品瓶中加入 5 mL 同批次的水,同时,加入 10～100 μL 同批次的甲醇(甲醇加入体积与高浓度试样测定时加入的甲醇提取液相同),盖紧瓶盖,待测。

[分析步骤]

1.仪器参考条件

(1)吹扫捕集参考条件。吹扫温度:35 ℃;吹扫时间:11 min;吹扫流速:30 mL/min;脱附时间:0.5 min;脱附温度:190 ℃。其余参数参照仪器使用说明书。

(2)气相色谱参考条件。进样口温度:200 ℃;进样方式:不分流进样;柱温:初始温度 38 ℃保持 1 min,以每分钟 3.8 ℃的速率升至 80 ℃保持 1 min,以每分钟 10 ℃的速率升至 105 ℃保持 5 min,再以每分钟 10 ℃的速率升至 150 ℃保持 1 min,最后以每分钟 10 ℃的速率升至 180 ℃保持 5 min;气体流量:高纯氮气为 8.0 mL/min,氢气为 30 mL/min,空气为 300 mL/min;检测器温度:250 ℃。

2.校准

(1)石油烃(C_6-C_9)保留时间窗的确定。用微量注射器分别移取 1.0 μL 2-甲基戊烷标准溶液和正癸烷标准溶液,加入事先装有 5 mL 水的样品瓶中,盖紧瓶盖,摇匀。

按照仪器参考条件进行保留时间窗的确定。根据 2-甲基戊烷的出峰开始时间确定石油烃(C_6-C_9)的开始时间,正癸烷的出峰开始时间确定石油烃(C_6-C_9)的结束时间。

(2)工作曲线的建立。用微量注射器分别移取适量的石油烃(C_6-C_9)标准使用液快速加入对应装有 5 mL 水的 6 个样品瓶中,同时,在上述样品瓶中各加入 1.0 μL 替代物标准溶液,盖紧瓶盖,摇匀。配制成石油烃(C_6-C_9)质量分别为 0 μg、0.50 μg、1.00 μg、5.00 μg、10.0 μg、30.0 μg,替代物质量为 0.50 μg 的标准系列。

按照仪器参考条件,从低浓度到高浓度依次测定。以浓度为横坐标,以确定的保留时间窗内总峰面积为纵坐标,建立工作曲线[注:实验用水配制的标准溶液不稳定,需现用现配;也可用气密性注射器配制标准溶液,分别用微量注射器移取适量石油烃(C_6-C_9)标准使用液和替代物标准溶液直接加入装有 5 mL 水的气密性注射器中]。

3.试样的测定

(1)低浓度试样的测定。将 1.0 μL 替代物标准溶液加入试样中,按与工作曲线建立相同的条件,进行低浓度试样的测定。

(2)高浓度试样的测定。用微量注射器移取 10～100 μL 的甲醇提取液,加入装有 5 mL 水和 1.0 μL 替代物标准溶液的样品瓶中,摇匀。按与工作曲线建立相同的条件,进行高浓度试样的测定。

(3)空白试样的测定。按照与试样测定相同的步骤进行实验室空白试样的测定(注:若使用带自动进样器的吹扫捕集仪,则上述过程可按仪器说明进行操作)。

[结果计算与表示]

1.定性分析

根据石油烃(C_6-C_9)保留时间窗对目标化合物进行定性。即从 2-甲基戊烷出峰开始时开始,到正癸烷出峰开始时结束连接一条水平基线进行积分,石油烃(C_6-C_9)总峰面积应扣除替代物的峰面积。在本标准规定的参考色谱条件下,2-甲基戊烷和正癸烷的参考色谱图见图 8-5,石油烃(C_6-C_9)参考色谱图见图 8-6。

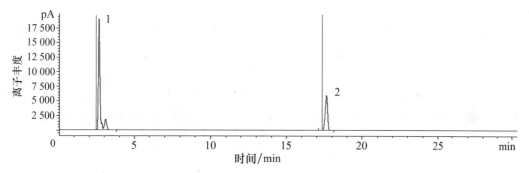

1.2-甲基戊烷(2.47 min);2.正癸烷(17.38 min)。

图 8-5　2-甲基戊烷和正癸烷的参考色谱图

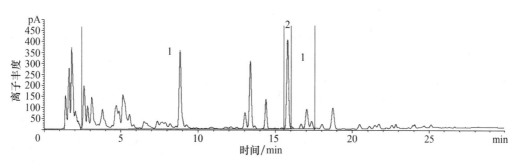

1.石油烃(C_6-C_9)(2.47～17.38 min);2.4-溴氟苯(15.78 min)。

图 8-6　石油烃(C_6-C_9)参考色谱图

2.定量分析

根据建立的工作曲线,石油烃(C_6-C_9)定性时间窗内总峰面积,外标法定量[注:测定石油烃(C_6-C_9)时,一些化合物不能色谱分离导致在色谱图上出现"驼峰",这些"驼峰"是不同油品的特征峰;当样品中石油烃的某组分与4-溴氟苯的保留时间有重叠或部分重叠时,可以通过重新分析不加替代物的该样品,在计算替代物回收率时减去重叠部分]。

3.结果计算

土壤中石油烃(C_6-C_9)含量 W_1,低浓度含量按式(1)计算,高浓度含量按式(2)计算:

$$W_1 = \frac{m_1}{m \times W_{dm}} \tag{1}$$

式中:W_1 为土壤中石油烃(C_6-C_9)的含量,mg/kg;m_1 为由工作曲线得到的石油烃(C_6-C_9)的质量,μg;m 为样品量(湿重),g;W_{dm} 为土壤干物质含量,%。

$$W_1 = \frac{m_1 \times V}{m \times V_1 \times W_{dm}} \tag{2}$$

式中:W_1 为土壤中石油烃(C_6-C_9)的含量,mg/kg;m_1 为由工作曲线得到的石油烃(C_6-C_9)的质量,μg;m 为样品量(湿重),g;W_{dm} 为土壤干物质含量,%;V 为加入甲醇体积,mL;V_1 为加入甲醇提取液体积,mL。

[注意事项]

(1)在本标准规定的条件下,石油烃(C_6-C_9)为在气相色谱图上保留时间介于2-甲基戊烷(包含)与正癸烷(不包含)之间的有机化合物。

(2)吹扫捕集系统中不得使用聚四氟乙烯以外的塑料或橡胶材料;应保证周边环境的清洁,防止外界污染干扰测定。分析高浓度样品后,需分析实验室空白样品,如实验室空白样品的测定结果大于方法检出限,必须用蒸馏水清洗干净,必要时可用10%的甲醇水溶液进行整个管路清洗,直至实验室空白样品的测定结果低于方法检出限。所有玻璃器皿必须严格清洗,并在130 ℃的烘箱中烘干2 h,存放在清洁的环境中。

(3)当取样量为5.0 g时,本标准测定石油烃(C_6-C_9)的方法检出限为0.04 mg/kg,测定下限为0.16 mg/kg。

(4)质量保证与质量控制。

①空白实验。每批次样品(不超过20个样品)至少应做一个实验室空白,空白中目标化合物浓度均应低于方法检出限,否则应查找原因,至实验室空白检验合格后,才能继续进行样品分析。每批样品至少采集一个全程序空白。全程序空白测定结果应低于方法检出限。

②校准。工作曲线的相关系数应≥0.999。每分析20个样品或每批次(少于20个样品/批)进行一次校准,校准点测定值的相对误差应在±15%以内。当校准时石油烃(C_6-C_9)的保留时间窗与建立工作曲线时石油烃(C_6-C_9)的保留时间窗不一致时,需重新按定性分析确定保留时间窗。

③平行样。每20个样品或每批次(少于20个样品/批)应至少分析一个平行样,平行样测定结果的相对偏差应≤25%。

④样品加标。每20个样品或每批次(少于20个样品/批)应至少分析一个样品加标样,

加标样中石油烃(C_6-C_9)和 4-溴氟苯的加标回收率应在 $50\%\sim130\%$。

(5)实验中产生的废液和废物应分类收集,并做好相应标识,委托有资质的单位进行处理。

(6)测定结果小数点后位数的保留与方法检出限一致,最多保留 3 位有效数字。

实验 8.8　土壤石油烃($C_{10}-C_{40}$)的提取与测定

本实验介绍气相色谱法测定土壤中的碳原子数介于 10~40 的石油烃的原理和步骤,主要参考 HJ 1021—2019 标准方法。

[实验原理]

土壤中的石油烃($C_{10}-C_{40}$)经提取、净化、浓缩、定容后,用带氢火焰离子化检测器(FID)的气相色谱仪检测,根据保留时间窗定性,外标法定量。

[试剂与材料]

除非另有说明,分析时均使用符合国家标准的分析纯试剂,实验用水为新制备的不含目标物的纯水。

(1)正己烷(C_6H_{14},色谱纯)。

(2)丙酮(C_3H_6O,色谱纯)。

(3)二氯甲烷(CH_2Cl_2,色谱纯)。

(4)正己烷-丙酮混合溶剂:由正己烷与丙酮按等体积混合。

(5)正己烷-二氯甲烷混合溶剂:由正己烷与二氯甲烷按等体积混合。

(6)无水硫酸钠(Na_2SO_4,分析纯)。在 450 ℃下灼烧 4 h,冷却后装入磨口玻璃瓶中,置于干燥器中保存。

(7)硅藻土:0.60~0.85 mm (20~30 目)。在 450 ℃下灼烧 4 h,冷却后装入磨口玻璃瓶中,置于干燥器中保存。

(8)硅镁型吸附剂:层析级,0.15~0.25 mm(60~100 目)。在 450 ℃下灼烧 4 h,冷却后装入磨口玻璃瓶中,置于干燥器中保存。

(9)石油烃($C_{10}-C_{40}$)标准溶液,$\rho(C_{10}-C_{40})=31\ 000$ mg/L。各正构烷烃质量浓度均为 1 000 mg/L,溶剂为正己烷。可直接购买有证标准溶液,也可使用柴油-润滑油(1∶1)有证标准溶液。

(10)正癸烷标准溶液,$\rho(C_{10}H_{22})=100$ mg/L,溶剂为正己烷。可直接购买有证标准溶液。

(11)正四十烷标准溶液,$\rho(C_{40}H_{82})=300$ mg/L,溶剂为正己烷。可直接购买有证标准溶液。

(12)正癸烷-正四十烷混合溶液:由正癸烷溶液和正四十烷溶液等体积混合。

(13)高纯氮气:纯度≥99.999%。

(14)氢气:纯度≥99.99%。

(15)空气:经变色硅胶除水和除烃管除烃的空气,或经 5 Å 分子筛净化的无油空气。

[仪器与设备]

(1)气相色谱仪:具毛细管分流/不分流进样口,可程序升温,具有氢火焰离子化检测器(FID)。

(2)色谱柱:石英毛细管色谱柱,30 m×0.32 mm×0.25 μm,固定相为 5%苯基-95%甲基聚硅氧烷,或其他等效的色谱柱。

(3)提取设备:索氏提取装置、加压流体萃取仪或其他等效萃取装置(不建议使用超声波萃取仪)。

(4)浓缩装置:氮吹浓缩仪、旋转蒸发装置或其他等效浓缩装置。

(5)微量注射器:10 μL、50 μL、100 μL、500 μL、1 000 μL。

(6)滤筒:与索氏提取装置配套,玻璃纤维材质。

(7)硅酸镁净化柱:60 mm×15 mm 的玻璃或聚四氟乙烯柱,底部带粗孔玻璃砂芯。将 1 000 mg 活化后的硅镁型吸附剂放入 50 mL 烧杯中,加入适量正己烷,将硅镁型吸附剂制备成悬浮液,然后将悬浮液倒入净化柱中,轻敲净化柱以填实吸附剂。也可选用相同类型填料的商用净化柱。

(8)一般实验室常用仪器和设备。

[样品采集与制备]

1.样品的采集

按照 HJ/T 166 中半挥发性有机物的相关要求采集和保存土壤样品。如需要保存,样品采集后,4 ℃以下密封、避光冷藏保存,14 d 内完成提取。提取液 4 ℃以下密封、避光保存,于 40 d 内完成分析。

2.样品的制备

将样品放在搪瓷盘或不锈钢盘上,混匀,除去枝棒、叶片、石子等异物。同时,取一份样品按照 HJ 613 测定土壤样品干物质和水分含量。

[试样制备]

1.提取

称取约 10 g(精确到 0.01 g)样品于研钵中,加入适量无水硫酸钠,研磨均化成流沙状,如使用加压流体萃取,则用硅藻土脱水(注:样品脱水也可采用冷冻干燥方式。将冻干后的样品磨碎,均化处理成约 1 mm 的颗粒。沉积物样品建议使用冷冻干燥)。

可选用索氏提取或加压流体萃取等方法进行石油烃($C_{10}-C_{40}$)的提取。

(1)索氏提取。将样品全部转移至滤筒中,将滤筒放入索氏提取器中,加入 100 mL 正己烷-丙酮混合溶剂,提取 16～18 h,回流速率控制在 8～10 次/h,冷却后收集所有提取液,待净化。也可选用正己烷作提取剂。

(2)加压流体萃取。参照 HJ 783 的要求进行萃取条件的设置和优化。具体为:将制备好的土壤装入萃取池,以正己烷-丙酮混合溶剂或正己烷作为提取溶液,按以下参考条件进行萃取:载气压力为 0.8 MPa,萃取温度 100 ℃,萃取压力 1 500 psi,静态萃取时间 5 min,淋洗为 60％池体积,氮气吹扫时间 60 s,萃取循环次数 2 次。收集提取溶液。

2.浓缩

将提取液转移至浓缩装置,浓缩至 1.0 mL,待净化。

3.净化

依次用 10 mL 正己烷-二氯甲烷混合溶剂、10 mL 正己烷活化硅酸镁净化柱。待柱上正己烷近干时,将浓缩液全部转移至净化柱中,开始收集流出液,用约 2 mL 正己烷洗涤浓缩液收集装置,转移至净化柱,再用 12 mL 正己烷淋洗净化柱,收集淋洗液,与流出液合并,浓缩至 1.0 mL,待测。(注:有机污染物含量高的样品,可适当增大浓缩定容体积。)

4.空白试样的制备

索氏提取用无水硫酸钠代替实际样品,加压流体萃取用硅藻土代替实际样品,按与试样的制备相同的步骤进行空白试样的制备。

[分析步骤]

1.气相色谱参考条件

进样口温度:300 ℃;进样方式:不分流进样;柱温:初始温度 50 ℃保持 2 min,以每分钟 40 ℃的速率升至 230 ℃,以每分钟 20 ℃的速率升至 320 ℃保持 20 min;气体流量:高纯氮气为 1.5 mL/min,氢气为 30 mL/min,空气为 300 mL/min;检测器温度:325 ℃;进样量:1.0 μL。

2.校准

(1)加压流体萃取。石油烃($C_{10}-C_{40}$)保留时间窗的确定。取 1.0 μL 正癸烷-正四十烷混合溶液,按照气相色谱参考条件进行保留时间窗的确定。根据正癸烷的出峰开始时间确定石油烃($C_{10}-C_{40}$)的开始时间,根据正四十烷出峰结束时间确定石油烃($C_{10}-C_{40}$)的结束时间。

(2)校准曲线的建立。用微量注射器分别移取适量的石油烃($C_{10}-C_{40}$)标准溶液,用正己烷稀释,混匀。配制成石油烃($C_{10}-C_{40}$)质量浓度分别为 0 mg/L、248 mg/L、775 mg/L、1 550 mg/L、3 100 mg/L、9 300 mg/L 的标准系列。

按照气相色谱参考条件,从低浓度到高浓度依次测定。以浓度为横坐标,以确定的保留时间窗内总峰面积为纵坐标,建立校准曲线。

(3)试样的测定。按照与校准曲线建立相同的仪器参考条件进行试样的测定。

(4)空白试样的测定。按照与试样测定相同的步骤进行空白试样的测定。

[计算与表示]

1.定性分析

根据石油烃($C_{10}-C_{40}$)保留时间窗对目标化合物进行定性,即从正癸烷出峰开始,到正四十烷出峰结束连接一条水平基线进行积分。在本标准规定的参考色谱条件下,正癸烷和正四十烷的参考色谱图见图 8-7,石油烃($C_{10}-C_{40}$)参考色谱图见图 8-8。

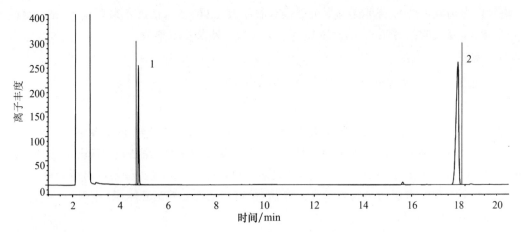

1.正癸烷(4.68 min);2.正四十烷(18.12 min)

图 8-7 正癸烷和正四十烷的参考色谱图

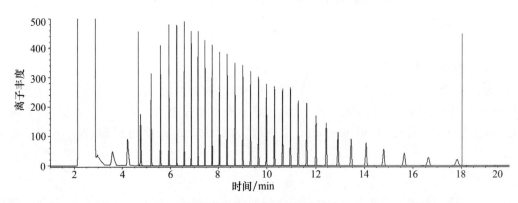

石油烃(C_{10}-C_{40})(4.68~18.12 min)

图 8-8 石油烃(C_{10}—C_{40})参考色谱图

2.定量分析

根据建立的校准曲线,石油烃(C_{10}—C_{40})定性时间窗内总峰面积,外标法定量[注:由于分析石油烃(C_{10}—C_{40})的气相色谱条件会引起显著的柱流失,使基线上升,因此石油烃(C_{10}—C_{40})的总峰面积应扣除柱流失的面积;测定石油烃(C_{10}—C_{40})时,一些化合物不能色谱分离导致在色谱图上出现"驼峰",这些"驼峰"是不同油品的特征峰。

3.结果计算

土壤中石油烃(C_{10}—C_{40})含量 W_1 按式(1)进行计算:

$$W_1 = \frac{\rho \times V}{m \times W_{dm}} \tag{1}$$

式中:W_1 为土壤中石油烃(C_{10}—C_{40})的含量,mg/kg;ρ 为由校准曲线计算所得石油烃(C_{10}—C_{40})的浓度,mg/L;V 为提取液浓缩定容后的体积,mL;m 为样品量(湿重),g;W_{dm} 为土壤干物质含量,%。

[注意事项]

(1)在本标准规定的条件下,石油烃(C_{10}—C_{40})为能够被正己烷(或正己烷-丙酮)提取且不被硅酸镁吸附,在气相色谱图上保留时间介于正癸烷(包含)与正四十烷(包含)之间的有机化合物。

(2)当取样量为 10.0 g,定容体积为 1.0 mL,进样体积为 1.0 μL 时,本标准测定石油烃($C_{10}-C_{40}$)的方法检出限为 6 mg/kg,测定下限为 24 mg/kg。

(3)分析样品前应检查柱补偿,避免柱流失变化带来误差,参见附录 8-8。如扣除柱补偿后基线仍然维持在较高的水平,则应查明原因,必要时更换进样口、老化色谱柱以及烘烤检测器,重新进行柱补偿分析。

(4)当经净化的试样进样后基线明显上升且没有下降时考虑净化小柱已穿透,需重复净化步骤。

(5)质量保证与质量控制。

①空白实验。每 20 个样品或每批次(少于 20 个样品/批)至少分析一个实验室空白。实验室空白测定结果应低于方法检出限。

②校准。校准曲线的相关系数应≥0.999。每分析 20 个样品或每批次(少于 20 个样品/批)进行一次校准,校准点测定值的相对误差应在±10% 以内。当校准时石油烃($C_{10}-C_{40}$)的保留时间窗与建立校准曲线时石油烃($C_{10}-C_{40}$)的保留时间窗不一致时,需重新按定性分析确定保留时间窗。

③平行样。每 20 个样品或每批次(少于 20 个样品/批)应至少分析一个平行样,平行样测定结果的相对偏差应≤25%。

④基体加标。每 20 个样品或每批次(少于 20 个样品/批)应至少分析一个空白加标样,空白加标样中石油烃($C_{10}-C_{40}$)的加标回收率应在 70%～120%。每 20 个样品或每批次(少于 20 个样品/批)应至少分析一个样品加标样,加标样中石油烃($C_{10}-C_{40}$)的加标回收率应在 50%～140%。

(6)废物处理。实验中产生的废液和废物应分类收集,并做好相应标识,委托有资质的单位进行处理。

(7)测定结果小数点后位数的保留与方法检出限一致,最多保留 3 位有效数字。

附录 8-8:参考色谱图

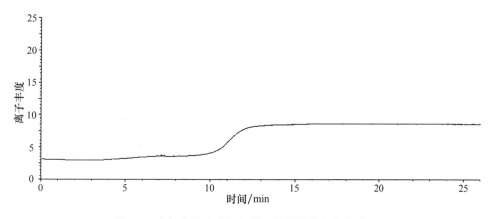

图 8-9　本标准程序升温条件下的柱补偿参考色谱图

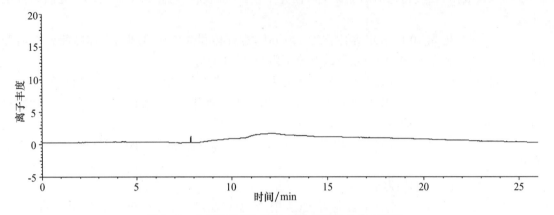

图 8-10　本标准条件下扣除柱补偿后的参考色谱图

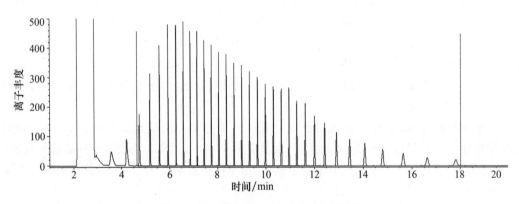

图 8-11　正构烷烃($C_{10}-C_{40}$)参考色谱图

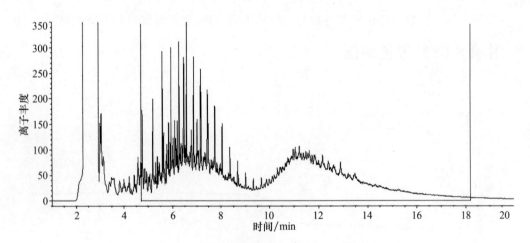

图 8-12　柴油-润滑油(1+1)混合参考色谱图

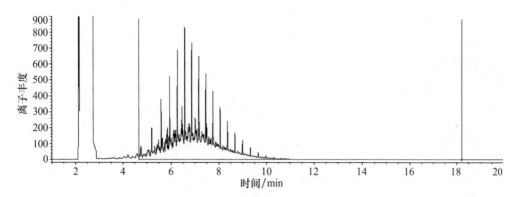

图 8-13　10＃柴油参考色谱图

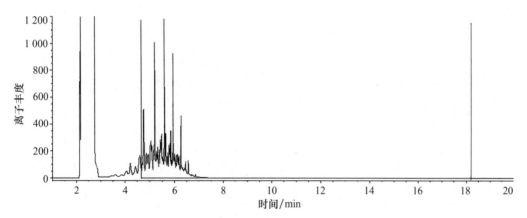

图 8-14　煤油参考色谱图

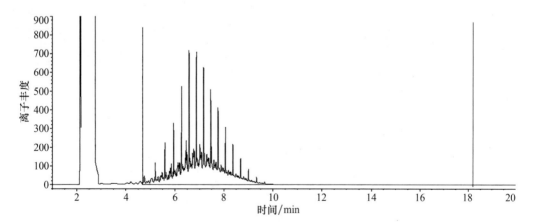

图 8-15　轻柴油参考色谱图

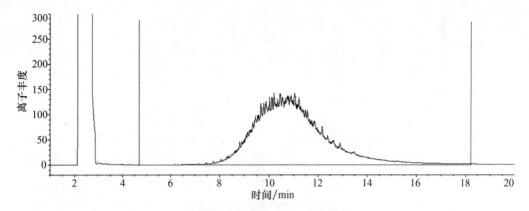

图 8-16　润滑油参考色谱图

第9章 土壤污染物的环境行为

实验9.1   土壤重金属(铜)的吸附-解吸

土壤中重金属的吸附-解吸过程直接影响着重金属在土壤及其生态环境中的形态转化、迁移和归趋,最终影响农产品的质量及人类的生存环境。不同土壤类型,土壤性质差异,植物生长或是动物、微生物的活动,都会引起土壤环境中 pH、氧化还原电位、酶系统的活性和有机化合物的活性等发生改变,从而影响土壤中重金属的物理化学行为,如沉淀和溶解、吸附和解吸、络合和离解及氧化和还原等,进而影响它们的形态分布、迁移转化、生物有效性和生物毒性。研究重金属污染物在土壤中吸附解吸行为的差异,对理解重金属在土壤植物系统中的迁移、转化及植物有效性具有重要意义,对于重金属污染土壤的修复也具有重要参考价值。

下面以重金属铜为例,介绍土壤对铜的吸附、解吸特性研究方法,源自《土壤污染生态修复实验技术》(王友保,2018)。

[实验目的]

(1)掌握土壤颗粒对重金属离子的吸附动力学、热力学实验方法。

(2)掌握重金属离子吸附动力学、热力学方程的拟合。

[实验原理]

铜进入土壤后,不断被土壤颗粒吸附,稳定条件下可达到吸附平衡状态。其吸附速率、平衡吸附量等参数遵循一定的吸附动力学和热力学特性。通常利用静态实验分析土壤颗粒对溶液中铜离子的吸附动力学和吸附平衡热力学特性,并拟合相应的吸附动力学和热力学方程,表达吸附速率、平衡吸附量等与影响因素之间的关系。

吸附热力学则是关注吸附容量与平衡浓度之间的关系,吸附动力学表达的是吸附时间与吸附平衡量间关系。

[试剂与材料]

(1)硝酸钙溶液($c=0.01$ mol/L)。在 800 mL 去离子水中溶解 2.361 5 g Ca(NO$_3$)$_2$·4H$_2$O,用去离子水定容至 1 L。

(2)NaCl溶液($c=0.01$ mol/L)。在 800 mL 去离子水中溶解 0.584 4 g NaCl 固体,用去离子水定容至 1 L。

(3)HNO$_3$溶液($c=0.1$ mol/L)。称取 0.66~0.69 mL(浓硝酸含量范围为 65.0%~68.0%)浓硝酸溶液缓缓倒入 800 mL 去离子水中,边倒边搅拌,用去离子水定容至 1 L。

(4)NaOH 溶液($c = 0.1$ mol/L)。在 800 mL 去离子水中溶解 4.167 g NaOH 固体(新开瓶的氢氧化钠固体纯度为 96%,约含碳酸盐 3.5%,其他杂质 0.5%),用去离子水定容至 1 L。

(5)KCl 溶液($c = 0.1$ mol/L)。在 800 mL 去离子水中溶解 74.55g KCl 固体,用去离子水定容至 1 L。

以上试剂(1)用于吸附解吸热力学实验,试剂(2)至(5)用于吸附与解吸动力学实验。

[仪器与设备]

容量瓶、烧杯、玻璃棒、滴管、离心管、移液器、电子天平、离心机、恒温振荡机、火焰原子吸收分光光度计。

[实验内容与步骤]

1.土壤样品处理

采集后的土壤样品风干后备用。使用前,于 55 ℃干燥直至恒重。将干燥后的土壤样品破碎,通过 1 mm 孔径尼龙筛,用来除去沙砾和生物残体,用四分法处理,取其中一份用研钵磨至过 100 目尼龙筛,最后将样品保存备用。

2.吸附与解吸热力学实验

(1)吸附等温曲线的绘制。吸附、解吸实验采用一次平衡法,称取土样 1.000 g 置于 100 mL 锥形瓶中,加入一系列含 Cu^{2+}(溶液含 Cu^{2+} 量分别为 1 mg/L、2 mg/L、5 mg/L、10 mg/L、20 mg/L、25 mg/L、50 mg/L、100 mg/L、200 mg/L)的 0.01 mol 的 $Ca(NO)_3$(作为支持电解质)溶液 50 mL;恒温振荡 2 h(温度 25 ℃,振荡速度为 200 r/min),在(25±1)℃恒温培养箱中静置 24 h 取出,400 r/min 离心 10 min,用定性滤纸过滤上清液,过滤后的溶液用原子吸收分光光度法测定 Cu^{2+} 的浓度,再用差减法计算土壤铜的吸附量,绘出等温吸附关系曲线。

(2)解吸等温曲线的绘制。残渣用于解吸实验,向含残渣的离心管中加入 0.01 mol/L $Ca(NO_3)_2$ 溶液 25 mL 进行解吸,方法同吸附实验,计算 Cu^{2+} 的解吸量,绘制解吸量与吸附量关系曲线。

(3)空白实验。在所有吸附动力学实验中均设置空白对照,即称取相同量的土样,加入不含铜离子的空白溶液,与外源铜的吸附动力学实验在相同条件下进行吸附实验,在数据处理时应扣除空白吸附解吸溶液中的铜浓度,空白实验均设置 3 个重复。

3.吸附与解吸动力学实验

(1)铜的吸附动力学实验。称取土样若干份,每份 1.000 g 置于锥形瓶中,以 0.01 mol/L NaCl 溶液作为支持电解质,加入一系列含 Cu^{2+}(溶液含 Cu^{2+} 量分别为 1 mg/L、2 mg/L、5 mg/L、10 mg/L、20 mg/L、25 mg/L、50 mg/L、100 mg/L、200 mg/L)的溶液 50 mL;用 0.1 mol/L 的 HNO_3 和 NaOH 将混合溶液 pH 调至 4±0.5,恒温(25±1)℃,分别振荡 5 min、10 min、20 min、40 min、60 min、120 min、240 min、360 min、720 min、1 440 min,4 000 r/min 离心 20 min,用定性滤纸过滤离心管中的上清液,过滤后的溶液用原子吸收分光光度法测定上清液中 Cu^{2+} 的浓度,再用差减法计算土壤铜的吸附量,实验组均设 3 个重复。

(2)铜的解吸动力学实验。残渣用于解吸实验,向含残渣的离心管中加入 20 mL 1.0 mol/L KCl 溶液,用以解吸吸附的铜,恒温(25±1)℃分别振荡 5 min、10 min、20 min、40 min、

60 min、120 min、240 min、360 mim、720 min、140 min，4 000 r/min 离心 20 min，用定性滤纸过滤离心管中的上清液，过滤后的溶液用原子吸收分光光度法测定上清液中 Cu^{2+} 的浓度，根据吸附平衡液的浓度、残留液体积和不同时间的解吸浓度来计算土壤铜的解吸量。

（3）空白实验。在所有吸附动力学实验中均须设置空白对照，即称取相同量的土样，加入不含铜离子的空白溶液，与外源铜的吸附动力学实验相同条件下进行吸附实验，在数据处理时应扣除空白吸附-解吸溶液中的铜浓度，空白实验均设置 3 个重复。

[结果计算]

1.吸附与解吸热力学实验的计算

（1）根据实验数据绘图确定土样达到吸附（或解吸）平衡所需时间。

（2）吸附量和解吸附量的计算。

①吸附量：按式（1）进行计算。

$$Q = \frac{(\rho_0 - \rho) \times V}{M} \tag{1}$$

式中：Q 为土壤对铜的吸附量（mg/kg）；ρ_0 为溶液中铜的起始浓度（mg/L）；ρ 为溶液中铜的平衡浓度（mg/L）；V 为溶液的体积（mL）；M 为烘干土样重量（g）。由此方程可计算出不同平衡浓度下土壤对铜的吸附量。

②解吸量是指通过解吸实验后，从单位质量土样上解吸到土壤溶液中的铜的含量，按式（2）进行计算。

$$Q = \frac{V \times \rho}{M} \tag{2}$$

式中：Q 为土壤对铜的解吸量（mg/kg）；ρ 为土壤溶液中铜的平衡浓度（mg/L）；V 为溶液的体积（mL）；M 为烘干土样重量（g）。

③建立土壤吸附（或解吸）等温线：以吸附量（或解吸量）（Q）对浓度（ρ）作图即可制得室温下不同 pH 条件下土壤对铜的吸附（或解吸）等温线。

④建立 Freundlich 方程。

土壤对铜的吸附可采用 Freundlich 吸附等温式（4）来描述。即

$$Q = k \rho^{1/n} \tag{4}$$

式中：Q 为土壤对铜的吸附量（mg/g）；ρ 为吸附平衡时溶液中铜的浓度（mg/L）；k 和 n 为经验常数，其数值与离子种类、吸附剂性质及温度等有关。再将 Feundlich 吸附等温式两边取对数，可得

$$\lg Q = \lg k + \frac{1}{n} \lg \rho \tag{5}$$

以 $\lg Q$ 对 $\lg \rho$ 作图，根据所得直线的斜率和截距可求得两个常数 k 和 n，由此可确定室温时不同 pH 条件下不同土壤样品对铜吸附的 Freundlich 方程。

2.吸附与解吸动力学实验的计算

（1）吸附（或解吸）动力学曲线。

（2）吸附（或解吸）动力学速率与时间的关系。不同反应阶段吸附（或解吸）速率（V）与时间（t）的关系可以用双常数速率方程来描述，其表达式（6）如下：

$$\ln V = A + B\ln t \tag{6}$$

式中:V 为不同反应阶段的吸附(或解吸)速率;t 为时间;A 和 B 为常数。B 为反应速率随时间延长,吸附(或解吸)速率下降快慢的量度(即下降率),B 越小,表明吸附(或解吸)速率下降越快;A 为反应初期反应速率的量度,A 越大,表明反应初期(即 $t=1$ min 时)的反应速率越快。

(3)吸附(或解吸)动力学模型。描述土壤吸附(或解吸)动力学过程的方程较多,目前常用的有 Elovich 方程、双常数方程、一级动力学方程和抛物线扩散方程,其表达式分别为

$$S = a + b\ln t$$
$$\ln S = a + b\ln t$$
$$\ln S = a + bt$$
$$S / S_{Max} = a + bt \tag{7}$$

式中:S 为 t 时间的吸附量(或解吸量);t 为反应时间;S_{max} 为饱和(即最大)吸附量(或解吸量);a 和 b 为模型常数。

实验 9.2　　土壤重金属(镉/铅)的迁移

重金属是土壤环境中的重要污染物。进入土壤的重金属可以发生迁移转化,很容易从土壤表层迁移进入土壤下层,甚至最终进入地下水。此外,还容易被植物吸收,在植物体内积累,造成农产品超标。重金属污染是当前的一个热点,不同重金属在土壤中的迁移能力不同。因此研究重金属在土壤中的迁移行为可以为预测重金属对环境污染的危害程度提供依据。

重金属在土壤中的迁移与重金属本身的性质有关,也与土壤的性质有密切的关系。对重金属迁移能力的研究,有土柱模拟实验、田间调查实验、二者结合等方法。本实验采样土柱淋溶法研究不同重金属镉和铅的迁移能力。

[实验目的]

(1)了解不同重金属的迁移能力。
(2)掌握研究重金属在土壤中迁移能力的实验方法和技术。

[实验原理]

利用水或模拟酸雨以一定的速度从土柱的表层污染土壤淋溶,经过下层土壤后从下端淋出,通过测定淋出液重金属含量和不同深度的土壤的重金属含量,分析不同深度处重金属的变化规律,探讨重金属的迁移能力。

[试剂与材料]

(1)供试干净土壤。采取未受污染的农田土壤,室内自然风干,过 1 mm 筛,备用。
(2)供试污染土壤。采集受矿山废水污染的农田土壤,包括铅镉复合污染、铅污染土壤、镉污染土壤,或人工污染土壤(土壤中添加硝酸镉、硝酸铅,使镉和铅的浓度分别为 10 mg/kg 和

1 000 mg/kg),土壤与硝酸镉、硝酸铅,充分混匀,在室温下保持含水量 40%、培养 1 个月使其达到平衡,然后风干,磨碎过 1 mm 筛,备用。

（3）模拟酸雨溶液。以硫酸根和硝酸根的摩尔比为 5∶1 配制模拟酸雨母液,然后用超纯水稀释,配制 pH 为 4.0 的淋溶液。例如配制总体积 500 mL 的母液,其中 98% 的浓硫酸 48.4 mL、68% 的浓硝酸 85.7 mL;母液配制成功后加蒸馏水进行 pH 调节,在调节 pH 的过程中加入 0.1 mol/L 的氢氧化钠溶液和 0.1 mol/L 的盐酸进行调节。

［仪器与设备］

（1）土柱淋溶装置。有机玻璃土柱,内径 8 cm,高 60 cm,下端用有机玻璃板封口,留一小孔供淋滤液流出。

（2）滤纸。

（3）石英砂。

（4）100 目滤网。

［实验内容与步骤］

1.土柱的设计

在土柱填充之前,对淋滤柱的内壁进行处理,内壁应做到光滑,不能出现明显划痕,防止出现优势流,影响淋滤效果。底部从下至上依次放入滤网、经稀硝酸浸泡洗净的石英砂 5 cm、100 目滤网。然后依次铺设 20 cm 高的未污染土壤、20 cm 高的污染土壤和 15 cm 高的粗石英砂。

土柱上方放置一个滴水装置,实现淋滤液的注入,淋滤液通过滴水装置滴入土柱中,用流量控制器控制淋溶强度。土柱下接淋滤液收集装置,收集淋出液。

2.土柱的填充

首先在土柱底部放入滤网,上铺高 5 cm 的石英砂。根据农田土壤容重范围 1～1.5 g/cm³,称取 1 000 g 左右研磨过 1 mm 筛的干净土壤,装入土柱,并喷洒蒸馏水,使其自然沉降到 20 cm 高。放一层纱布(便于后期分层采样),然后称取 1 000 g 左右过 1 mm 筛的污染土壤,装入土柱,喷水使其自然沉降到 20 cm 高。为了均匀布水,最上土壤表层铺一层滤纸和纱布,以防止上方的淋滤液对土壤直接造成冲刷,破坏土壤而影响淋滤效果。

3.淋溶步骤

采用间歇淋溶法,淋溶设置去离子水和模拟酸雨两个处理,每个处理 3 次重复。土柱填充好后平衡 9 d,淋溶前用去离子水将土柱浸润至饱和状态。

淋溶速度控制在 10 mm/h。每隔 2 d 淋溶一次,共淋溶 4 次,每次淋溶淋出液采用带体积刻度滤液收集器(可用塑料烧杯代替)进行收集,直至滤液流出量小于 2 mL/h,测量每次淋出液体积并测定其铅、镉浓度。4 次淋滤结束后,分层取出土柱中土壤,每 10 cm 为一层,混匀风干,测定其中重金属含量。同时取样测定未淋滤的原始风干土壤中重金属含量。

4.指标的测定

土壤重金属的测定按照实验 7.2,淋出液经 0.45 μm 滤膜过滤后,采用原子吸收光谱法

（AAS）测定。

［结果与数据处理］

（1）以土柱出口处溶液重金属浓度为 Y 轴，淋溶次数为 X 轴，绘制穿透曲线，得出重金属溶液随淋溶次数的变化关系图。

（2）记录不同深度土壤重金属含量（表 9-1），通过作图直观表示土柱不同深度处重金属浓度的变化规律。

表 9-1　不同淋滤柱深处重金属含量

淋滤柱深度/cm	Cd 含量/(mg/kg)	Pb 含量/(mg/kg)
10		
20		
30		
40		

（3）比较两种重金属在土壤中的迁移能力。

［注意事项］

（1）土柱填充前，内壁应做到光滑。
（2）淋出液收集要完全。

实验 9.3　　土壤有机污染物（菲）的吸附-解吸

我国许多地区土壤已遭受了有机物的污染，有机污染物会被土壤颗粒吸附而固定下来，在适当的条件下又会从土壤颗粒上释放出来，成为二次污染源。因此，研究有机污染物在土壤颗粒上的吸附-解吸特征是预测有机污染物在土壤中的迁移、转化及生物可利用性等的重要因素之一，也是科学评估有机污染土壤环境风险的重要参数。

有机污染物往往具有较高的辛醇-水分配系数（K_{ow}），在水中的溶解度不大，易分配至有机相。理论上，土壤对有机污染物的吸附应由地质吸附剂中的矿物和有机质两部分共同作用完成，但由于矿物质表面具有极性，在水环境中发生偶极作用，使极性水分子与矿物质表面结合而占据其表层的吸附位，导致非极性的有机物较难与矿物质结合。相比之下，虽然天然有机质在土壤中所占的比例不高，在矿物土壤中的含量只占 0.5%～5.0%，但极易吸附有机污染物。

本实验采用静态实验方法，选用多环芳烃类化合物中的菲作为研究对象，调查菲在土壤中的吸附-解吸特征，并探讨土壤有机质含量对其的影响。本实验设计主要参考胡秀敏等（2013）和梁重山等（2014）的研究报道。

[实验目的]

(1)掌握土壤颗粒对菲的吸附-解吸研究方法。

(2)掌握土壤颗粒对菲的吸附和解吸特征的计算和描述。

[实验原理]

菲进入土壤后,不断被土壤颗粒吸附,稳定条件下可达到吸附平衡状态。在固定温度下,通过利用静态实验,设置一定水土比,根据平衡时溶液中菲的质量变化计算土壤颗粒对溶液中菲的吸附量;并拟合相应的吸附等温模型,计算平衡状态下土壤颗粒对菲的吸附参数,推断其吸附特征。

同样,吸附于土壤颗粒表面的菲还会被解吸出来。在固定温度下,通过利用静态实验,设置一定水土比,根据平衡时溶液中菲的质量变化计算土壤菲的解吸量解吸率,以及解吸滞后系数,分析平衡状态下吸附于土壤颗粒上的菲的解吸特征。

[试剂与材料]

(1)甲醇(CH_3OH,分析纯)。

(2)正己烷(C_6H_{14},色谱纯)。

(3)二氯甲烷(CH_2Cl_2,色谱纯)。

(4)菲($C_{14}H_{10}$,色谱级)。

(5)菲贮备液:准确称取一定量的菲,溶于甲醇中配制成 1 000 mg/L 和 5 000 mg/L 的标准溶液。

(6)菲使用液:用背景溶液稀释菲贮备液,配制成在菲浓度为 10～1 000 $\mu g/L$ 不同浓度梯度的溶液。

(7)$CaCl_2$溶液,$c=0.005$ mol/L。背景溶液,以保持溶液中一定的离子强度。

(8)NaN_3溶液,$c=100$ mg/L。以抑制微生物的活动。

(9)$NaHCO_3$溶液,$c=5$ mg/L。以稳定溶液 pH 在 7 左右。

(10)固相萃取小柱 C_{18}:CNWBONDLC-C18,型号为 500 mg,6 mL。

(11)供试土壤:沙质土(有机质含量相对较低)和壤土(有机质含量相对较高),风干,过1 mm筛。

(12)石英砂。

(13)测定菲所需的试剂与材料,参考实验 8.1。

[仪器与设备]

(1)恒温振荡箱。

(2)西林瓶。

(3)压盖器。

(4)测定菲所需的仪器与设备,参考实验 8.1。

[实验步骤与内容]

本实验采用 OECD guideline 106 批量实验方法。根据文献结果(Huang and Weber,

1998),本实验选择 3 周作为吸附和解吸的平衡时间。菲是易挥发的有机污染物,吸附-解吸实验周期长,一般的密封条件很难防止菲的挥发损失。为了防止这种现象的出现,实验采用西林瓶。

1.吸附试验

准确 0.25 g 有机质含量不同的土壤样品放入 10 mL 西林瓶中,然后加入 10 mL 不同浓度的菲使用液,水土比 40 : 1;并设置未添加菲的处理作为空白处理,即加入 10 mL 0.005 mol/L CaCl₂ 背景溶液;设置不含土壤的石英砂处理作为对照处理,即加入 0.25 g 石英砂,然后加入 10 mL 不同浓度的菲溶液。所有处理重复 3 次。

用压盖器盖紧西林瓶盖,将所有处理放入恒温振荡器,温度 25 ℃,避光,振荡 3 周,期间每隔 3 d 取出手动振荡 5 min,以防止样品沉积。实验平衡 3 周后,取出西林瓶,放入暗室静置 3 d,让西林瓶中样品自然沉降下来。倒出上清液,测定上清液中菲的浓度。

2.解吸试验

用吸管小心地尽量全部吸取出西林瓶中的上清液,然后用称重法加入背景溶液,用压盖器盖紧西林瓶盖,放入恒温振荡器中,温度 25 ℃,避光,振荡 3 周,期间每隔 3 d 取出手动振荡 5 min,以防止样品沉积。实验平衡 3 周后,取出西林瓶,放入暗室静置 3 d,让西林瓶中样品自然沉降下来,然后开瓶取出上清液,测定上清液中菲的浓度。

3.吸附和解吸液中菲的测定

(1)吸附和解吸液中菲的提取。吸附和解吸液中菲的提取采用固相萃取法,参考 US EPA 550.1,并略做优化调整。具体步骤如下。

①柱活化。先以 10 mL 二氯甲烷,分两次过固相萃取小柱 C₁₈,每次过柱后抽真空干柱。然后以 10 mL 甲醇,分两次过 C₁₈ 柱,每次过柱后抽真空干柱。最后以 20 mL 去离子水,分四次过 C₁₈ 柱,前三次抽真空干柱,第四次过柱后保证液面保持在固相以上,以提高固相萃取的效率。

②吸附和解吸液中菲的富集。量取定量吸附或解吸液,在真空泵的压力下,保证吸附和解吸液以稳定速度通过小柱,保持流速为 5 mL/min,使菲和部分杂质被吸附剂吸附并保留在小柱上。

③柱子净化和干燥。以 20 mL 纯水,分四次清洗萃取柱,使待测物保留在小柱中,而杂质清洗下来。并以真空抽柱子 10 min,以除去柱中残余水分。

④菲洗脱和收集。用 15 mL 正己烷分三次过柱,保持均匀速率,收集洗脱液。

⑤浓缩、定容和加标。将收集的洗脱液采用氮吹浓缩或旋转蒸发浓缩方法进行浓缩、加入适量内标[可参考的实验 8.1,土壤多环芳烃类(PAHs)化合物的提取与测定],并定容至 1.0 mL,混匀后转移至 2 mL 样品瓶中,待测。

⑥空白试样的制备。用去离子水代替实际样品,按照与以上试样的制备相同步骤制备空白试样。

(2)菲的测定。菲的测定采用气相色谱-质谱法,具体步骤可参考实验 8.1。

[实验数据处理]

计算出吸附液与解吸液中菲的浓度 C_e。

根据式(1),计算实验土壤颗粒物表面上的菲吸附量 q_e。

$$q_e = \frac{C_0 - C_e}{m} \times V \tag{1}$$

式中:q_e 为单位质量土壤对菲的平衡吸附量,mg/g;C_0 为吸附实验溶液中菲的初始浓度,mg/L;C_e 为吸附实验体系平衡时溶液中菲的平衡浓度,mg/L;V 为溶液体积,L;m 为土壤质量,g。

上述吸附实验数据分别用线性模型[式(2)]、Freundlich 模型[式(3)]和 Langmuir 模型[式(4)]进行拟合作图,计算实验土壤对菲的最大吸附容量(q_{max}),不同模型的吸附参数(K_d、K_F 和 K_L)。

线性模型:

$$K_d = q_e / C_e \tag{2}$$

Freundlich 模型:

$$q_e = K_F \times Ce^{1/n} \tag{3}$$

Langmuir 模型:

$$q_e = \frac{q_{max} K_L C_e}{1 + K_L C_e} \tag{4}$$

式中:q_e 为单位质量土壤对菲的平衡吸附量,mg/g;C_e 为吸附实验体系平衡时溶液中菲的平衡浓度,mg/L;K_d 为线性吸附模型的分配系数,L/g;K_F 为 Freundlich 方程中与吸附容量相关的常数,$mg^{1-n}L^n/g$;n 为 Freundlich 方程中与温度相关的常数;q_{max} 为最大单层吸附量,mg/g;K_L 为 Langmuir 方程中与吸附能相关的常数,L/mg。

根据式(5),计算土壤颗粒物表面上菲的解吸量 q_e^S,并根据式(6)和式(7)分别计算实验土壤颗粒对菲的解吸率[式(6)]和解吸滞后性指数[式(7)]。

解吸量:

$$q_e^S = \frac{C_e^S \times V}{m} \tag{5}$$

解吸率:

$$\eta(\%) = \frac{q_e^S}{q_e^D} \times 100 \tag{6}$$

解吸滞后性指数 HI(hysteresis index)(huang et al.,1998):

$$HI = \frac{q_e^D - q_e^S}{q_e^S} \tag{7}$$

式中:q_e^S 为单位质量土壤对菲的平衡解吸量,mg/g;C_e^S 为体系平衡时溶液中菲的平衡解吸浓度,mg/L;V 为溶液体积,L;m 为土壤质量质量,g;η 为土壤对菲的解吸率,%;q_e^D 为单位质量土壤对菲的平衡吸附量,mg/g;$HI \leq 0$ 时,解吸不存在滞后性,$HI > 0$ 时,解吸存在滞后性。

[实验结果与分析]

(1)根据不同模型的拟合系数(R^2),选出能够较好地拟合吸附数据的等温线模型,并分析总结土壤对菲的吸附特征。

(2)分析总结土壤对菲的解吸特征,包括解吸量 q_e^S、解吸率和解吸滞后性指数。

(3)对比分析菲在有机质含量不同的两种土壤颗粒上的吸附-解吸特征。

[注意事项]

如果需要知道吸附和解吸液中菲的提取方法的回收率,可往定量的吸附和解吸液中加入定量的替代物,具体操作可参考实验8.1。

实验9.4　土壤有机污染物(四环素)的迁移

有机污染物进入土壤后,不断被土壤颗粒吸附而累积。同样,吸附于土壤颗粒表面的有机污染物也会从土壤颗粒上解吸,通过淋滤作用迁移至土壤次表层,甚至迁出土体,进入地表水和地下水环境,从而对地下水环境质量造成威胁。因此,开展土壤环境中有机污染物的迁移调查很有必要。

四环素类抗生素在土壤中有较强的吸附能力(K_d值的范围是 $420\sim1\,030$ L/kg,磺胺类抗生素的 K_d 值范围是 $0.6\sim4.9$ L/kg),但是已有研究表明,TCs 仍具有一定的迁移性,其在土壤中的迁移受到初始浓度、淋溶强度和淋溶时间的影响。

本实验采用室内土柱模拟试验方法,选用四环素类抗生素中的四环素作为研究对象,调查四环素在土壤中的迁移特征,并探讨初始浓度、淋溶强度和淋溶时间对其的影响。本实验设计主要参考张旭等(2014)和 Huang 等(2022)文献报道。

[实验目的]

(1)掌握采用室内土柱模拟试验调查污染物在土壤中迁移的研究方法。

(2)掌握以四环素为代表的抗生素在土壤中的迁移特征。

[实验原理]

土壤有机污染物淋溶特点可通过两类实验方法反映,野外原位淋溶和室内土柱模拟。原位淋溶可以较好地反映实际土壤利用情况下的有机污染物淋溶特点,但不能灵活地改变条件研究不同因素的影响;室内土柱模拟试验则具有较强的灵活性,可以较方便地改变实验条件,从而研究不同因素的影响。

以填充经过处理的供试土壤的有机玻璃土柱作为主要的实验装置,按设定的污染物初始浓度、淋溶强度和淋溶时间进行淋溶,然后收集淋滤液和不同层次土壤,测定其污染物的浓度,总结实验条件下污染物的淋溶特征。

[试剂与材料]

(1)四环素($C_{22}H_{24}N_2O_8$,色谱纯)。

(2)氯化钙($CaCl_2$,分析纯)。

(3)叠氮化钠(NaN_3,分析纯)。

(4)含叠氮化钠的氯化钙溶液,$c(CaCl_2)= 0.01$ mol/L,$c(NaN_3)= 0.01$ mol/L。

(5)供试土壤:沙壤土,风干,过 2 mm 筛。

(6)**砂石**:粒径为 3～5 mm。

(7)**滤纸**。

(8)测定滤液和土壤中四环素所需要的所有试剂与材料,参考实验 8.5。

[仪器与设备]

(1)有机玻璃柱:内径为 10 cm,高为 120 cm 的,每隔 10 cm 开有采样孔。

(2)自制淋溶装置。

(3)一般实验室常用仪器与设备。

(4)测定滤液和土壤中四环素所需要的所有仪器与设备。

[实验步骤与内容]

本实验依据世界经济合作与发展组织(OECD-312)标准方法进行土柱淋溶实验。

1.四环素污染土壤的准备

根据目前土壤和畜禽粪肥中四环素的浓度,本试验设定土壤四环素污染浓度为 0 mg/kg (空白对照)、2 mg/kg、5 mg/kg、10 mg/kg、20 mg/kg。

污染土壤的配制一般采用两步法。第一步,10 倍设定浓度污染土壤的配制,根据实验设置四环素污染浓度,先配制 10 倍设定浓度,即 0 mg/kg、20 mg/kg、50 mg/kg、100 mg/kg 和 200 mg/kg 的污染土壤。准确称取定量的四环素溶于超纯水,然后加入一定量的土壤,混合均匀。第二步,设定浓度污染土壤的配制。将上述 10 倍设定浓度污染土壤与未污染供试土壤按 1∶9 的比例混合,即可获得设定浓度污染土壤。老化 3 d。

2.土柱的准备

将有机玻璃柱底部填装高度为 5 cm 的砂石,然后填装未污染供试土壤,边填充边轻敲柱壁,以使填充土壤均匀、密实,使土柱的填充高度为 100 cm。填充完毕后,计算装入土量,并求得所填土壤密度。在所填土壤上方盖一层滤纸,并加盖一层高度为 5 cm 砂石,以便均匀布水。用 $CaCl_2$ 溶液预饱和土柱,静置平衡 3 d。

3.淋溶

将配制的系列设定污染浓度的四环素污染土壤分别填充于不同土柱顶端砂石上方,填充厚度约为 2 cm,并记录填充的污染土壤质量。以 0.01 mol/L $CaCl_2$ 溶液(用盐酸或氢氧化钠调节 pH 为 7)为淋溶液,探讨四环素初始浓度、淋溶强度和淋溶时间对四环素迁移行为的影响。

以四环素初始浓度(0 mg/kg、2 mg/kg、5 mg/kg、10 mg/kg、20 mg/kg)为考察因子时,淋溶强度为 1.2 mL/min(模拟 200 mm 降水量),淋溶时间为 3 d。

以淋溶强度(0.8 mL/min、1.0 mL/min、1.2 mL/min、1.5 mL/min)为考察因子时,土壤四环素初始浓度为 1.0 mg/kg,淋溶时间为 3 d。

以淋溶时间(1 d、3 d、5 d)为考察因子时,土壤四环素初始浓度为 1.0 mg/kg,淋溶强度为 1.2 mg/kg。

待淋溶溶液完全流出土柱后,分别采集土柱各层(10 cm/层,共 10 层)土壤,冷冻干燥后备测。同时收集淋滤液。

4.测定项目与方法

(1)淋液体积。用量筒直接量取淋液体积,读数。

(2)滤液中四环素的测定。

①滤液中四环素的提取。淋液中四环素的提取采用 HLB 小柱法。具体步骤和方法如下。

水样的预处理。将淋滤液经 0.45 μm 玻璃纤维滤膜过滤,准确量取 200 mL 滤液至 250 mL 圆底烧瓶中,用 1 mol/L 硫酸溶液调节 pH 至 3 左右以抑制水样中的微生物对目标化合物的降解作用,并加入 0.2 g EDTA-2Na 以抑制目标化合物与金属离子络合。然后水样进行固相萃取、浓缩和定容,具体可参考实验8.5。

②滤液中四环素的仪器分析。滤液中四环素的仪器分析方法可参考实验8.5。

(3)土壤中四环素的测定。土壤中四环素的提取与分析可参考实验8.5。

[实验数据处理]

(1)计算出滤液中四环素的浓度,并将数据整理成合适的图表表示。

(2)计算出各土层四环素的浓度,并将数据整理成合适的图表表示。

(3)根据四环素投加总量、滤液体积和滤液中四环素的浓度,计算四环素的淋失率,并将数据整理成合适的图表表示。

[实验结果与分析]

(1)分析总结初始污染浓度对四环素迁移行为的影响。

(2)分析总结淋洗液强度对四环素迁移行为的影响。

(3)分析总结淋洗时间对四环素迁移行为的影响。

[注意事项]

(1)土柱的填充要均匀、密实,各土柱要保持一致。

(2)各因素淋溶实验均重复进行 1 次,前后两次实验各土层中四环素含量的标准偏差在 15% 以内。

实验9.5　土壤有机污染物(总石油烃)的挥发

石油烃污染物在重力和毛细力作用下不断入渗,同时经历挥发、吸附解吸、淋溶和微生物降解作用,多种作用机制控制着污染物在土壤中的运移。挥发是石油类污染物在环境中迁移转化的一个重要途径,不论是土壤表面的油,还是水体表面的油,只要与大气直接接触,就会不断向大气中挥发,发生石油烃类物质的挥发现象。石油中的轻质烃挥发性较大,且与下垫层物质的性质、吸附能力、物理状态及挥发面积、环境温度、环境风速、时间等有关。

石油烃在土壤中的挥发强度随着环境因素而改变。一般来说,挥发速率取决于温度、油类组分与埋深、风速、太阳辐射及土壤质地。有试验研究表明,土壤质地和土壤含水量会影响污染物在土壤中的挥发过程。黏质土类,由于颗粒细小、比表面积大、孔隙小且富含黏粒,吸附性强,污染物在其中的挥发速率低于在砂质土壤中的挥发速率。

本实验将讨论总石油烃(TPH,$C_{10}-C_{40}$)在不同温度时的挥发行为,研究总石油烃在薄层土壤中和厚层土壤中的挥发行为,分析总石油烃在土壤中挥发的影响因素。

[实验目的]

(1)掌握土壤有机污染物挥发作用的研究方法。
(2)掌握土壤有机污染物挥发作用的特征。

[实验原理]

石油烃的测定方法有很多,由于其组分复杂,一种测定方法往往只能测定其中的部分组分,因此还存在着某些不足和缺点。重量法适于测定碳数较多的石油烃。重量法是常用的分析方法,实验过程中,对土样进行污染前后称重测量,损失值即为挥发量。

[试剂与材料]

(1)供试土壤。未受污染的砂土、壤土和黏土,自然风干、除杂、研碎,过 2 mm 筛。
(2)供试油品,TPH 总石油烃($C_{10}-C_{40}$)。
(3)测定土壤总石油烃($C_{10}-C_{40}$)所需要的试剂与材料,参考实验8.8。

[仪器与设备]

(1)电子天平:精密度为 0.001 g。
(2)高压灭菌锅。
(3)玻璃表面皿:内径为 100 mm。
(4)测定土壤总石油烃($C_{10}-C_{40}$)所需要的仪器与设备,参考实验8.8。

[实验步骤与内容]

1.纯油品的挥发实验

量取 5 mL TPH,置于已知重量(G_0)的玻璃表面皿中,分别置于 20 ℃、25 ℃和 30 ℃的温度下进行纯油品的挥发实验。每个处理设置三个重复。24 h 后,用电子天平分别称量其重量(G_1)。

2.TPH 在薄层土壤中的挥发

分别向已知重量的玻璃表面皿(G_0)中加入三种供试土壤,使土壤厚度约为 5 mm,再称量玻璃表面皿与土壤的重量(G_1)。然后加入 10 g TPH,与土壤混匀,分别置于 20 ℃、25 ℃和 30 ℃的温度下进行 TPH 在薄层土壤(厚度 5 mm)中的挥发,每隔 12 h 测定其重量(G_2),实验周期为 7 d[注:由于土样为风干土,含水量很低,TPH 的生物降解作用弱,所以所测重量(G_2)与初始总重量(G_1)之差为该时间的挥发损失量]。

3.土壤特性对 TPH 挥发的影响

探讨土壤质地和含水量对挥发行为的影响,实验处理见表9-2。

表 9-2　TPH 在厚层土壤中的挥发实验条件　　　　　　　　　　　mg/kg

处理号	土样	TPH 含量百分比(%,干重)	含水量百分比(%,干重)
1	1 号土	18	2
2	1 号土	4	2
3	2 号土	18	2
4	2 号土	4	2
5	3 号土	18	7.5
6	3 号土	4	7.5
7	3 号土	18	10
8	3 号土	18	5

实验前,将 3 种供试土壤进行灭菌(121 ℃高压灭菌 20 min,重复 3 次),消除微生物对 TPH 的降解。

称量空 PVC 管(内径为 35 mm、长度为 200 mm)质量(m_1),然后向空 PVC 管中按该土样的实际容重将分别装填 3 种供试土壤,并称重(m_2),各处理土壤质量为 $m(m=m_2-m_1)$。每个处理重复六次。

然后将各处理土样倒出,按表 9-2 的要求分别向各处理组土样中加入所需的 TPH 和水,并充分混匀后,最后按该土样的实际容重将土样置于 PVC 管中,在室温为 25 ℃下进行培养。分别在 24 h、96 h、192 h、288 h、432 h 和 624 h 取一根相应 PVC,并依高程平分为 5 部分(破坏性地把土柱沿高程平均截为 5 部分,每段 PVC 管长度为 40mm,在每部分的中部取样测定),在每部分中部取土样 3~4 g,测定其含油量。

4.测定项目与方法

测定土壤中 TPH 含量,其测定方法可参考实验 8.8。

[实验数据处理]

(1)计算纯油品在不同温度下的挥发量。

(2)计算 TPH 在薄层土壤中的挥发量,并将数据整理成合适的图表表示。

(3)计算 TPH 在不同质地和含水量土层中的挥发量,并将数据整理成合适的图表表示。

[实验结果与分析]

(1)分析土壤厚度对 TPH 挥发量的影响。

(2)分析土壤质地和含水量,以及 TPH 初始浓度对其挥发行为的影响。

实验 9.6　土壤中有机污染物(六氯乙烷)的还原脱氯降解

含氯有机化合物广泛散布于自然环境中,这类化合物一旦进入环境,很难在短时间内自然降解,造成严重的环境污染和长期的生态破坏后果,有关氯代烃的环境污染问题近些年来一直得到了世界各国研究人员的重点关注。当前,用零价铁的还原作用治理有机氯化物污染问题已经成为一个非常活跃的研究领域。

通过在零价铁表面掺杂一种过渡金属,如 Cu、Pd、Ag、Ni、Au 等,使之与零价铁构成原电池,可以促进电子的传递,也可以利用所负载金属的特有物理化学性质,令其与零价铁发生协同作用,发挥二元复合体系中每一金属材料的优点。此外,掺杂过渡金属还能降低零价铁高表面活性引发的团聚和钝化风险。零价金属能有效地还原脱氯处理氯代有机物,其还原效果受反应温度的影响。

本实验研究铁粉(铁屑)对六氯乙烷在土壤中的还原脱氯效果,并初步探讨反应温度和负载贵金属对脱氯效果的影响。

[实验目的]

(1)研究零价铁对土壤中六氯乙烷还原脱氯效率的影响。

(2)探讨零价铁对土壤中六氯乙烷还原脱氯的影响因素。

[实验原理]

零价铁对六氯乙烷的还原脱氯过程包括直接电子转移和 H_2 介导的间接电子转移。

铁的化学性质活泼,还原能力强。在水溶液中,零价铁可以作为电子供体使六氯乙烷脱氯,反应如下。

$$Fe^0 - 2e^- \rightarrow Fe^{2+} \tag{1}$$

$$RCl + 2e^- + H^+ \rightarrow RH + Cl^- \tag{2}$$

$$Fe^0 + RCl + H^+ \rightarrow Fe^{2+} + RH + Cl^- \tag{3}$$

Fe^0-H_2O 体系反应产生的氢气也可以作为电子供体使六氯乙烷还原脱氯,Pd、Pt 和 Rh 等贵金属是优良的加氢催化剂,对氢气有强烈的吸附作用。零价铁表面负载的贵金属能够在零价铁表面形成高浓度的氢气和六氯乙烷反应相,促进六氯乙烷还原脱氯反应的进行。

[试剂与材料]

(1)铁粉(Fe,分析纯)。

(2)六氯乙烷(C_2Cl_6,化学纯)。

(3)乙腈(C_2H_3N,分析纯)。

(4)甲酸铵(CH_5NO_2,分析纯)。

(5)氯化钯($PdCl_2$,分析纯)。

(6)氯铂酸($H_{14}Cl_6O_6Pt$,分析纯)。

(7)水合三氯化铑($RhCl_3 \cdot n\,H_2O$,分析纯)。

(8)Pd 储备液、Pt 储备液和 Rh 储备液(10 g/L)

(9)供试土壤:风干水稻土,过 2 mm 筛。

(10)测定土壤六氯乙烷所需要的试剂与材料,参考实验8.2。

[仪器与设备]

(1)PCI-1 型氯离子选择性电极。

(2)pH 计。

(3)摇床。

(4)离心机。

(5)测定土壤六氯乙烷所需要的仪器与设备,参考实验8.2。

(6)一般实验室常用仪器与设备。

[实验步骤与内容]

1.零价铁预处理

分别称取 5 g 铁粉于一系列锥形瓶中,加入 150 mL 无水乙醇,在 N_2 保护下用电动搅拌器以 300 r/min 的转速搅拌。分别加入 1 mL 10 g/L 的 Pd 储备液、0.5 mL 10 g/L 的 Pt 储备液、0.5 mL 10 g/L 的 Rh 储备液、1 mL 10 g/L 的 Pd 储备液和 0.5 mL 10 g/L 的 Pt 储备液、1 mL 10g/L 的 Pd 储备液和 0.5 mL 10g/L 的 Rh 储备液、1 mL 10g/L 的 Pd 储备液和0.5 mL 10 g/L 的 Pt 储备液,以及 0.5 mL 10g/L 的 Rh 储备液。继续搅拌 15 min 后真空抽滤、超纯水清洗 3 次、无水乙醇清洗 1 次,分别制得 0.1% Pd/Fe、0.05%Pt/Fe、0.05%Rh/Fe、0.1%Pd-5% Pt/Fe、0.1%Pd-0.05%Rh/Fe、0.1%Pd-0.05% Pt-0.05% Rh/Fe 的贵金属与零价铁双金属体系、三金属体系、四金属体系(其中百分比表示负载贵金属与零价铁质量之比)。通入 N_2 密封,并在 4 ℃条件下保存备用。

2.催化剂的影响实验

称取 2 g 土壤样品置于一系列锥形瓶中,加入甲醇为溶剂的 1.0 mL 50 mmol/L 六氯乙烷标准溶液充分混合,制得污染土样,于避光处放置 30 min,让甲醇溶剂自然挥发。然后加入 10 mL 去离子水,再分别加入 0.5 g 零价铁或其双金属、三金属、四金属体系,然后向反应管中通入 N_2,用薄膜封口后置于全温空气摇床(25 ℃,无振荡)反应,分别于 12 h、24 h、48 h 和 96 h 取样,用氯离子选择性电极测定反应后溶液中氯离子浓度。实验中每个样品均设 3 个重复样。

3.反应温度的影响实验

称取 2 g 土壤样品置于一系列锥形瓶中,加入甲醇为溶剂的 1.0 mL 50 mmol/L 六氯乙烷标准溶液充分混合,制得污染土样,于避光处放置 30 min,让甲醇溶剂自然挥发。然后加入 10 mL 去离子水,再分别加入 0.5 g 零价铁和 Pd/Fe 双金属体系,然后向反应管中通入 N_2,用薄膜封口后,分别于 25 ℃和 35 ℃的空气摇床(无振荡)中进行反应。分别于 12 h、24 h、48 h 和 96 h 取样,用氯离子选择性电极测定反应后溶液中氯离子浓度。实验中每个样品均设 3 个重复样。

4.测定项目与指标

(1)上清液中氯离子浓度,用离子选择性电极直接测定。

(2)土壤六氯乙烷的测定,具体操作参考实验8.2。

[实验数据处理]

(1)根据土壤溶液中氯离子含量与样品中加入已知的六氯乙烷中氯元素理论含量,计算各处理六氯乙烷的脱氯率。

(2)根据土壤中六氯乙烷的测定浓度和已知加入浓度,计算各处理六氯乙烷的降解率。

[实验结果与分析]

(1)分析总结不同催化剂体系对六氯乙烷脱氯降解效果的差异。

(2)分析温度对六氯乙烷降解脱氯效果的影响。

实验 9.7　土壤有机污染物(多氯联苯)的化学氧化

目前用于多氯联苯污染土壤的修复技术包括物理法、化学法和生物法。化学法作为一种高效彻底的降解方法被广泛地应用。均相芬顿(Fenton)法是一种新兴的高级化学氧化技术,对于降解有机污染物有着良好的效果,但由于需要强酸环境和过量的铁盐,并且存在催化剂无法回收、会产生铁盐沉淀,有可能造成二次污染等问题,在运用上受到了很大的限制(刘泽,2021)。非均相类 Fenton 法通常使用固体载体将铁单质或其化合物负载其上,或直接使用 Fe^0、Fe 的化合物等与 H_2O_2 组成类 Fenton 体系。该方法不但能够解决传统 Fenton 工艺受 pH 条件限制和铁污泥量高的问题,还能提高颗粒与污染物的相互作用,提高反应体系的降解效率。

体系 pH、催化剂的用量、H_2O_2 的用量等多种因素都会影响 Fenton 反应降解效果。当反应体系中的 pH 较高时,Fe(Ⅱ)、Fe(Ⅲ)会发生絮凝造成铁的流失。在化学反应中,物质的量是影响反应的关键因素(张洋和赵静,2019),所以 Fe(Ⅱ)与 H_2O_2 的药剂配比以及加药量也是影响 Fenton 反应效果的关键影响因素。

本实验通过单因素实验,设置了不同初始 pH、载铁材料添加量、H_2O_2 添加量、水土比和投加方式,研究不同因素对非均相类 Fenton 高级氧化多氯联苯降解效果的影响,并确定各因素的最佳取值范围。

[实验目的]

(1)掌握非均质芬顿法氧化土壤中多氯联苯的研究方法。

(2)通过单因素实验,确定各因素的最佳取值。

[实验原理]

非均相类 Fenton 的主要作用原理为:在反应初始阶段,H_2O_2 发在反应体系中扩散,部分

H_2O_2 被载铁材料吸引,同时载铁材料也会吸引污染物富集其上,随后材料中的 Fe 与 H_2O_2 发生催化反应释放出自由基基团催化污染物降解,最后降解产物及反应物从材料与液体界面逐渐转移到溶液中,反应逐渐停止,污染物得以降解或去除。实验过程中,加入羟基氯化铵可以有效猝灭 Fenton 反应过程中羟基自由基及其他活性氧间体的形成,从而终止反应进程。

[试剂与材料]

(1)2,3',4,5-四氯联苯(PCB67,99.99%)。

(2)正己烷(C_6H_{14},色谱纯)。

(3)硫代硫酸钠($Na_2S_2O_3 \cdot 5H_2O$,分析纯)。

(4)无水硫酸钠($NaSO_4$,分析纯)。

(5)30%过氧化氢(30% H_2O_2,分析纯)。

(6)硫酸亚铁($FeSO_4 \cdot 7H_2O$,分析纯)。

(7)浓硝酸(HNO_3,分析纯)。

(8)羟基氯化铵($HONH_3Cl$,分析纯)。

(9)冰乙酸(CH_3COOH,分析纯)。

(10)乙酸钠(CH_3COONa,优级纯)。

(11)邻二氮菲($C_{12}H_8N_2 \cdot H_2O$,分析纯)。

(12)硫酸(H_2SO_4,分析纯)。

(13)十六烷基三甲基溴化铵(CTMA)。

(14)硼氢化钠($NaBH_4$)。

(15)载铁材料:膨润土。

(16)供试土壤:沙壤土(过 2 mm 筛)。

(17)测定土壤 PCB 67 所需要的试剂与材料,参考实验 8.3。

[仪器与设备]

(1)电子分析天平。

(2)离心机。

(3)电热恒温鼓风干燥箱。

(4)搅拌器。

(5)真空干燥机。

(6)水浴恒温振荡器。

(7)冷冻离心机。

(8)测定土壤 PCB 67 所需要的仪器与设备,参考实验 8.3。

(9)一般实验室常用仪器与设备。

[实验步骤与内容]

本实验设置 5 个影响因素进行单因素实验,分别为:初始 pH、载铁材料添加量、H_2O_2 添加量、水土比、投加方式。对每个影响因素选择一定的取值范围,测定在该取值范围内反应体系中多氯联苯的浓度随时间变化的情况。

1.载铁材料(黏土负载纳米零价铁)的制备

实验采用黏土负载纳米零价铁,通过有机膨润土通过阳离子交换法制备。在 70 ℃水浴中连续搅拌 120 min,将 8.38 g 十六烷基三甲基溴化铵(CTMA)添加到 20.0 g Na-膨润土(Bent)的 1%(w/w)水性悬浮液中。将悬浮液离心、洗涤,并在 70 ℃下干燥。研磨至小于 100 目,使用前在 115 ℃下加热 120 min,获得产品即为有机膨润土。

在搅拌下滴加 250 mL 0.108 mol/L NaBH₄,可将 250 mL 0.054 mol/L FeSO₄ · 7H₂O 还原得到纳米级零价铁颗粒。将该溶液在室温下再搅拌 30 min。通过真空过滤形成金属颗粒,颗粒沉降并与液相分离。然后将沉降的金属颗粒用乙醇洗涤 3 次,最后真空干燥,最终产品标记为 NZVI(该制备在 N₂ 环境下进行)。

2.污染土壤的配制

称取 3 mg PCB 67,加入丙酮溶剂,使其充分溶解。然后将溶解后的 PCB 67 丙酮溶液加入 1.5 kg 供试土壤中,混合均匀,获得 PCB 67 污染浓度为 2 mg/kg 的污染土壤。放置 3 d,让丙酮溶剂挥发完全。

3.初始 pH 对降解效果的影响

称取 50 g 上述污染土壤于一系列烧杯中,加入 1.5 g 上述载铁材料,充分混合均匀。然后加入 100 mL 去离子水、2 mL 30%的 H₂O₂,搅拌均匀。用 1 mol/L 的硫酸和氢氧化钠调节反应体系的初始 pH 分别为 2、3.5、5、7、9 和 10。置于水浴恒温振荡器中(25 ℃, 160 r/min) 振荡,于 5 min、10 min、20 min、40 min、80 min 取出 10 mL 土壤浆液,加入 0.5 g 羟基氯化铵终止反应,真空干燥,测定土壤中残留的 PCB。

4.载铁材料添加量对降解效果的影响

称取 50 g 上述污染土壤于一系列烧杯中,分别加入 0.56 g、0.75 g、1.12g、1.5g、2.24 g 和 3.00 g 载铁材料,混合均匀。然后加入 100 mL 去离子水,2 mL 30%的 H₂O₂,搅拌均匀,用 1 mol/L 的硫酸和氢氧化钠调节反应体系的初始 pH 为 3。置于水浴恒温振荡器中(25 ℃, 160 r/min) 振荡,于 5 min、10 min、20 min、40 min、80 min 取出 10 mL 土壤浆液,加入 0.5 g 羟基氯化铵终止反应,真空干燥,测定土壤中残留的 PCB。

5.过氧化氢添加量对降解效果的影响

称取 50 g 上述污染土壤于一系列烧杯中,加入 1.5 g 上述载铁材料,充分混合均匀,加入 100 mL 去离子水。然后分别加入 0.35 mL、0.69 mL、1.03 mL、1.38 mL、2.06 mL、2.75 mL 30%的 H₂O₂,用 1 mol/L 的硫酸和氢氧化钠调节反应体系的初始 pH 为 3。置于水浴恒温振荡器中(25 ℃, 160 r/min) 振荡,于 5 min、10 min、20 min、40 min、80 min 取出 10 mL 土壤浆液,加入 0.5 g 羟基氯化铵终止反应,真空干燥,测定土壤中残留的 PCB。

6.水土比对降解效果的影响

称取 50 g 上述污染土壤于一系列烧杯中,加入 1.5 g 上述载铁材料,充分混合均匀。分别加入 75 mL、100 mL、150 mL、175 mL 和 200 mL 去离子水,调节反应体系的水土比(V/m)依次为 1.5∶1、2.5∶1、3∶1、3.5∶1、4∶1,搅拌均匀,然后加入 2mL 30%的 H₂O₂,用 1 mol/L 的硫酸和氢氧化钠调节反应体系的初始 pH 为 3。置于水浴恒温振荡器中(25 ℃, 160 r/min) 振荡,于 5 min、10 min、20 min、40 min、80 min 取出 10 mL 土壤浆液,加入 0.5 g 羟基氯化铵终止反应,真空干燥,测定土壤中残留的 PCB。

7.投加方式对降解效果的影响

将 50 g 污染土壤、1.5 g 载铁材料、100 mL 去离子水和 2 mL 30％的 H_2O_2,分别按表 9-3 的方式进行投加,并混合均匀。用 1 mol/L 的硫酸和氢氧化钠调节反应体系的初始 pH 为 3。置于水浴恒温振荡器中(25 ℃, 160 r/min)振荡,于 5 min、10 min、20 min、40 min、80 min 取出 10 mL 土壤浆液,加入 0.5 g 羟基氯化铵终止反应,真空干燥,测定土壤中残留的 PCB。

表 9-3　五种加料方式　　　　　　　　　　　　　　　　　　　　　　　mg/kg

序号	投加方式
A	将材料与 H_2O_2 混合后,全部加入土壤中
B	将材料与土壤混合后,加入全部 H_2O_2
C	将材料与土壤混匀后,H_2O_2 分两次等量加入土壤中(分别在反应开始和反应 40 min 时加入)
D	将材料与土壤混匀后,H_2O_2 分四次等量加入土壤中(分别在反应开始、反应 20 min、反应 40 min、反应 60 min 时加入)
E	将材料与土壤混匀后,H_2O_2 分五次加入土壤中,测定反应体系在各时间节点对 PCB 的去除效率,得到 PCB 浓度随时间的变化曲线

8.测定项目与指标

土壤中 PCB 67 的测定,具体操作可参考实验 8.3。

[实验数据处理]

(1)计算出反应后土壤中 PCB 的浓度。

(2)根据 PCB 配制浓度和反应后土壤中 PCB 的实测浓度,计算 PCB 的降解率,并将数据整理成合适的图表表示。

[实验结果与分析]

(1)分析总结各因素对土壤中 PCB 降解率的影响特征,并初步确定各因素的最佳取值范围。

(2)初步探讨不同因素影响降解效果的原因。

第 10 章　土壤污染物的生态效应

土壤污染的微生物生态效应

　　大量的研究表明,土壤微生物的数量和微生物的种群结构等生物指标能反映出土壤质量和健康状态等信息,而土壤污染会对土壤中的微生物种群和数量会造成很大的影响。因此,土壤微生物被认为是土壤污染最好的指示物。随着 Biolog 微平板分析方法和技术的确立和完善,微生物群落结构和功能多样性等指标已被广泛应用于土壤环境质量的监测和研究。

　　一种化学污染物对某一生态系统中微生物的影响,可以间接反映出该种化学品对此生态系统的影响。但是不同种类有机污染物对微生物群落和数量的影响不完全相同,同一种类有机污染物对不同微生物类群数量的影响也不完全一致,没有一定的模式。

　　本实验采用室内培养模拟实验方法,选用铜和多氯联苯(分别代表重金属和有机污染物)作为研究污染物,以土壤微生物生物量、土壤基础呼吸作用强度、土壤细菌/真菌/放线菌数量、土壤微生物群落功能多样性作为土壤微生物生态效应指标,调查铜和/或多氯联苯污染对土壤微生物生态效应的影响特征。本实验设计主要参考侯宪文(2007)和高军等(2009)的文献报道。

[实验目的]

　　(1)掌握采用室内培养模拟试验调查污染物的微生物生态效应的研究方法。
　　(2)掌握铜和/或多氯联苯污染的土壤微生物生态效应特征。

[实验原理]

　　室内培养试验法是当前应用较多的一种研究土壤污染微生物生态效应的方法。培养试验基本是在室内完成,把定量的风干土壤调整到相应湿度,在某种温度条件下恒温培养,接下来测量培养期间土壤相应指标。其原理是土壤中具有丰富的微生物种类和数量,在合适的温度和湿度条件下可以利用土壤提供的营养盐物质生长繁殖。当有污染物加入时,土壤微生物的生长繁殖、种群结构和功能多样性均会受到影响。室内培养法操作容易,极大程度上还原了土壤自然的环境条件,可以客观地体现污染物对土壤微生物生态效应的影响。

　　在自然土壤中加入一定浓度的污染物,然后在合适的温度和湿度条件下培养一定时间,采集土壤样品,测定土壤微生物生态效应指标,总结实验条件下污染物对土壤微生物生态效应的影响特征。

[试剂与材料]

(1)氯化铜($CuCl_2 \cdot 2H_2O$,分析纯)。

(2)2,4,4'-三氯联苯(PCB 28):标准物,粉末状。

(3)丙酮(C_3H_6O,分析纯)。

(4)供试土壤:风干水稻土,过 2 mm 筛。

(5)测定土壤微生物生物量碳、土壤微生物生物量氮、土壤可培养细菌/真菌/放线菌数量、土壤微生物群落结构多样性和功能多样性所需要的试剂与材料。

(6)一般实验室常规试剂与材料。

[仪器与设备]

(1)高脚烧杯:内径 10 cm,高 15 cm。

(2)培养箱。

(3)一般实验室常用仪器与设备。

(4)测定土壤微生物生物量碳、土壤微生物生物量氮、土壤可培养细菌/真菌/放线菌数量、土壤微生物群落结构多样性和功能多样性所需要的仪器与设备。

[实验步骤与内容]

本实验采用室内培养试验法。

1.污染土壤的准备

Cu 单一污染实验中,设置土壤 Cu 污染浓度为:0 mg/kg、20 mg/kg、50 mg/kg、100 mg/kg 和 200 mg/kg。每个处理称取供试土壤 1 kg,分别加入氯化铜 0 mg、2.68 mg、6.71 mg、13.41 mg 和 26.83 mg,混匀,获得 Cu 污染系列土壤,装于高脚烧杯中(保证烧杯中土壤高度约为 10 cm)。每个处理设置 3 个重复。

2,4,4'-三氯联苯单一污染实验中,设置土壤 2,4,4'-三氯联苯污染浓度为 0 mg/kg、5 mg/kg、10 mg/kg、20 mg/kg 和 50 mg/kg。将一定量的 2,4,4'-三氯联苯溶于丙酮,将上述含有 2,4,4'-三氯联苯的丙酮溶液加到少量供试土壤中,获得 10 倍设置浓度污染土壤。将上述污染土壤置于通风橱,放置 3 d,让丙酮完全挥发。然后将上述污染土壤与未污染供试土壤按 1:9 的比例混合均匀,获得实验所用污染土壤。每个处理称取污染土壤 1 kg 装于高脚烧杯中。每个处理设置 3 个重复。

Cu/2,4,4'-三氯联苯复合污染实验中,设定土壤 Cu 污染浓度为 100 mg/kg,2,4,4'-三氯联苯污染浓度为 0 mg/kg、5 mg/kg、10 mg/kg、20 mg/kg 和 50 mg/kg。先按 2,4,4'-三氯联苯单一污染实验配制污染土壤,每个处理称取上述 2,4,4'-三氯联苯单一污染 1 kg,然后处理加入氯化铜 13.41 mg,混匀,装于高脚烧杯中。每个处理设置 3 个重复。

2.培养方法

调节高脚烧杯中的土壤含水量到田间最大持水量的 50%,用保鲜膜密封高脚烧杯杯口,并在封口保鲜膜上扎上几个通气孔,然后于 25 ℃条件下暗培养,每天用称重法调节水分含量,于第 7、第 14、第 21 天取样测定。

3.测定指标与方法

(1)土壤微生物生物量碳(C_{mic})和生物量氮(N_{mic}),其测定方法参考实验 5.1。

(2)土壤可培养细菌、真菌、放线菌数量,其测定方法参考实验 5.2。

(3)土壤微生物群落结构多样性,其测定方法参考实验 5.7。

(4)土壤微生物功能多样性,其测定方法参考实验 5.8。

[实验数据处理]

(1)计算出土壤微生物生物量碳(C_{mic})、土壤微生物生物量氮(N_{mic}),并将数据整理成图表表示。

(2)计算出土壤中可培养细菌、真菌、放线菌数量,并将数据整理成图表。

(3)计算出土壤微生物群落结构多样性相关数据,并将数据整理成图表。

(4)计算出土壤微生物功能多样性相关数据,并将数据整理成图表。

[实验结果与分析]

(1)分析总结土壤 Cu 污染对土壤微生物生态效应的影响特征。

(2)分析总结土壤 2,4,4'-三氯联苯污染对土壤微生物生态效应的影响特征。

(3)分析总结土壤 Cu/2,4,4'-三氯联苯复合污染对土壤微生物生态效应的影响特征。

(4)查阅文献,探讨 Cu/2,4,4'-三氯联苯复合污染与单一污染之间的差异机理。

实验 10.2　　土壤污染对蚯蚓的毒害作用

蚯蚓作为土壤动物区系的代表类群,占土壤中总生物量的 60%~80%。蚯蚓生活在食物链的底端,会跟土壤污染物直接接触,土壤污染会对蚯蚓产生一定的毒害作用。同时,蚯蚓结构简单、易培养、易繁殖。因此,蚯蚓目前被广泛用来评估土壤环境中污染物的毒性效应,不仅可以直接反映土壤质量状况,还可以反映污染物毒性的高低。

蚯蚓种类繁多,OCED(经济合作与发展组织)将赤子爱胜蚓(*Eisenia foetida*)作为土壤毒性试验的标准生物,用来评价土壤的污染状况。蚯蚓毒性试验一般分为急性毒性试验和慢性毒性试验,慢性毒性试验一般通过蚯蚓体内各项指标的变化来反映毒性大小。

本实验采用室内培养的慢性毒性试验方法,选用赤子爱胜蚓作为标准生物,砷和有机氯农药(分别代表类金属和有机污染物)作为研究污染物,以蚯蚓存活率、体重变化、超氧化物歧化酶(SOD)活性、过氧化氢酶(CAT)活性、过氧化物酶(POD)活性、谷胱甘肽硫转移酶(GST)活性、体腔细胞 DNA 损伤,以及污染物的富集作为毒性指标,调查砷和/或有机氯农药污染对土壤蚯蚓的毒害作用特征。本实验设计主要参考王志峰(2017)、彭程(2017)、王亚利(2019)和刘斌(2021)的文献报道。

[实验目的]

(1)掌握采用室内培养的慢性毒性试验方法调查土壤污染对蚯蚓毒害作用的研究方法。

（2）掌握砷和/或有机氯农药污染对蚯蚓的毒害作用特征。

[实验原理]

通过蚯蚓来判断土壤污染程度有两种方式：一是调查受污染地区土壤中蚯蚓的数量和行为来判断土壤污染程度；二是在室内模拟实际情况下的污染，然后放入蚯蚓，根据蚯蚓的各项生理指标的变化情况来确定污染程度。前者是在种群水平上进行分析，后者是在个体水平上进行分析。

室内培养法是模拟实际情况下的土壤污染，然后放入蚯蚓，根据蚯蚓的各项生理指标的变化情况，从个体水平上来确定污染物的污染程度。

[试剂与材料]

（1）亚砷酸钠（$NaAsO_2$，分析纯）。

（2）狄氏剂（$C_{12}H_8Cl_6O$，标准品）。

（3）丙酮（C_3H_6O，分析纯）。

（4）供试土壤：风干土壤，过 2 mm 筛。

（5）蚯蚓：赤子爱胜蚓。

（6）测定蚯蚓各项毒性指标所需要试剂和材料。

（7）一般实验室常用试剂与材料。

[仪器与设备]

（1）塑料盆：底部内径 10 cm，上部内径 18 cm，高度 10 cm。

（2）测定蚯蚓各项毒性指标所需要仪器与设备。

（3）一般实验室常用仪器与设备。

[实验步骤与内容]

本实验依据世界经济合作与发展组织（OECD-312）标准方法进行。

1.污染土壤的准备

As 单一污染实验中，设定土壤 As 污染浓度为：0 mg/kg、10 mg/kg、20 mg/kg、40 mg/kg 和 80 mg/kg。每个处理称取供试土壤 2 kg，分别加入亚砷酸钠 0 mg、34.68 mg、69.36 mg、138.72 mg 和 277.44 mg，混匀，获得 As 污染系列土壤，装于塑料盆。每个处理设置 3 个重复。

狄氏剂单一污染实验中，设定土壤狄氏剂污染浓度为：0 mg/kg、1 mg/kg、2 mg/kg、5 mg/kg 和 10 mg/kg。将一定量的狄氏剂溶于丙酮，将上述含有狄氏剂的丙酮溶液加到少量供试土壤中，获得 10 倍设置浓度污染土壤。将上述污染土壤置于通风橱，放置 3 d，待丙酮完全挥发。然后将上述污染土壤与未污染供试土壤按 1∶9 的比例混合均匀，获得实验所用污染土壤，每个处理称取 2 kg 装于塑料盆。每个处理设置 3 个重复。

As/狄氏剂复合污染实验中，设定土壤 As 污染浓度为 40 mg/kg，狄氏剂污染浓度为 0 mg/kg、1 mg/kg、2 mg/kg、5 mg/kg 和 10 mg/kg。先按狄氏剂单一污染实验配制污染土壤，每个处理称取 2 kg 装于塑料盆，然后每个处理加入亚砷酸钠 138.72 mg。每个处理设置 3

个重复。

2.培养方法

调节各处理土壤水分至 60％饱和含水量,(25±1) ℃稳定 7 d。

根据实验要求,分别向每个处理接种赤子爱胜蚓 60 条(记录好培养前蚯蚓的重量),进行为期 10 d 的培养。培养条件为温度(25±1)℃,光暗比 12 h∶12 h。为避免蚯蚓逃逸,在盆面上绑上纱网,每隔 1 d 用称重法调节土壤含水量。培养结束后,手工分离出蚯蚓。

3.测定指标与方法

(1)培养后蚯蚓的存活数和体重。取出所有蚯蚓,洗去体表泥土,放置于铺有滤纸(滴加 2 滴生理盐水)的培养皿中,在培养箱中放置 24 h 进行清肠。将清肠吐泥后的蚯蚓洗净,吸干水分称重,记录培养后蚯蚓重量和蚯蚓死亡条数。

$$蚯蚓存活率(\%)=存活蚯蚓条数/总蚯蚓条数×100\%$$

(2)酶液的制备。取出上述洗净并称重的两条蚯蚓,放入匀浆器中,以质量体积比 1∶9 的比例加入预冷过的磷酸盐缓冲溶液,在冰浴条件下充分研磨匀浆。然后转移至离心管中,4 ℃、2 500 r/min 离心 10 min,结束后转移上清液;4 ℃、3 000 r/min 再次离心 10 min,结束后转移上清液用以测定相关指标。

(3)蚯蚓蛋白质含量的测定。

①试剂配制。磷酸盐缓冲液(pH＝7.8,50 mmol/L):取 228.7 mL Na_2HPO_4 溶液(0.2 mol/L)和 21.25 mL NaH_2PO_4 溶液(0.2 mol/L),定容至 1 000 mL。

考马斯亮蓝溶液:称取 100 mg 考马斯亮蓝,用 50 mL 95％乙醇溶解,加 100 mL 85％(m/V)的磷酸,然后用去离子水定容至 1 000 mL,过滤后于冰箱 4 ℃低温贮存。

标准蛋白溶液:0.1 mg 牛血清白蛋白用去离子水定容至 1 L。

②测定及计算方法。蛋白质含量的测定采用考马斯亮蓝染色法。

绘制标准曲线:取 8 支试管,标号 1~8,分别加 0.2 mL、0.4 mL、0.6 mL、0.8 mL、1.0 mL、1.2 mL、1.4 mL、1.6 mL 上述标准蛋白溶液,并用去离子水将每支试管补足至 2 mL,另取 9 支试管,标号 10~18,10 号管加入 0.1 mL 去离子水,11~18 号试管分别依次加入 1~8 号试管中的稀释液 0.1 mL,然后添加 5 mL 考马斯亮蓝溶液,振荡 3 min 后静置一会,595 nm 条件下测其吸光度。以蛋白质浓度为横坐标,吸光度为纵坐标,绘制蛋白质浓度与吸光度之间的相关曲线。

样品蛋白质含量的测定:取 0.1 mL 待测酶液,用 pH＝7.8、50 mmol/L 的磷酸盐缓冲液适当稀释,取 0.1 mL 稀释液,加入 5 mL 考马斯亮蓝溶液,振荡 3 min 后静置 10 min,在595 nm 处测定吸光度。用蛋白质浓度与吸光度之间的相关曲线进行定量计算。

(4)超氧化物歧化酶(SOD)活性测定。

①试剂配制。

Na_2HPO_4 溶液,$c＝0.2$ mol/L。称取 71.64 g $Na_2HPO_4 \cdot 12H_2O$,用去离子水溶解定容至 1 000 mL。

NaH_2PO_4 溶液,$c＝0.2$ mol/L。称取 3.121 g $NaH_2PO_4 \cdot 2H_2O$,用去离子水溶解定容至 100 mL。

磷酸盐缓冲液,pH＝7.8,$c＝50$ mmol/L。取 228.7 mL 上述 Na_2HPO_4 溶液和 21.25 mL

上述 NaH_2PO_4 溶液，定容至 1 000 mL。

甲硫氨酸溶液，$c=130$ mmol/L。称取 1.94 g 甲硫氨酸，用上述 50 mmol/L 的磷酸盐缓冲液溶解定容至 100 mL。

氮蓝四唑溶液，$c=750$ μmol/L。称取 0.061 3 g 氮蓝四唑，用上述 50 mmol/L 的磷酸盐缓冲液溶解定容至 100 mL，避光保存。

EDTA-2Na 溶液，$c=100$ μmol/L。称取 0.037 2 g EDTA-2Na，用 50 mmol/L 的磷酸盐缓冲液溶解定容至 100 mL。

核黄素，$c=20$ μmol/L。称取 0.007 5 g，用蒸馏水定容至 1 000 mL，避光保存。

反应液：由磷酸盐缓冲液、水、EDTA-2Na、氮蓝四唑、甲硫氨酸和核黄素按体积比 30：5：6：6：6：6 配成。

②测定及计算方法。超氧化物歧化酶（SOD）活性采用氮蓝四唑（NBT）比色法测定。在 5 mL 离心管依次加入 50 μL 制备好的酶液，另取 2 支 5 mL 离心管加 50 μL 磷酸盐缓冲液作为对照。各管均加 3 mL 反应液，除 1 支对照管避光处理外，其余各管置于 4 000 lx 日光灯下 30 min，以避光处理的对照管作空白，在 560 nm 处测其吸光度。

计算过程如下：

$$SOD\ 总活性(U/g\ FW) = \frac{(3-A_E) \times V}{0.5 \times A_{CK} \times W \times V_t} \tag{1}$$

$$SOD\ 比活力(U/g\ Pr) = \frac{SOD\ 总活性}{蛋白质含量} \tag{2}$$

式中：A_{CK} 为光对照管吸光度；A_E 为样品管吸光度；W 为样品质量，g FW；V_t 为样品用量，mL；V 为样品体积，mL。

（5）过氧化氢酶（CAT）活性测定。

①试剂配制。磷酸盐缓冲液 I：称取 3.522 g KH_2PO_4 和 7.268 g $Na_2HPO_4 \cdot 2H_2O$，用去离子水溶解定容至 1 L。

H_2O_2-磷酸盐缓冲液 II（现用现配）：100 mL 磷酸盐缓冲液 I 中加入 160 μL H_2O_2。

②测定及计算方法。在对照管中加 10 μL 制备好的酶样和 3.0 mL 磷酸盐缓冲液 I，样品管加 10 μL 制备好的酶样和 3.0 mL H_2O_2-磷酸盐缓冲液 II。在波长 250 nm 的条件下，每 5 s 读取并记录一次吸光度，读 1 min。

定义：1Activity $=100K/\ln2$，根据测得的不同时刻吸光度，计算出 $\ln A$-t 直线的斜率，即为 K 值。

计算过程如下：

$$Activity(U/mg\ Pr) = \frac{Activity(U)}{C_{Pr} \times V_s} \tag{3}$$

（6）过氧化物酶（POD）活性测定。

①试剂配制。磷酸缓冲液，$c=100$ mmol/L，pH 为 6.0。取 1.32 mL K_2HPO_4 溶液（1 mol/L）和 8.68 mL KH_2PO_4 溶液（1 mol/L）混合均匀，用去离子水定容至 100 mL。

反应混合液（现用现配）：用配制好的磷酸缓冲液加热溶解 28 μL 愈创木酚，冷却后，加入 19 μL H_2O_2（30%），混匀并定容至 50 mL。

②测定及计算方法。在样品管中加入 20 μL 制备好的酶液，对照管加等体积磷酸缓冲

液,加入 3 mL 反应液后吹打混匀,在 470 nm 的条件下测量其吸光度,每隔半分钟读一次数,读 3 min。

计算过程如下:

$$POD 总活性[\Delta OD_{470}/(min \cdot g\ FW)] = \frac{\Delta OD_{470} \times V_t}{V_s \times W \times t} \tag{4}$$

$$POD 比活力[\Delta OD_{470}/(min \cdot g\ Pr)] = \frac{总活性}{蛋白质浓度} \tag{5}$$

式中:ΔOD_{470} 为 3 min 内吸光度变化值;V_t 为样品体积,mL;V_s 为样品用量,mL;W 为样品质量(g FW);t 为时间,min。

(7)谷胱甘肽硫转移酶(GST)活性测定。

①试剂配制。PMSF,$c=100$ mmol/L。称取 PMSF 0.087 1 g,用少许乙二醇独甲醚溶解并定容至 5 mL。

匀浆缓冲液,0.1 mol/L,pH=7.5。分别取 NaH_2PO_4(0.2 mol/L)和 Na_2HPO_4(0.2 mol/L)溶液 14.4 mL、75.6 mL 混合,再加入 0.058 5 g EDTA-2Na、20 mL 甘油、0.003 1 g DTT、2 mL PMSF 溶液,溶解混匀后定容至 200 mL,4 ℃保存。

GSH,$c=15$ mmol/L,现用现配。称取 0.046 2 g 谷胱甘肽,用匀浆缓冲液(0.1 mol/L,pH=7.5)溶解定容于 10 mL。

CDNB,$c=15$ mmol/L。称取 0.202 6 g CDNB,溶解于 95% 的乙醇并定容于 10 mL,避光存放,测定时取 1.5 mL 用乙醇稀释至 10 mL。

②测定及计算方法。样品管加制备好的酶液 0.2 mL、匀浆缓冲液 2.4 mL、CDNB 0.2 mL,对照管加制备好的酶液 0.2 mL、匀浆缓冲液 2.6 mL、CDNB 0.2 mL。30 ℃水浴 3 min 后,向样品管中加 GSH 0.2 mL,立即混匀测定 340 nm 处的吸光度,每隔半分钟读一次数,读 3 min。

$$GST 比活力[nmol/(min \cdot mg\ Pr)] = \frac{\Delta OD_{340} \times 10^6}{\varepsilon \times L \times C_{Pr} \times t} \tag{6}$$

式中:ε 为吸光系数,9 600 L/(mol·cm);t 为时间,min;L 为 1 cm。

(8)蚯蚓体腔细胞 DNA 损伤的测定。

①主要试剂配制。PBS,$c=0.1$ mol/L,pH=7.4。称取 Na_2HPO_4 1.44 g、KH_2PO_4 0.24 g、KCl 0.2 g、NaCl 8 g,用去离子水定容至 1 L。

体腔细胞抽提液(pH 为 7.3):称取 1 g 愈创木酚甘油醚、0.25 g EDTA-2Na,取 5 mL 无水乙醇、90 mL 生理盐水(0.9%)用去离子水溶解定容至 100 mL。

Tris-HCl 缓冲液(0.4 mol/L,pH 为 7.5):24.228 g Tris 用去离子水溶解后,用 HCl 调 pH,定容至 500 mL。

细胞裂解液:含 10 mmol/L Tris、100 mmol/L EDTA-2Na、2.5 mol/L NaCl、1% 肌氨酸钠,调节 pH=10,临用前加 1%TritonX-100、10%DMSO。低温存放。

EB 染色剂(13 mg/L):先称取 95% EB 0.01 g 配成 1 035.5 mg/L 母液,然后稀释 10 倍成 103.55 mg/L EB 液,吸取 1.255 mL EB 液,加 8.745 mL 去离子水即配成染色剂。

碱性电泳缓冲液:EDTA-2Na(1.0 mmol/L)和 NaOH(300 mmol/L)用前等体积混匀,并调节缓冲液 pH>13。

②蚯蚓体腔细胞的制备。将过夜吐泥后的蚯蚓用生理盐水(0.9%)浸泡 2~3 min,然后取

出放入 1 mL 预冷过的体腔细胞浸提液中,几分钟后将蚯蚓取出,然后在 3 000 **g**,4 ℃ 条件下将装有蚯蚓体腔细胞的离心管离心 10 min,倒掉上清液,加入 11 mL 预冷过的 PBS,混匀,3 000 **g**,4 ℃ 条件下再次离心,倒掉上清液,用一定体积预冷过的 PBS 制成悬浮液。

③单细胞凝胶电泳试验。电泳胶板的制备。第一层胶:60 ℃ 下,用移液枪吸取 120 μL 0.8% 正常熔点琼脂糖铺在载玻片上,并盖上洁净盖玻片,室温下凝固 20 min。第二层胶:37 ℃ 下,吸取 15 μL 体腔细胞悬浮液与 100 μL 1.0% 低熔点琼脂糖混合,然后吸取 35 μL 混合液滴到第一层胶上,4 ℃ 固化 20 min。第三层胶:37 ℃ 下,吸取 50 μL 0.5% 低熔点琼脂糖滴在第二层胶上,4 ℃ 固化 15 min。

细胞裂解。将制好的胶板放入 4 ℃ 裂解液中,裂解至少 1 h。

DNA 解旋。用预冷过的去离子水冲去胶板上的裂解液,晾干后并列置于电泳槽阳极端,倒入预冷过的碱性电泳缓冲液至没过胶板,放置 30 min。

电泳。调节电压为 25 V,电流为 300 mA,电泳 15 min。

中和、脱水。用预冷过的去离子水冲洗胶板,滤纸吸干多余水分,将胶板放在小瓷盘中,加 Tris-HCl(0.4 mol/L、pH=7.5)没过胶板 15 min,之后吸去 Tris-HCl,倒入无水乙醇没过胶板 1 h,吸去乙醇,保持胶板湿润,放于冰箱,于 1 周内荧光分析。

染色。用 30 μL EB(13 mg/L)避光染色 20 min。

观察和分析。用荧光倒置显微镜观察并拍照获取彗星图像,并用 CASP 软件分析。

(9)蚯蚓对砷的富集量。

①将清肠后的蚯蚓样品洗净擦干,置于 −80 ℃ 冰箱中冰冻致死后,在 105 ℃ 的烘箱中烘 12 h,烘干后取出,冷却后研磨成粉末。

②称取 0.1 g 粉末于烧杯中,加浓硝酸 20 mL,静置 6 h。加 5 mL 高氯酸,在通风橱中加热消解至冒出大量白烟,继续加热至消解液变得澄清。与此同时,设置不加样品处理,即空白处理。冷却后加 1% 硝酸溶液,定容至 50 mL。使用电感耦合等离子体发射光谱仪 ICP-OES (Perkin Elmer Optimer 8000 USA)进行测定。

③分别移取 0 mL、0.5 mL、1.0 mL、2.0 mL、3.0 mL、5.0 mL、6.0 mL 的 10.0 μg/mL As 标准贮备溶液至 100 mL 容量瓶中,用 1% 的硝酸溶液定容,使用电感耦合等离子体发射光谱仪绘制标准曲线。

④结果计算。蚯蚓砷含量 ω 按式(7)计算:

$$\omega = \frac{(\rho - \rho_0) \times V \times t_s}{m \times k} \times 10^{-3} \tag{7}$$

式中:ω 为土壤全量砷的含量(mg/kg);ρ 为测定液中砷的质量浓度(ng/mL);ρ_0 为空白液中砷的质量浓度(ng/mL);V 为测定时吸取待测液体积(mL);t_s 为分取倍数;m 为样品质量 (g);k 为水分系数。

蚯蚓体内的砷富集吸收通过富集系数(BAF)来表示,其计算式如式(8):

$$\text{BAF} = \frac{\text{蚯蚓总砷含量(mg/kg)}}{\text{土壤总砷含量(mg/kg)}} \tag{8}$$

式中:土壤总砷含量的测定参考实验 7.3。

[实验数据处理]

(1)计算蚯蚓的存活率和体重变化,并将数据整理成合适的图表。

（2）计算出蚯蚓蛋白质含量，并将数据整理成合适的图表。

（3）计算超氧化物歧化酶（SOD）活性，并将数据整理成合适的图表。

（4）计算过氧化氢酶（CAT）活性，并将数据整理成合适的图表。

（5）计算过氧化物酶（POD）活性，并将数据整理成合适的图表。

（6）计算谷胱甘肽硫转移酶（GST）活性，并将数据整理成合适的图表。

（7）分析蚯蚓体腔 DNA 的变化，并将数据整理成合适的图表。

（8）计算蚯蚓体内砷和狄氏剂的含量，并计算其对土壤中砷和狄氏剂富集系数，将数据整理成合适的图表。

[实验结果与分析]

（1）分析总结蚯蚓的各项毒性指标对土壤砷污染的响应。

（2）分析总结蚯蚓的各项毒性指标对土壤狄氏剂污染的响应。

（3）分析总结蚯蚓的各项毒性指标对砷/狄氏剂复合污染的响应。

（4）分析蚯蚓的各项毒性指标对砷/狄氏剂复合污染与砷、狄氏剂单一污染的差异，并通过查阅文献，探讨产生其差异的原因。

实验 10.3　　土壤污染对酶活性的影响

土壤中所进行的生物和生物化学过程之所以能够持续进行，得益于土壤中酶的作用。酶是土壤生态系统代谢的一类重要动力，土壤中所进行的一切生物学和化学过程都需酶的催化作用才能完成。由于环境污染条件下土壤酶活性变化很大，而土壤酶活性的改变将影响土壤养分的释放、生物化学过程的强度和方向。

针对土壤酶对外来化学物质的敏感性，一些学者提出，通过研究农药等污染物对土壤酶的影响来评价土壤生态系统，或将其作为一项生态毒理学指标，用以判断外来化学物质对土壤的污染程度及可能对生态环境造成的影响。研究的酶种类以水解酶和氧化还原酶为主，其中水解酶主要包括脲酶、磷酸酶、蛋白酶、纤维素酶等，氧化还原酶包括过氧化氢酶、脱氢酶、多酚氧化酶等。

本实验采用室内培养方法，选用锌和多环芳烃（分别代表重金属和有机污染物）作为研究污染物，以土壤中氧化还原酶活性和水解酶活性作为研究对象，调查锌和/或多环芳烃污染对土壤酶活性的影响特征。本实验设计主要参考方玉帆（2015）和许艳秋（2006）的文献报道。

[实验目的]

（1）掌握土壤污染物对土壤酶活性影响的室内培养研究法。

（2）掌握锌和/或多环芳烃对土壤酶活性的影响特征。

[实验原理]

针对土壤酶对外来化学物质的敏感性，通过研究外来污染物对土壤酶的影响，用以判断外来化学物质对土壤的污染程度及可能对生态环境造成的影响。

在土壤中加入设定污染浓度的污染物,进行室内模拟培养,在一定培养时间取样进行酶活性的测定,分析总结污染物对土壤酶活性的影响特征。

[试剂与材料]

(1)七水硫酸锌($ZnSO_4 \cdot 7H_2O$,分析纯)。

(2)菲($C_{14}H_{10}$,色谱纯)。

(3)丙酮(C_3H_6O,色谱纯)。

(4)供试土壤:风干土壤,过 2 mm 筛。

(5)灭菌蒸馏水,临用时灭菌。

(6)测定土壤水解酶和氧化还原酶所需试剂与材料。

(7)一般实验室常用试剂与材料。

[仪器与设备]

(1)恒温培养箱。

(2)高脚烧杯:内径 10 cm,高 15 cm。

(3)天平(精度为 0.000 1 g 和 0.01 g)。

(4)测定土壤水解酶和氧化还原酶所需仪器与设备。

(5)一般实验室常用仪器与设备。

[实验步骤与内容]

1.污染土壤的准备

Zn 单一污染实验中,设定土壤 Zn 污染浓度为:0 mg/kg、50 mg/kg、100 mg/kg、200 mg/kg 和 500 mg/kg。每个处理称取供试土壤 1 kg,分别加入七水硫酸锌 0 mg、219.90 mg、439.81 mg、879.63 mg 和 2 199.07 mg,混匀,获得 Zn 污染系列土壤,装于高脚烧杯。每个处理设置 3 个重复。

菲单一污染实验中,设定土壤菲污染浓度为:0 mg/kg、1 mg/kg、5 mg/kg、10 mg/kg 和 20 mg/kg。将一定量的菲溶于丙酮,将上述含有菲的丙酮溶液加到少量供试土壤中,获得 10 倍设置浓度污染土壤。将上述污染土壤置于通风橱,放置 3 d,让丙酮完全挥发。然后将上述污染土壤与未污染供试土壤按 1∶9 的比例混合均匀,获得实验所用污染土壤,每个处理称取 1 kg 装于高脚烧杯。每个处理设置 3 个重复。

Zn/菲复合污染实验中,设定土壤 Zn 污染浓度为 200 mg/kg,菲污染浓度为:0 mg/kg、1 mg/kg、5 mg/kg、10 mg/kg 和 20 mg/kg。先按菲单一污染实验配制污染土壤,每个处理称取 1 kg 装于高脚烧杯,然后每个处理加入七水硫酸锌 879.63mg。每个处理设置 3 个重复。

2.室内培养方法

用灭菌蒸馏水调节高脚烧杯中土壤含水量为田间最大含水量的 50%,杯子上覆盖封口保鲜膜(保鲜膜上扎有几个小孔),防止水分过量蒸发,然后置于(25±1) ℃恒温培养箱中避光培养,根据重量变化用灭菌蒸馏水每天调节土壤含水量。分别在培养过程的第 7、第 14、第 21

天时取样测定土壤酶活性。

　　3.测定指标与方法

　　(1)土壤中水解酶活性的测定。土壤中水解酶的测定包括纤维素酶、脲酶、蛋白酶和酸性磷酸酶,其活性的测定方法参考实验5.4。

　　(2)土壤中氧化还原酶活性的测定。土壤中氧化还原酶的测定包括脱氢酶、过氧化氢酶和多酚氧化酶,其活性的测定方法参考实验5.3。

[实验数据处理]

　　(1)计算各处理土壤水解酶活性,并将数据整理成图表。

　　(2)计算各处理土壤氧化还原酶活性,并将数据整理成图表。

[实验结果与分析]

　　(1)对比分析 Zn 单一污染对土壤水解酶和还原氧化酶活性的影响特征。

　　(2)对比分析菲单一污染对土壤水解酶和氧化还原酶活性的影响特征。

　　(3)对比分析 Zn/菲复合污染对土壤水解酶和氧化还原酶活性的影响特征。

　　(4)对比分析 Zn/菲复合污染与 Zn、菲单一污染对土壤水解酶和还原氧化酶活性的影响差异。

实验 10.4　　土壤污染对蔬菜生长和品质的影响

　　土壤污染不仅破坏土壤微生物的群落结构与功能,干扰生态系统物质循环和能量流动,从而影响土壤质量;还会抑制作物愈伤组织分化,影响细胞分裂,使作物生长缓慢,或使作物叶绿体中类囊体基粒和片层解体,叶绿体膜膨胀破裂,从而使光合作用受到障碍,最终导致作物生物量减少。同时,作物可通过根系吸收土壤中的污染物,并转运和累积于作物地上部,影响农产品品质,从而对人体健康构成威胁。

　　作物对土壤中污染物的吸收累积不仅与污染物种类有关,还与作物种类关系密切。作物对土壤污染物的吸收累积不仅存在种间差异,还存在种内差异,即同一品种不同基因型对污染物的吸收累积存在差异。这一现象也为中低污染农田低累积品种作物筛选提供了思路。

　　本实验采用盆栽试验方法,选用镉(Cd)和邻苯二甲酸酯(PAEs)(分别代表重金属和有机污染物)为研究污染物,对比 Cd 和/或 PAEs 对不同基因型菜心(*Brassica parachinensis*)(华南地区广泛种植的蔬菜品种)生长和品质的影响特征。本实验设计主要参考曾巧云等(2007)文献报道。

[实验目的]

　　(1)掌握采用盆栽试验调查污染物对作物生长和品质影响的研究方法。

　　(2)掌握土壤 Cd 和/或 PAEs 污染对作物生物和品质的影响特征。

[实验原理]

作物可以通过根系吸收或吸着土壤中的污染物,并向地上部转移和累积。吸着或累积于作物体的污染物可以通过抑制作物愈伤组织分化,影响细胞分裂,使作物生长缓慢,或使作物叶绿体中类囊体基粒和片层解体,叶绿体膜膨胀破裂,从而使光合作用受到障碍,最终导致作物生物量减少。

采用盆栽试验方法,在人工配制的污染土壤中种植作物,种植一定时间后调查作物的生物量、生理生化指标,以及污染物累积情况,分析总结土壤特定污染物污染对作物生长和品质的影响特征。

[试剂与材料]

(1)氯化镉($CdCl_2$,分析纯)。

(2)邻苯二甲酸(2-乙基)己酸(DEHP):邻苯二甲酸酯的一种,标准品,固体状。

(3)丙酮(C_3H_6O,分析纯)。

(4)供试土壤:风干,过 2 mm 筛或 5 mm 筛。

[仪器与设备]

(1)瓷盆:底部内径为 200 mm,上部内径为 270 mm,高为 170 mm。

(2)一般实验室常用仪器与设备。

[实验步骤与内容]

1.污染土壤的准备

Cd 单一污染实验中,设定土壤 Cd 污染浓度为:0 mg/kg、0.2 mg/kg、0.4 mg/kg、0.6 mg/kg和 1.0 mg/kg。每个处理称取供试土壤 5 kg,分别加入氯化镉 0 mg、0.33 mg、0.65 mg、0.98 mg 和 1.63 mg,混匀,获得 Cd 污染系列土壤,装于瓷盆。每个处理设置 3 个重复。

DEHP 单一污染实验中,设定土壤 DEHP 污染浓度为:0 mg/kg、10 mg/kg、20 mg/kg、50 mg/kg 和 100 mg/kg。将一定量的 DEHP 溶于丙酮,将上述含有 DEHP 的丙酮溶液加入少量供试土壤,获得 10 倍设置浓度污染土壤。将上述污染土壤置于通风橱,放置 3 d,让丙酮完全挥发。然后将上述污染土壤与未污染供试土壤按 1∶9 的比例混合均匀,获得实验所用污染土壤,每个处理称取 5 kg 装于瓷盆。每个处理设置 3 个重复。

Cd/DEHP 复合污染实验中,设定土壤 Cd 污染浓度为 0.4 mg/kg,DEHP 污染浓度为:0 mg/kg、10 mg/kg、20 mg/kg、50 mg/kg 和 100 mg/kg。先按 DEHP 单一污染实验配制污染土壤,每个处理称取 5 kg 装于瓷盆,然后每个处理加入氯化镉 0.65mg。每个处理设置 3 个重复。

2.盆栽与管理

称取上述污染土壤 5 kg 装入瓷盆,拌施一定量的尿素、过磷酸钙和氯化钾(均为化学纯),其施用量分别为 0.20 g/kg、0.15 g/kg、0.20 g/kg(以氮、磷和钾计),混匀,以蒸馏水调至田间持水量,置于可以遮挡自然降雨的网室中预培育 7 d,后将其倒出粉碎混匀再装盆,准备播种。

采用直播的方式进行播种。先用水浸泡种子,将浮在水面的种子弃掉,滤干水分后,用 1‰氯化汞浸泡 5 min,消毒后用蒸馏水冲洗 3 次,吸干水分。播种时,先将土壤整平,将种子直接播在距盆边 50~60 mm 处,深 20~30 mm 的环形沟,每盆约 20 粒,再覆盖上一层土。

待长出第二片真叶后定苗,每盆 10 株。整个盆栽期用蒸馏水浇灌,以不渗漏为准,每盆浇水量基本一致。不喷施农药,虫害防治以人工管理为主。

定苗后 3 周收获样品。样品收获前,采用手持叶绿素仪测定小白菜叶片叶绿素含量。然后用不锈钢剪刀,从距土面 20 mm 处剪断,采集小白菜地上部,立即称重,并记录。

3.测定项目与方法

(1)小白菜地上部生物量。小白菜地上部的生物量直接用称重法进行测量。

(2)叶绿素含量。小白菜叶片叶绿素含量的测定采用仪器法直接测定。选取不同处理小白菜相同部位的健康叶片进行测定,读数。

(3)小白菜镉含量。

①样品前处理。采用干灰化法对植物样品进行处理:称取烘干磨碎的植物样品 2.000 0 g 于瓷坩埚中,在电热板缓缓加热炭化至不再冒烟,移入高温电炉,逐渐升温到 500 ℃灰化 2 h。用 2 mL HCl(1∶1)溶解灰分,移入 25 mL 容量瓶中,加水定容。同时做空白实验。

②仪器分析。采用火焰原子吸收分光光度计法测定溶液中镉的含量,具体可参考实验 7.2。

(4)小白菜邻苯二甲酸(2-乙基)己基酯含量。

①样品中邻苯二甲酸(2-乙基)己基酯的提取。采用索氏抽提法提取植物样品中的邻苯二甲酸(2-乙基)己基酯。称取烘干(50~55 ℃)并粉碎的植物样品 5~10 g,用滤纸包好,放入索氏抽提管内,接好回流装置,然后向平底烧瓶中加入乙醚 90 mL(根据平底烧瓶大小而定),调节恒温电热器的温度为 40 ℃左右,使溶剂回流速率为 12 次/h,抽提 16~18 h。将回收的溶剂在旋转蒸发仪上以 50 r/min 转速浓缩至体积约为 5 mL。

然后采用氧化铝柱进行净化分离。用 10 mm×300 mm 的玻璃柱,下端用脱脂棉堵住,然后依次装 30~50 mm 长的氧化铝、约 100 mm 长的硅胶和 30~40 mm 长的无水硫酸钠。先用 2~3 mL 二氯甲烷湿润柱子,然后将样品转移到柱子,再用 5~6 mL 二氯甲烷冲洗装样品的平底烧瓶,将样品全部转移到柱子,重复 5~6 次,洗脱液收集于锥形瓶。

对洗脱液进行浓缩、加标和定容。洗脱液的浓缩、加标和定容可参考实验 8.4 土壤邻苯二甲酸酯的提取与测定。

②邻苯二甲酸(2-乙基)己基酯的仪器分析。采用气相色谱-质谱法,具体可参考实验 8.4。

[实验数据处理]

(1)整理各处理小白菜的生物量,并计算出生物量抑制率,将数据整理成图表。

(2)整理各处理小白菜的叶绿素含量,将数据整理成图表。

(3)计算小白菜地上部镉的浓度,将数据整理成图表。

(4)计算小白菜地上部邻苯二甲酸(2-乙基)己基酯的浓度,将数据整理成图表。

[实验结果与分析]

(1)分析总结邻苯二甲酸(2-乙基)己基酯污染对小白菜产量的影响特征。

(2)分析总结邻苯二甲酸(2-乙基)己基酯污染对小白菜叶绿素的影响特征。

(3)分析总结小白菜地上部对土壤中镉的累积特征。

(4)分析总结小白菜地上部对土壤中邻苯二甲酸(2-乙基)己基酯污染的累积特征。

[注意事项]

避免整个实验过程中邻苯二甲酸(2-乙基)己基酯的污染。

实验 10.5　重金属(铅)污染对土壤氮素形态转化的影响

土壤氮循环是自然氮循环的重要组成部分,正常的氮循环过程对农作物产量及农田生态系统的健康和稳定有着至关重要的作用。土壤中的氮以多种形式存在,按其化学形态分为有机态氮和无机态氮两类,以有机态氮为主,无机态氮只占1%～5%。无机态氮根据其形态主要分为硝态氮和铵态氮。农田土壤受重金属污染后,土壤微生物的数量和活性降低,微生物群落特征发生改变,土壤呼吸速率受到影响,从而显著影响农田的氮的形态转化,影响氮素循环。

本实验采用土培实验,施加不同浓度重金属溶液后,测定土壤全氮、铵态氮、硝态氮含量的变化,研究重金属对土壤氮循环的影响。

[实验目的]

(1)了解土壤氮素的形态及对作物吸收的影响。

(2)比较分析不同浓度重金属污染对土壤氮素形态的影响。

(3)进一步了解不同形态氮的测定方法。

[实验原理]

土壤受重金属污染后,微生物的活性及群落结构等会发生改变,进行影响土壤氮素形态的转化。通过测定土壤全氮、有效氮、硝态氮、铵态氮等含量变化,评价重金属污染对土壤中氮素组分和转化的影响。

[试剂与材料]

(1)硝酸铅:优级纯。

(2)肥料:尿素、磷酸二铵、硫酸钾,均为分析纯。

(3)供试土壤:未污染农田的风干土壤,过5 mm筛。

(4)供试植物:玉米。

(5)测定土壤不同形态氮需要的试剂和材料。

[仪器与设备]

(1)塑料盆:底部内径10 cm,上部内径18 cm,高度10 cm。

(2)测定土壤不同形态氮所需要仪器与设备。

(3)一般实验室常用仪器与设备。

[实验步骤与内容]

1.试验设计

本试验设定 5 个铅量水平：0 mg/kg（对照）、100 mg/kg、300 mg/kg、600 mg/kg、900 mg/kg，氯化铅为外源重金属。氮肥按正常水平，即每千克土壤施入氮 0.2 g，共 6 个处理，如表 10-1 所示，每个处理 3 次重复。

表 10-1　试验处理设计

处理	CK	T1	T2	T3	T4
加入氮量(N,g/kg)	0.2	0.2	0.2	0.2	0.2
加入铅量(Pb,mg/kg)	0	100	300	600	900

2.污染土壤的配制

按设置的浓度，计算每个处理水平所需要添加的氯化铅的用量。将准确称取的氯化铅药品分别与风干土壤充分混匀（1 个处理需要 3 kg 风干土，4 个重复）。将混匀后的土壤分别装盆，盆栽设 4 个重复，做好标签，随机排放。将尿素以溶液的形式施入土壤，肥料拌匀。保持土壤含水率 70%，熟化 1 个月后，种植玉米。

3.盆栽试验

在平衡好的盆栽土壤里播种玉米种子，每盆 3 颗种子，待出苗后进行间苗，每盆保留 1 棵种苗。种植时间为 1 个月，期间浇水、松土、防虫或手工除虫。全程在温室中进行。

1 个月后收获玉米，分地上部和根部收获，并记录其重量。

采集新鲜土壤样品：一部分用于测定铵态氮和硝态氮；另一部分土壤样品风干，用于测定土壤全氮等。

4.测定指标与方法

(1)植物生物量的测定。玉米分地上部和根部收获。所取样先用清水洗净，再用去离子水清洗 2 次，晾干，105 ℃杀青 30 min，65 ℃恒温烘干，并称干重。

(2)土壤铵态氮和硝态氮的测定。将新鲜土壤样品过 5 mm 筛，按照实验 6.3 进行。

(3)土壤全氮含量的测定。样品风干后，过土壤筛，按照实验 6.1 进行。

[实验数据处理]

(1)计算出不同处理的玉米地上部和根部生物量变化，并将数据整理成合适的图或表。

(2)计算出不同处理的土壤铵态氮、硝态氮含量，并将数据整理成合适的图或表。

(3)计算出不同处理的土壤全氮含量，并将数据整理成合适的图或表。

[实验结果与分析]

(1)分析总结铅污染水平对土壤全氮含量的影响。

(2)分析总结铅污染水平对土壤铵态氮含量的影响。

(3)分析总结铅污染水平对土壤硝态氮含量的影响。

第 11 章　土壤污染调查与评价

实验 11.1　农田土壤重金属污染调查与评价

农田土壤环境质量与农产品品质和农业可持续发展息息相关。近年来,由于矿山开采与冶炼、工厂排放和污水灌溉等人为活动产生的重金属污染严重危害农田土壤环境质。2014 年环境保护部和国土资源部发布的《全国土壤污染状况调查公报》显示,我国耕地土壤的镉、汞、砷、铜、铅、铬、锌和镍点位超标率分别为 7.0%、1.6%、2.7%、2.1%、1.5%、1.1%、0.9% 和 4.8%。土壤中的重金属能从土壤迁移到其他生态系统组成部分中,如地下水、植物等,并被作物吸收和富集,最终通过食物链影响人类健康。因此,科学评价农田土壤重金属污染状况,对农作物的安全种植和土壤重金属污染的修复具有重要的科学意义。

目前,土壤重金属污染状况评价的方法众多,从环境地球化学角度出发,应用于土壤重金属污染评价的主要有单因子指数评价法、内梅罗综合污染指数法、地积累指数法和生态危害指数法。前两者是根据国家相关标准和行业标准,将重金属作为污染因子评价指标进行土壤环境质量评价;后两者偏重于用来评估土壤或沉积物中重金属污染的生态环境效应。

[实验目的]

(1) 掌握土壤重金属污染的调查方法。

(2) 掌握土壤重金属污染的评价方法。

[实验原理]

单项污染指数法(single pollution index,P_i)是土壤表层重金属污染物浓度与污染物评价标准的比值,能够准确反映某一田块单项重金属污染状况,P 值与土壤污染程度呈正比。内梅罗综合指数法(nemerow index,$P_综$)涵盖各单项污染指数,反映多种重金属的综合影响,并突出高浓度污染物在评价结果中的权重,用于评价土壤复合污染状况。$P_综$ 值与污染程度呈正比。土壤和农产品综合质量影响指数法(the influence index of comprehensive quality,IICQ)是从土壤-植物系统的角度出发,兼顾土壤元素背景值、土壤环境质量标准及农产品限量标准及元素的价态效应等因素。潜在生态危害指数法(the potential ecological risk index)是由 Håkanson 从沉积学角度出发,根据重金属在"水体—沉积物—生物区—鱼—人"这一迁移累积主线,将重金属含量和环境生态效应、毒理学有效联系到一起。

[实验试剂与材料]

(1)土壤样品采集所需要试剂与材料参考实验 1.1。

(2)土壤样品 TCs 的提取与测定所需要试剂与材料参考第 7 章相关实验。

[仪器与设备]

(1)土壤样品采集所需要仪器与设备参考实验 1.1。

(2)土壤样品重金属测定所需要仪器与设备参考第 7 章相关实验。

[实验步骤与内容]

1.农田土壤和农产品样品的采集与制备

农田土壤和农产品样品的采集与制备参考 HJ/T 166—2004 等相关标准。

2.农田土壤和农产品样品重金属含量的测定

农田土壤样品中铜、锌、铬、镍的总量测定方法参考实验 7.1,镉和铅的总量测定方法参考实验 7.2,砷和汞的总量测定方法参考实验 7.3。

3.污染指数法

(1)单因子污染指数法。单因子污染指数法是以《农用地土壤污染风险管控标准》(GB 16518—2018)中的重金属风险筛选值(表 11-1)为评价标准来评价单个重金属元素的污染程度。计算式(1)如下:

$$P_i = \frac{C_i}{S_i} \quad 或 \quad P_i = \frac{C_i}{G_i} \tag{1}$$

式中:P_i 为土壤中重金属元素 i 的单因子污染指数;C_i 为重金属元素 i 的实测值,mg/kg;S_i 为重金属元素 i 的风险筛选值,mg/kg;G_i 为重金属元素 i 的风险管控值,mg/kg。

基于表层土壤中镉(Cd)、汞(Hg)、砷(As)、铅(Pb)、铬(Cr)的含量 C_i,评价耕地土壤重金属污染的风险,并将其土壤环境质量类别分为三类。Ⅰ类:$C_i \leqslant S_i$,土壤污染风险低,可忽略,划分为优先保护类;Ⅱ类:$S_i < C_i \leqslant G_i$,可能存在土壤污染风险,但风险可控,划分为安全利用类;Ⅲ类:$C_i > G_i$,存在较高污染风险,划分为严格管控类。

对某一点位,若存在多项重金属污染,分别采用单因子污染指数法计算后,取单因子污染指数中最大值(式2)。

$$P = \mathrm{MAX}(P_i) \tag{2}$$

式中:P 为土壤中多项污染物的污染指数;P_i 为土壤中重金属元素 i 的单因子污染指数。

根据以风险筛选值为评价标准的 P_i 值大小,可以将农用地土壤单项重金属超标程度分为 3 级(表 11-2),并按重金属项目统计不同质量类别的点位数和比例。如果点位能代表确切的面积,可同时统计面积比例。

表 11-1　农用地土壤风险筛选值(基本项目) mg/kg

序号	污染物项目[①②]		风险筛选值			
			pH≤5.5	5.5<pH≤6.5	6.5<pH≤7.5	pH>7.5
1	镉	水田	0.3	0.4	0.6	0.8
		其他	0.3	0.3	0.3	0.6
2	汞	水田	0.5	0.5	0.6	1.0
		其他	1.3	1.8	2.4	3.4
3	砷	水田	30	30	25	20
		其他	40	40	30	25
4	铅	水田	80	100	140	240
		其他	70	90	120	170
5	铬	水田	250	250	300	350
		其他	150	150	200	250
6	铜	果园	150	150	200	200
		其他	50	50	100	100
7	镍		60	70	100	190
8	锌		200	200	250	300

注:①重金属和类金属砷均按元素总量计。②对于水旱轮作地,采用其他较严格的风险筛选值。

表 11-2　单因子土壤污染风险评价及环境质量分类

等级	质量类别	C_i	风险级别	点位数/个	点位比例/%
Ⅰ	优先保护类	$C_i \leqslant S_i$	风险低		
Ⅱ	安全利用类	$S_i < C_i \leqslant G_i$	可能存在风险,但风险可控		
Ⅲ	严格管控类	$C_i > G_i$	存在较高污染风险		

(2)内梅罗综合污染指数法。内梅罗综合指数法(nemerow index)计算式(3)如下:

$$P_{综} = \sqrt{\frac{\left(\dfrac{C_i}{S_i}\right)^2_{\max} + \left(\dfrac{1}{n}\sum_{i=1}^{n}\dfrac{C_i}{S_i}\right)^2}{2}} \tag{3}$$

式中:$P_{综}$ 为内梅罗综合指数;C_i 为 i 种金属的实测值,mg/kg;S_i 为 i 种金属在《农用地土壤污染风险管控标准》(GB 16518—2018)中的风险筛选值(表 11-1),mg/kg;$\dfrac{C_i}{S_i}$ 为单项污染指数;$\left(\dfrac{C_i}{S_i}\right)_{\max}$ 为 i 种金属的单项污染指数的最大值。

根据表 11-3 评价土壤的污染。

表 11-3　土壤污染指数分级标准（引自陈丹丹等，2021）

等级	$P_综$	污染水平
Ⅰ	$P_综 \leqslant 0.7$	安全
Ⅱ	$0.7 < P_综 \leqslant 1.0$	警戒限
Ⅲ	$1.0 < P_综 \leqslant 2.0$	轻度污染
Ⅳ	$2.0 < P_综 \leqslant 3.0$	中度污染
Ⅴ	$P_综 > 3.0$	重度污染

4.土壤和农产品综合质量指数法

（1）污染元素和数量的确定。在构建该综合质量指数法时，首先确立污染元素种类和数量。通过比较土壤样品元素测定值与评价标准值和背景值的大小，以确认土壤样品超过标准值和背景值的数 X 和 Y 值；比较农产品样品元素测定值和食品中污染物限量标准，确认农产品样品超过污染物限量标准的数目 Z 值。简单的方法可采用指数判别法：

求土壤 X 值：

$$P_{SSi} = C_i / C_{Si}$$

式中：P_{SSi} 为样品元素 i 的测定值与评价标准值的指数值，当 $P_{SSi} \leqslant 1$ 时，取 $x_i = 0$；当 $P_{SSi} > 1$ 时，取 $x_i = 1$；X 值为 x_i 之和。

求土壤 Y 值：

$$P_{SBi} = C_i / C_{Bi}$$

式中：P_{SBi} 为样品元素 i 测定值与背景值的指数值，当 $P_{SBi} \leqslant 1$ 时，取 $y_i = 0$；当 $P_{SBi} > 1$ 时，取 $y_i = 1$；Y 值为 y_i 之和。

求农产品 Z 值：

$$P_{APi} = C_{APi} / C_{LSi}$$

式中：P_{APi} 为农产品样品元素 i 测定值与食品中污染物限量值的指数值，C_{APi} 为土壤相应点位农产品中元素 i 的浓度，C_{LSi} 为农产品中元素 i 的限量标准（污染物的限量标准或卫生标准）。当 $P_{APi} \leqslant 1$ 时，取 $z_i = 0$；当 $P_{APi} > 1$ 时，取 $z_i = 1$；Z 值为 z_i 之和。

（2）土壤相对影响当量、土壤元素测定浓度偏离背景值程度和总体上土壤标准偏离背景值程度的计算。在对土壤中重金属含量的评价中引入土壤相对影响当量（relative impact equivalent，RIE）、土壤元素测定浓度偏离背景值程度（deviation degree of determination concentration from the background value，DDDB）和总体上土壤标准偏离背景值程度（deviation degree of soil standard from the background value，DDSB）三个指标。

利用式（4）计算 RIE：

$$RIE = \sum_{i=1}^{N} (P_{SSi})^{\frac{1}{n}} / N = \sum_{i=1}^{N} \left(C_i \frac{C_i}{C_{Si}} \right)^{\frac{1}{n}} / N \tag{4}$$

式中：N 为测定元素的数目；C_i 为测定元素 i 的浓度，mg/kg；C_{Si} 为元素 i 的土壤环境质量筛选值（评价参比值），mg/kg；n 为测定元素 i 的氧化数。

RIE 数值越大，表明外源物质的影响愈明显。对于变价元素，应考虑其价态与毒性的关系。由于土壤环境质量标准值已经考虑了元素氧化数与毒性的关系，故在实际评价中一般采用元素在土壤中的稳定态,例如 As(Ⅲ)和 As(Ⅴ)一般取氧化数为 5,Cr(Ⅲ)和 Cr(Ⅵ)一般取氧化数为 3。如有可能,应根据土壤中的实际情况进行选择。

利用式(5)计算 DDDB 的值:

$$\mathrm{DDDB} = \sum_{i=1}^{N} (P_{\mathrm{SB}i})^{\frac{1}{n}} / N = \sum_{i=1}^{N} \left(\frac{C_i}{C_{\mathrm{B}i}}\right)^{\frac{1}{n}} / N \tag{5}$$

式中:$C_{\mathrm{B}i}$ 为元素 i 的背景值,mg/kg;其余符号意义同上。

DDDB 越大,表明外源物质的影响越明显。

DDSB 的计算为式(6):

$$\mathrm{DDSB} = \sum_{i=1}^{N} \left(\frac{C_{\mathrm{S}i}}{C_{\mathrm{B}i}}\right)^{\frac{1}{n}} / N \tag{6}$$

式中:各符号的意义同上。

DDSB 越大,表明土壤标准偏离背景值的程度愈大,则特定土壤的负载容量愈大,对外源物质的缓冲性愈强。

(3)农产品品质指数。该方法在表征农产品质量的指标中引入农产品品质指数(quality index of agricultural products,QIAP),表达为式(7):

$$\mathrm{QIAP} = \frac{\left[\sum\limits_{i=1}^{N} (P_{\mathrm{AP}i})^{\frac{1}{n}}\right]}{N} = \frac{\left[\sum\limits_{i=1}^{N} (C_{\mathrm{AP}i} / C_{\mathrm{LS}i})^{\frac{1}{n}}\right]}{N} \tag{7}$$

式中:$C_{\mathrm{AP}i}$ 为土壤重金属采样点位对应的农产品中元素 i 的浓度,mg/kg;$C_{\mathrm{LS}i}$ 为农产品中元素 i 的限量标准,mg/kg;$P_{\mathrm{AP}i}$ 为农产品样品重金属含量测定值与食品中污染物限量值的指数值。

指标 QIAP 可以用于表征重金属对农产品质量状况的影响。

(4)构建综合质量影响指数。综合质量影响指数(ⅡCQ)为土壤综合质量影响指数(ⅡCQS)和农产品综合质量影响指数(ⅡCQAP)之和。令:

$$\mathrm{ⅡCQS} = X \times (1 + \mathrm{RIE}) + Y \times \frac{\mathrm{DDDB}}{\mathrm{DDSB}} \tag{8}$$

$$\mathrm{ⅡCQAP} = Z \times \left(1 + \frac{\mathrm{QIAP}}{k}\right) + \frac{\mathrm{QIAP}}{k \times \mathrm{DDSB}} \tag{9}$$

$$\mathrm{ⅡCQ} = \mathrm{ⅡCQS} + \mathrm{ⅡCQAP} = \left[X \times (1 + \mathrm{RIE}) + Y \times \frac{\mathrm{DDDB}}{\mathrm{DDSB}}\right] + \left[Z \times \left(1 + \frac{\mathrm{QIAP}}{k}\right) + \frac{\mathrm{QIAP}}{k \times \mathrm{DDSB}}\right] \tag{10}$$

式中:k 为背景校正因子,一般取 5;其余含义同上文。

在式(10)中,土壤和农产品质量之间可能有多种状况:当 $X=0$、$0<\mathrm{ⅡCQS}<1$、$Z=0$、ⅡCQAP<1 时,表明土壤和农产品均无超标现象,意味着在特定指标下土壤环境质量健康、良好。当 $X=0$、$0<\mathrm{ⅡCQS}<1$、$Z\geqslant1$ 或者 ⅡCQAP>1 时,表明土壤虽然没有超标,但农产品已有超标现象,意味着在特定指标下土壤环境质量处于亚健康或者亚污染(亚超标)状态,已不能用作特定农产品的生产,必须追踪污染物的来源。当 $X\geqslant1$ 或者ⅡCQS>1、$Z=0$、ⅡCQAP<1 时,表明土壤已经有超标现象,但农产品仍旧符合所规定的质量标准,此亦意味着土壤环境质量处于亚

健康或者亚污染(亚超标)状态,需要密切关注。当 $X \geqslant 1$,$Z \geqslant 1$ 时,为污染(超标)状态。

通过综合质量影响指数(ΠCQ),可以较为方便地将特定利用条件下的土壤环境质量状况划分为清洁(未超标)(Π)和污染(超标)两种状态,而污染(超标)状态可参照《全国土壤污染状况调查公报》和《土壤环境质量评价技术规范(二次征求意见稿)》中的方法进行等级划分(表 11-4)。需要特别强调的是,本实验在污染状态中增加了亚污染(亚超标)的状态描述,当土壤和农产品之一超标时称为亚污染(亚超标)(sub-),其等级划分同样依据 ΠCQ 的数值,可用 sub-Π ~ V 进行描述。

表 11-4　土壤环境质量状态描述与等级划分(引自王玉军等,2016)

类别	指标	状态及等级描述					
		清洁(Π)	(sub-)	(Π)	(Π)	($\mathbb{N}$)	(V)
样点	综合质量指数 ΠCQ	$\leqslant 1$	sub-*	$1 < \Pi CQ \leqslant 2$	$2 < \Pi CQ \leqslant 3$	$3 < \Pi CQ \leqslant 5$	> 5
区域	综合质量指数 avΠCQ		$* = \Pi \sim V$				

注:亚污染或亚超标指土壤或农产品之一超标,根据数值指标划分等级,例如 sub-Π、sub-Π等。

5.潜在生态危害指数法

潜在生态危害指数法的计算为式(10)、(11)、(12):

$$C_f^i = \frac{C^i}{S^i} \tag{10}$$

$$E_r^i = T_r^i \times C_f^i \tag{11}$$

$$RI = \sum_{i=1}^{n} E_r^i \tag{12}$$

式中:C_f^i 为某金属的污染系数;C_i 为样品中 i 元素的实测值,mg/kg;S_i 为元素 i 的评价标准,mg/kg;E_r^i 为某金属潜在生态风险系数;T_r^i 为金属毒性响应系数;RI 为多种重金属综合潜在生态危害指数(表 11-5)。Hakanson 提出的重金属毒性水平顺序为:Hg>Cd>As>Pb=Cu>Cr=Ni>Zn,给出的毒性响应系数分别为:Hg=30、Cd=30、As=10、Pb=Cu=Ni=5、Zn=1 和 Cr=2。

表 11-5　重金属污染潜在生态风险指数及等级(引自宋恒飞等,2017)

等级	E_r^i 值	单个金属的生态风险程度	RI 值	环境潜在生态风险程度
1	$E_r^i < 5$	低风险(LR)	$RI < 30$	低风险(LR)
2	$5 \leqslant E_r^i < 10$	中风险(MR)	$30 \leqslant RI < 60$	中风险(MR)
3	$10 \leqslant E_r^i < 20$	较重风险(CR)	$60 \leqslant RI < 120$	较重风险(CR)
3	$20 \leqslant E_r^i < 30$	重风险(HR)	$RI \geqslant 120$	重风险(HR)
5	$E_r^i \geqslant 30$	严重风险(VHR)		

　　　　　　　　　　　　土壤有机物污染调查与生态风险评估

随着工业污染的加剧和农用化学物质种类、数量的增加,大量有毒有害物质,尤其是有机污染物进入土壤,对土壤造成严重污染。土壤有机物污染不仅破坏土壤微生物的群落结构与功能,干扰生态系统物质循环和能量流动,从而影响土壤质量;还会影响细胞分裂,使作物生长缓慢,或使作物叶绿体中类囊体基粒和片层解体,叶绿体膜膨胀破裂,从而使光合作用受到障碍,最终导致作物生物量减少。同时,土壤有机物污染还会被作物吸收累积,通过食物链进入人体,从而对人体健康造成潜在危害。因此,土壤有机污染逐渐受到人们的重视。

目前,污染土壤的有机物大致有五类:一是有机氯农药类,主要包括六氯环己烷、七氯环氧化物、益赛昂、艾氏剂、狄氏剂等;二是多环芳烃类,包括萘、菲、芘、苯并芘、苯并[a]芘等;三是短链卤代脂肪族化合物,包括氯苯、卤代烃类、多氯联苯、呋喃等;四是酚类和酞酸酯类,主要包括氯酚、烷基酚、硝苯基酚、邻苯二甲酸二丁酯、邻苯二甲酸(2-乙基)己基酯等;五是新型有机污染物,主要包括药品与个人护理品、内分泌干扰物、溴代阻燃剂、全氟化合物、抗生素等。

生态风险评估,就是指生态系统受一个或多个胁迫因素影响后,对不利的生态后果出现的可能性进行评估。土壤作为污染物的最终归属地,对其进行风险评估是非常有必要的,风险评估可为土壤质量综合治理提供科学依据。生态风险评估方法会因环境介质、污染物类型、环境暴露浓度数据的特点等因素而选择不同的评价体系。土壤中有机物污染生态风险评估除了可参考相关分级标准和沉积物的评价模型外,评价因子-风险熵值法(RAF-RQ)和物种敏感分布-风险熵值法(SSD-RQ)也是目前土壤中有机物污染评价的常用方法。

评价因子-风险熵值法是选取污染物的敏感物种,通过文献或 USEPA ECOTOX 数据库,获得水体中敏感物种的毒性数据,然后推导土壤对该敏感物种的预测无效应浓度(PNEC),再利用土壤实测浓度与预测无效应浓度的熵值进行污染物的生态风险等级评估。评价因子-风险熵值法运用简单,操作性强,但该方法只考虑了污染物最敏感物种与其在某一条件下的毒性数据,从而导致定性评价结果的不确定性较高。

物种敏感分布-风险熵值法是美国环保署提出的污染物风险评估方法,它是基于不同物种对同一污染物敏感性的差异,以多个物种的急性或慢性毒性数据为基础,构建统计分布模型来获取 PNEC 值,方法要求所选物种需要囊括 3 个营养级(藻类、真菌、土壤动物和植物),物种个数不少于 5 个。该方法虽然操作复杂、评价要求高,但由于所选生物物种营养级和个数均较多,从而能提高污染物风险评估结果的科学性。

绿色蔬菜、有机蔬菜等经有关机构认证的蔬菜基地,虽然强调有机肥的施用,但对于动物粪肥中抗生素含量没有限制要求,因而土壤中抗生素污染问题更令人关注。因此,本实验将采用物种敏感分布-风险熵值法(SSD-RQ),选取蔬菜基地土壤中四环素类抗生素(TCs)作为调查对象,调查和评估蔬菜基地土壤 TCs 污染的生态风险。

［实验目的］

(1)掌握土壤 TCs 污染的调查方法。

(2)掌握土壤 TCs 污染的生态风险评价方法。

［实验原理］

从美国环保署的 ECOTOX 数据库中获取 3 种 TCs 的生物慢性毒性数据,然后对毒性数据进行分组(受试生物囊括了 3 个营养级,物种种类数至少 5 个),选择合适模型对毒性数据进行分布拟合,获得 SSD 曲线;通过 SSD 曲线计算毒性阈值(HC_5),计算水体无效应浓度;再根据土壤固相-水相的浓度分配关系(K_d)计算土壤无效应浓度($PNEC_{soil}$);计算环境浓度(MEC)与土壤无效应浓度(PNEC)的比值(RQ),对 RQ 值进行等级评估。

［实验试剂与材料］

(1)土壤样品采集所需要试剂与材料。

(2)土壤样品 TCs 的提取与测定所需要试剂与材料。

［仪器与设备］

(1)土壤样品采集所需要仪器与设备。

(2)土壤样品 TCs 的提取与测定所需要仪器与设备。

(3)办公电脑,装有 Burrlioz 软件。

［实验步骤与内容］

1.蔬菜基地土壤样品的采集

蔬菜基地土壤样品的采集参考实验1.1。

2.蔬菜基地土壤样品 TCs 含量的测定

蔬菜基地土壤样品中 TCs 含量的检测参考实验8.5。

3.SSD 曲线的构建及毒性阈值(HC_5)的计算

第一,TCs 毒性数据的获取。从美国环保署的 ECOTOX 数据库(https://cfpub.epa.gov/ecotox/)中获取三种 TCs 的生物慢性毒性数据。

第二,毒性数据的分组处理。受试生物囊括了 3 个营养级(藻类、真菌、土壤动物和植物),物种种类数至少 5 个,同一物种在不同实验条件下的毒性数据应取几何平均值。

三种 TCs(土霉素,OTC;四环素,TC;金霉素,CTC)的毒性数据及分组情况见表 11-6 至表 11-8(Gu et al.,2021;Huang et al.,2022)。

第三,SSD 曲线的拟合。本实验采用澳大利亚联邦科学和工业研究组织提供的 Burrlioz 软件,选择 Burr Ⅲ 分布模型拟合 SSD 曲线。其中 Burr Ⅲ 型分布函数的参数方程为:

$$F(x) = \frac{1}{\left[1 + \left(\dfrac{b}{x}\right)^c\right]^k} \tag{1}$$

式中:x 为 TCs 的环境浓度(μg/L);b,c 和 k 为函数的三个参数。

当 k 趋于无穷大时,Burr Ⅲ 型分布将变化为 Re Weibull 型分布:

$$F(x) = \exp\left(\frac{\alpha}{x^\beta}\right) \tag{2}$$

式中:x 为 TCs 的环境浓度(μg/L);α 和 β 为函数的两个参数。

表 11-6　用于构建 OTC 的 SSD 模型的物种及其相应的慢性毒性数据

受试物种	物种学名	种群	NOEC[a](μg/L)	文献
近头状伪蹄形藻	*Pseudokirchneriella subcapitata*	藻类	377.81	(Eguchi et al.,2004;Zounkova et al.,2011)
铜绿微囊型藻	*Microcystis aeruginosa*	藻类	31.00	(Ando et al.,2007)
跳虫	*Folsomia fimetaria*	无脊椎动物	5 000 000	(Baguer et al.,2000)
土壤线蚓	*Enchytraeus crypticus*	跳虫	2 449 489.74	(Baguer et al.,2000)
赤子爱胜蚓	*Eisenia fetida*	蠕虫	100 000	(Boleas et al.,2005)
丛枝菌根真菌	*Glomusintraradices*	真菌	1 000	(Hillis et al.,2008)
胡萝卜	*Daucus carota*	植物	719.69	(Hillis et al.,2008;Hillis et al.,2011)
莴苣	*Lactuca sativa*	植物	3 162.28	(Hillis et al.,2011)
原鸡	*Gallus*	动物	67 295.01	(El-Deek et al.,2012)

注:[a] 为无观察效应浓度,no observed effect concentration(NOEC)。下同。

表 11-7　用于构建 TC 的 SSD 模型的物种及其相应的慢性毒性数据

受试物种	物种学名	种群	NOEC[a]/(μg/L)	文献
近头状伪蹄形藻	*Pseudokirchneriella subcapitata*	藻类	500	(Yang et al.,2008)
铜绿微囊型藻	*Microcystis aeruginosa*	藻类	599.48	(Yang et al.,2013)
褶皱臂尾轮虫	*Brachionus plicatilis*	无脊椎动物	14 111.12	(Araujo and McNair,2007)
痢疾变形虫	*Entamoeba histolytica*	无脊椎动物	1 000	(Sen et al.,2007)
秀丽隐杆线虫	*Caenorhabditis elegans*	蠕虫	1 778.28	(Vangheel et al.,2014)
赤子爱胜蚓	*Eisenia fetida*	蠕虫	300	(Dong et al.,2012)
丛枝菌根真菌	*Glomusintraradices*	真菌	398.11	(Hillis et al.,2008)
胡萝卜	*Daucus carota*	植物	190.19	(Hillis et al.,2008;Hillis et al.,2011)
莴苣	*Lactuca sativa*	植物	10 000	(Hillis et al.,2011)

表 11-8　用于构建 CTC 的 SSD 模型的物种及其相应的慢性毒性数据

受试物种	物种学名	种群	NOEC[a]/(μg/L)	文献
近头状伪蹄形藻	*Pseudokirchneriella subcapitata*	藻类	500	(Yang et al., 2008)
铜绿微囊型藻	*Microcystis aeruginosa*	藻类	500	(Guo and Chen, 2012)
日本三角涡虫	*Dugesia japonica*	蠕虫	14 563.57	(Li, 2013)
赤子爱胜蚓	*Eisenia fetida*	蠕虫	3 658.35	(Lin et al., 2012)
丛枝菌根真菌	*Glomusintraradices*	真菌	818.19	(Hillis et al., 2008)
胡萝卜	*Daucus carota*	植物	1 000	(Hillis et al., 2011)
莴苣	*Lactuca sativa*	植物	1000	(Hillis et al., 2011)
原鸡	*Gallus*	动物	551 891.86	(Furusawa, 2001; Koeypudsa et al., 2005)
爪蟾	*Xenopuslaevis*	两栖类动物	100 000	(Richards and Cole, 2006)

当 c 趋于无穷大时，Burr Ⅲ型分布将变化为 Pe Pareto 型分布：

$$F(x) = \exp\left(\frac{x}{x_0}\right)^{\theta} I\{x < x_0\}（式中 x_0, \theta > 0） \tag{3}$$

式中：x 为 TCs 的环境浓度（μg/L）；x_0 和 θ 为函数的两个参数。

在实际应用中，当 $k > 100$ 时，则应用 Re Weibull 型分布；当 $c > 80$ 时，则应用 Pe Pareto 型分布。

第四，计算 TCs 毒性阈值（HC₅）。HC₅ 代表物种受影响的危害程度，即保护 95% 物种不受影响的污染浓度，在 SSD 曲线上为着累积概率 5% 对应的浓度值。

3 种 TCs（OTC、TC、CTC）的 SSD 拟合曲线及相应的 HC₅ 值见图 11-1 至图 11-3。

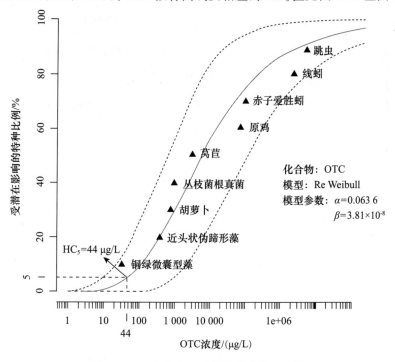

图 11-1　OTC 的 SSD 曲线及相应的 HC₅ 值

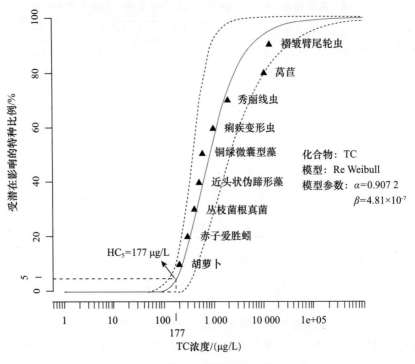

图 11-2   TC 的 SSD 曲线及相应的 HC₅ 值

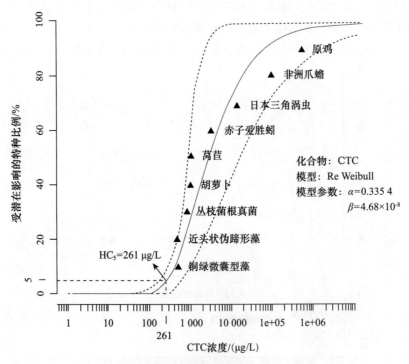

图 11-3   CTC 的 SSD 曲线及相应的 HC₅ 值

4.水体无效应浓度(PNEC$_{water}$)的计算

用 HC$_5$ 值除以慢性毒性评价因子(AF)(AF 参考《欧盟风险评价技术指南》,取值为 100)来推导 PNEC$_{water}$ 值。式为:

$$PNEC_{water} = \frac{HC_5}{AF} \tag{4}$$

5.土壤无效应浓度(PNEC$_{soil}$)的计算

获得水体无效应浓度(PNEC$_{water}$)后,根据式(5)计算土壤无效应浓度(PNEC$_{soil}$)。

$$PNEC_{soil} = PNEC_{water} \times K_d \tag{5}$$

3 种 TCs(OTC、TC、CTC)的土壤固相-水相的浓度分配关系(K_d)可通过查阅文献获得,$K_{d\,OTC} = 670$ L/kg(Sassman and Lee,2005);$K_{d\,TC} = 1\,093$ L/kg(Pan and Chu,2016);$K_{d\,CTC} = 778$ L/kg(Rabølle and Spliid,2000)。

6.蔬菜基地土壤 TCs 污染的风险熵值(RQ)的计算和风险等级评估

根据土壤中 TCs 的实测浓度,利用式(6)计算蔬菜基地土壤 TCs 污染的 RQ 值。

$$RQ = \frac{MEC}{PNEC_{soil}} \tag{6}$$

式中:MEC 为环境实测浓度;PNEC$_{soil}$ 为土壤无观察效应浓度。

7.蔬菜基地土壤 TCs 污染风险等级评估

参考欧洲委员会指导文件划分 TCs 污染的生态风险等级:RQ≤0.1 为低风险;0.1＜RQ＜1为中风险;RQ≥1 为高风险(European Commission,2003),对蔬菜基地土壤 TCs 污染的 RQ 值进行生态风险等级划分。

第 12 章 土壤污染修复

实验 12.1 不同钝化剂对土壤镉污染的钝化修复及效果评价

对于大面积的中轻度重金属污染农田,采用化学淋洗、植物修复等方法将其中重金属污染物清除往往经济成本高,或周期长,难以大面积实施。通过添加外源物质使土壤重金属活性降低,阻控作物对土壤重金属的吸收,使农田生产的农产品重金属含量低于食品安全国家标准的食品中污染物限量(GB 2762—2017)重金属限量值,通常被称为土壤钝化技术,是中轻度污染农田常用的安全利用措施。

土壤稳定化试剂或材料的选择就成了土壤钝化技术成功与否的关键所在。常用的重金属污染土壤稳定剂主要包括无机类固化剂、有机类固化剂和无机-有机复合类固化剂,主要有黏土类矿物材料、碱性材料、含磷物质、金属氧化类,有机肥、生物炭,以及复合类固定剂。不同固化剂对土壤重金属的稳定化作用机理各有差异。在众多的重金属污染土壤修复材料中,生物炭具有较大的比表面积和丰富的表面官能团,对重金属具有较强的吸附和络合作用,同时制备简单、价格低廉和高度稳定等优势。近年来,生物炭作为一种新型的重金属污染土壤修复材料,引起了越来越多研究者的关注,并开展了大量的研究。取得了众多成果,推动了生物炭技术在污染土壤修复领域的快速发展。

本实验采样盆栽试验方法,选择小白菜为供试植物,选择不同来源的生物炭为钝化材料,研究污染土壤施加钝化剂后,土壤有效态含量的消减比例,农产品重金属含量降低比例及达标情况,并开展提高生物炭钝化效果的探索。

[实验目的]

(1)理解土壤钝化技术的原理和应用。

(2)掌握土壤钝化技术的初步评价方法,并掌握盆栽试验设计方法。

[实验原理]

土壤钝化技术是指向土壤中施加钝化材料,钝化材料与重金属发生吸附、沉淀、离子交换、氧化还原等一系列反应,改变重金属在土壤中的赋存形态,降低重金属在土壤中的移动性和生物有效性,减少重金属对土壤生物的毒害作用和抑制重金属向农产品迁移,从而达到修复重金属污染土壤的目的。常用的钝化材料有磷矿石、沸石粉、黏土矿物粉、泥炭土、生物炭、有机肥等。

磷酸盐类化合物固定剂可吸附重金属,也可以与重金属共沉淀,降低重金属的生物有效性。石灰是广泛使用的碱性材料,施用后能提高土壤的 pH,对土壤中的重金属起到沉淀作用。沸石由于有很高的离子交换量,施用后既能降低重金属的毒性,又能减少植物对重金属的吸收。生物炭具有多孔结构,含有丰富的官能团,有利于吸附固定土壤重金属,同时还可以改善土壤肥力等。

[试剂与材料]

(1)供试污染土壤。采自受酸性矿山废水污染的农田土壤,主要为镉污染。风干后,过5 mm筛,备用。

(2)供试植物:小白菜,本地常用品种。

(3)供试钝化材料:生物炭、铁基生物炭。

[仪器与设备]

(1)塑料用盆(底部带有排水孔的塑料花盆)。

(2)一般实验室常用仪器和设备。

[实验内容与步骤]

1.盆栽实验

(1)不同来源生物炭对土壤重金属的钝化研究。实验在防雨的日光温室中进行。每盆装土 5 kg,试验设置不同生物质来源的生物炭处理:玉米秸秆生物炭、水稻秸秆生物炭、污泥生物炭、泥煤生物炭 4 个处理,每个处理 3 次重复。

生物炭的用量为 50 g/盆,先将风干过筛后的污染土壤与相应的钝化剂充分混匀,然后装入盆中。

采用直播的方式进行播种。先用水浸泡种子,将浮在水面的种子弃掉,滤干水分后,用1‰氯化汞浸泡 5 min,消毒后用蒸馏水冲洗 3 次,吸干水分。播种时,先将土壤整平,将种子直接播在距盆边 50~60 mm 处,深 20~30 mm 的环形沟,每盆约 20 粒,再覆盖上一层土。待长出第二片真叶后定苗,每盆 2 株。按照常规管理进行浇水,使用去离子水使土壤含水量达到田间最大持水量的 60%。盆栽培养周期为 30 d。

30 d 后,收获小白菜地上部,立即称重,并记录。每盆采取土壤样品,装入封口袋。

(2)增强生物炭钝化效果的探索。选用上述对土壤重金属钝化效果较好的生物炭的生物质制备不同铁含量的铁基生物炭。以生物质为原料,通过一定高温热解技术工艺制备成铁基生物炭,通过在污染土壤中施加铁基生物炭进行盆栽试验。

污染土壤自然风干后过 5 mm,装盆 5 kg。将风干过筛后的污染土壤与设计的钝化剂充分混匀,试验设置 7 个处理:对照,不添加生物炭;添加纯的生物炭 50 g;添加 50 g 含 0.5%Fe的铁基生物炭;添加 50 g 含 1%Fe 的铁基生物炭;添加 50 g 含 2.5%Fe 的铁基生物炭;添加50 g 含 5%Fe 的铁基生物炭;添加 5 g 铁粉,每个处理 3 次重复。

播种和管理及采样,同上。

2.测定项目与方法

(1)小白菜地上部生物量。小白菜地上部的生物量直接用称重法进行测量。

(2)植物重金属 Cd 含量。测定方法按实验 10.4 进行。

(3)土壤 pH 和有效态 Cd 含量。测定方法按照实验4.1和实验7.4进行。

[实验数据处理]

(1)整理不同处理小白菜的生物量,将数据整理成图表。

(2)整理不同理小白菜重金属 Cd 含量,将数据整理成图表。

(3)整理不同处理土壤有效态 Cd 含量和 pH。

[实验结果与分析]

(1)分析总结不同处理对植物生物量的影响,利用地上部干重比较不同生物炭对植物生物量的影响。

(2)比较不同处理对植物地上部重金属 Cd 含量的影响,与对照处理相比,小白菜 Cd 含量的降低情况。

(3)比较不同处理处理的土壤的 pH 和有效态 Cd 含量。

(4)总结不同来源生物炭对土壤 Cd 的钝化效果。

(5)总结分析不同含铁量生物炭的钝化效果。

[注意事项]

(1)植物收获时不要粘上泥土,洗干净后晾干,进行称重,杀青后进行烘干。

(2)各盆土壤取样时,尽量将其混匀后然后按四分法取样。

实验 12.2　不同淋洗剂对土壤锌/铅污染的淋洗作用及效果分析

重金属污染土壤的修复是指实施一系列的技术清除土壤中的重金属或者降低土壤中重金属的生物有效态,以期恢复土壤生态系统的正常结构和功能,减少土壤中重金属向食物链和地下水迁移。根据土壤修复后重金属的归宿,重金属污染土壤的修复技术分为两大类:一类是通过改变重金属在土壤中赋存形态,降低其在环境中的移动性与生物有效性;另一类是将重金属从土壤中去除,从而减少其在土壤中的总浓度。土壤淋洗是能够从根本上去除土壤重金属的有效方法之一。

化学淋洗技术指向土壤添加淋洗剂,通过络合、溶解、置换等作用将重金属从土壤中固相颗粒中去除。影响淋洗剂对土壤重金属的去除效率的因素包括:土壤的物理化学性质(如土壤质地、阳离子交换性量、缓冲性能和有机质含量等);重金属的污染特征(如种类、浓度、形态等);淋洗剂的性质;淋洗的条件(如淋洗剂的 pH、种类、浓度和淋洗的液固比、时间等)等。在对土壤进行淋洗修复时,可以通过选择适宜的淋洗剂和优化淋洗条件以达到最佳的淋洗效果。同时,也需要关注产生的淋洗废液可能造成地下水污染等问题。

本实验主要研究不同淋洗剂对铅锌复合污染土壤的淋洗效果,并探讨利用深层土壤固定表层淋洗出来的重金属,化解淋洗带来的二次污染。

[实验目的]

(1)理解重金属污染土壤的土壤淋洗方法。

(2)理解淋洗可能的环境风险,并探讨深层土壤固定表层淋洗出重金属。

[实验原理]

土壤淋洗技术是指借助能促进土壤环境中重金属溶解或迁移作用的溶剂来淋洗污染土壤,使吸附或固定在土壤颗粒上的污染物脱附、溶解而去除的技术。清洗液可以是清水,也可以是包含冲洗助剂的溶液,清洗液可以循环再生或多次注入地下水来活化剩余的污染物。淋洗剂的类型包含有机和无机两大类,有机淋洗剂通常为螯合剂(如 EDTA、DTPA),与金属形成配位化合物而增强其移动性。无机淋洗剂通常为酸、碱、盐,常用的提取剂主要有硝酸、盐酸、磷酸、硫酸、氢氧化钠、草酸、柠檬酸等。

土壤淋洗修复的实现方式主要分为原位淋洗和异位淋洗,污染农田一般采用原位淋洗。土壤原位淋洗技术是指通过水力压头推动淋洗液,将其注入被污染土层中,然后再把包含有重金属的液体从土层中抽提出来,进行分离和污水处理的技术。

本实验以铅锌污染土壤为例,介绍不同淋洗剂对重金属污染土壤的化学淋洗,并探讨深层土壤固定重金属的方法。

[试剂与材料]

(1)供试污染土壤。采自受酸性铅锌矿废水污染的农田土壤,主要为铅锌污染。风干后,过 2 mm 筛,备用。

(2)供试未污染土壤。未受矿山废水污染的农田土壤,风干后,过 2 mm 筛,备用。

(3)土壤、溶液中铅锌测定的实验药品;

(4)淋洗剂。HCl、$FeCl_3$、$CaCl_2$、柠檬酸、乙二胺四乙酸二钠(EDTA-2Na),均为分析纯。HCl、$FeCl_3$、柠檬酸、EDTA-2Na 的设置浓度为 0.1 mol/L,$CaCl_2$ 的设置浓度为 1 mol/L。

(5)固定剂。硫化钠、石灰,均为分析纯;腐殖酸来自有机肥公司。

[仪器与设备]

(1)土柱装置。有机玻璃土柱,内径 75 mm,高 110 cm,下端离地高度 10 cm 处,用有机玻璃板封口,留一小孔设置水龙头开关,用于采集下渗水。土柱自下而上分层填入 20 cm 厚的碎石,10 cm 厚的细石英砂(阻隔土壤流失),60 cm 厚的供试土壤,20 cm 后的粗石英砂(方便均匀施加淋洗剂)。

(2)一般实验室常用仪器和设备。

[实验内容与步骤]

1.淋洗液制备

盐酸、氯化铁、柠檬酸、乙二胺四乙酸二钠 4 种淋洗剂分别根据其分子量称取一定质量配制成 0.1 mol/L 淋洗液各 1 L,CaCl₂的设置浓度为 1 mol/L,另外准备 1 L 去离子水作为淋洗剂对照。

2.批处理淋洗实验

分别称取 25 g 过筛污染土样,放置于 18 个 500 mL 塑料瓶中,分别加入 250 mL 的上述淋洗液,形成 6 个淋洗处理,每个处理 3 次重复,在室温下,以 250 r/min 振荡 2 h,然后转入离心机离心 20 min(3 000 r/min),取上清液,用 0.45 μm 滤膜过滤,保存滤液,离心土样倒出风干,分别测定滤液和土样中铅锌的含量。

3.土柱淋洗-固定实验

(1)淋洗-固定试验设计。根据批处理实验结果,可选用自来水、EDTA-2Na、氯化铁为淋洗剂。硫化钠、石灰、腐殖酸作为固化剂,单次淋洗量为 0.5 L,淋洗 5 次,具体见表 12-1。

表 12-1 淋洗-固化修复试验处理水平

试验处理	表层淋洗剂			深层固化剂	
	淋洗剂	单次淋洗量/L	淋洗次数/次	固化剂	用量/(kg/柱)
1	水	0.5	5	无	无
2	水	0.5	5	石灰	0.294
3	水	0.5	5	硫化钠	0.072
4	水	0.5	5	腐殖酸	0.144
5	EDTA	0.5	5	无	无
6	EDTA	0.5	5	石灰	0.294
7	EDTA	0.5	5	硫化钠	0.072
8	EDTA	0.5	5	腐殖酸	0.144
9	氯化铁	0.5	5	无	无
10	氯化铁	0.5	5	石灰	0.294
11	氯化铁	0.5	5	硫化钠	0.072
12	氯化铁	0.5	5	腐殖酸	0.144

(2)淋洗土柱制备。土柱自下而上分层填入 20 cm 厚的碎石,10 cm 厚的细石英砂(阻隔土壤流失),20 cm 厚的供试未污染土壤,20 cm 厚的施加固化剂后的供试未污染土壤,20 cm 厚的供试污染土壤(均质土壤),20 cm 厚的粗石英砂(方便均匀施加淋洗剂)。

A 固化剂的施加:将固化剂施加在土壤的 20~40 cm 处。根据土柱的直径、装填高度及供试土壤的容重,计算施加固化剂段的土壤重量,称取对应的土壤与固化剂充分混匀。具体装填方法:装填土柱时,先装填好 10 cm 厚的细石英砂、20 cm 厚的供试未污染土壤(未污染土壤,均质土壤),然后装填好施加固化剂后的供试未污染土壤,上下捣实土柱,然后装填 20 cm 厚的供试污染土壤。(土壤容重选取 1.21 g/m³)。

土柱装填土壤的总重量 $M = 3.14 \times 3.75^2 \times 60 \times 1.21 = 3\ 205.7$ g≈ 3.20 kg

施加固化剂的土壤重量 $M_1 = 3.14 \times 3.75^2 \times 20 \times 1.21 = 1\ 068.6$ g≈ 1.07 kg

固化剂的添加浓度分别为:石灰 0.275 g/kg 土、硫化钠 0.067 g/kg 土、腐殖酸 0.135 g/kg 土。

B 淋洗剂的施加:土柱装填好后,室温下静置 1 周,然后用纯水将土壤润湿,直至土柱下端有水流出,然后均匀滴加淋洗剂。淋洗液为 0.5 L,淋洗时间为 1 h。

C 样品的采集:每次施加淋洗剂后,次日采集土柱下端的出水,连续测定下渗水中的重金属含量。淋洗试验完成后,分层采集(20 cm 为一层)土柱中的土壤样品,分析重金属总量。

[实验数据处理]

(1)整理不同淋洗剂对土壤重金属的去除量,并计算去除率。

(2)整理土壤下渗水的重金属浓度。

(3)整理不同深度土壤重金属含量。

[实验结果与分析]

(1)按下式计算静态实验条件下,不同淋洗剂对土壤中铅(锌)的去除率。

土壤铅(锌)的淋洗率=淋洗后土壤铅(锌)的浓度/淋洗前铅(锌)的浓度(mg/kg)。

(2)根据土柱实验下渗水的重金属含量,分析比较淋洗剂对下渗水中重金属含量的影响,分析比较固定剂对重金属的固定效果,分析淋洗量对下渗水重金属含量的影响。

(3)分析比较淋洗剂、固化剂对土壤重金属的影响。

(4)撰写实验报告,讨论分析土壤中铅、锌化学淋洗的效果、深层固定的适用性。

实验 12.3　　镉污染土壤的植物修复及效果评价

植物提取是当前我国受污染耕地土壤治理与修复示范推广的一类植物修复技术,也是植物修复中可以去除土壤重金属的技术。植物提取(phytoextraction)是指利用金属积累植物或超积累植物从土壤中吸取一种或几种重金属,并将其转移、贮存到地上部分,随后收割地上部分并集中处理,连续种植这种植物,即可使土壤中重金属含量降低到可接受水平。在具体应用中,植物提取技术在商业化应用方面主要受两个因素的影响:一是超富集植物的生长特性,大部分已经报道的植物生长速率慢,地上部的生物量少;二是土壤中重金属有效性低,植物难以吸收,并且难以将重金属由根系转运到地上部。

影响植物提取效率的主要因素有:植物的生物量、重金属的生物有效性。围绕这两个因素,提高植物提取效率的措施有:螯合诱导强化技术、微生物强化技术、土壤动物强化技术、农艺强化技术(施肥、水分管理、育苗和种植管理措施)等。

本实验主要研究东南景天对镉污染土壤的修复,探讨施加螯合剂、液体肥对植物提取效率的影响,并对修复后的土壤进行修复效果验证。

[实验目的]

(1)掌握重金属超富集植物概念和植物修复技术。

(2)掌握提高植物提取重金属效率的思路和方法。

[实验原理]

在重金属胁迫条件下,有一些特殊植物能超量积累重金属,即重金属超富集植物。超富集植物是一类能超量吸收重金属并将其运移到地上部的特殊植物。把植物叶片或地上部(干重)中镉含量达到 100 mg/kg,砷、钴、铜、镍、铅含量达到 1 000 mg/kg,锰、锌含量达到 10 000 mg/kg 以上的植物称为超积累植物。国内外文献报道的重金属超富集植物主要有:东南景天、遏蓝菜、蜈蚣草等。在重金属污染土壤上种植超富集植物,利用植物吸收土壤中金属并将其转运到地上部,通过收割地上部分,让土壤重金属含量得以去除。采取提高植物生物量和活化土壤重金属的方法,进一步提高植物修复效率。

[试剂与材料]

(1)供试污染土壤。采自受酸性矿山废水污染的农田土壤,主要为镉污染(镉含量小于 1 mg/kg)。风干后过 5 mm 筛,备用。

(2)供试植物。镉超富集植物东南景天、玉米、萝卜(当地常规品种)。

(3)供试活化重金属的材料。乙二胺四乙酸二钠(EDTA-2Na),分析纯。

[仪器与设备]

(1)塑料盆(底部带有排水孔的塑料花盆)。

(2)一般实验室常用仪器和设备。

[实验内容与步骤]

1.植物修复盆栽实验

实验在防雨的日光温室进行。试验设置 4 个处理:不种植物、种植东南景天、东南景天+2.5 mmol EDTA-2Na/kg 土,东南景天+ 0.5 g 液体肥/kg 土,每个处理 3 次重复。种植植物前,采用尿素和磷酸二氢钾(均为分析纯)做基肥与土壤混匀,用量分别为氮 100 mg/kg、磷 80 mg/kg、钾 100 mg/kg。

每盆装土 5 kg,每盆扦插 3 株东南景天。东南景天的扦插时间选在 3 月,植物生长 4 个月左右。

在植物生长 1 个月时,按试验设计施加液体肥。在收获前 2 周,将螯合剂 EDTA-2Na 溶于 200 mL 水中,小心浇灌到土壤表面。施加螯合剂 2 周后,收获东南景天,去除东南景天根系,采集土壤样品。

2.修复效果评价盆栽实验(种植萝卜)

东南景天收获后,开始种植第二茬植物——萝卜。在种植萝卜前,施加有机肥。

每盆穴播萝卜种子约 10 粒,出苗后长至三叶期时间苗,每盆保留 2 株。3 个月后,收获萝卜,并采集土样,萝卜分茎叶和根两部分收获。

期间按照常规方法进行浇水、手工拔草和除虫等。

3.样品的采集与测定分析

(1)东南景天的采集和处理。用剪刀剪取东南景天地上部,称得地上部质量即为每盆东南景天产量。东南景天收获后用自来水冲净,再用双蒸水洗净,晾干,置于信封袋中,于 45 ℃烘箱中烘干,粉碎,贮存于封口袋中待测。

(2)植物种植结束后,用取土钻采取盆栽中的土壤,风干,用研钵研磨后过筛保存于密封袋中。

(3)测定东南景天和萝卜中的 Cd 含量、测定土壤 Cd 含量,测定方法见实验 10.4 和实验 7.2。

[实验数据处理]

(1)整理不同处理东南景天生物量、Cd 含量。
(2)整理不同处理萝卜生物量、Cd 含量。

[实验结果与分析]

(1)按下式计算地上部对镉的提取总量。

　植物对镉的提取总量(g/盆)=地上部的生物量(g/盆)×地上部的镉含量(mg/kg)

(2)按下式计算植物对镉的富集系数和转运系数。

$$富集系数=地上部镉含量(mg/kg)/土壤总镉含量(mg/kg)$$

(3)按下式计算植物对土壤中镉的提取效率。

　修复效率=地上部镉积累总量(g/盆)/[土壤镉全量(mg/kg)×土壤质量(g/盆)]

(4)判断萝卜的食用部分是否达到国家食品卫生标准(0.1 mg/kg 鲜重)。

(5)撰写实验报告,利用上述数据分析东南景天对土壤中镉的修复效果及后续利用效果评价。

[注意事项]

(1)植物收获时不要粘上泥土,洗干净后晾干,进行称重,杀青后进行烘干。
(2)东南景天的种植时间一般安排在 1—3 月,6 月天气变热后,东南景天易腐烂。

实验 12.4　高效降解菌的筛选分离及修复多环芳烃污染土壤的可行性探究

目前,土壤有机污染物污染修复方法主要分为物理化学修复和生物修复。物理化学修复对土壤扰动大、成本高,容易产生次生污染,在农田修复中大规模应用的价值不高。以微生物为主的生物修复因其本身具有操作简单、效率高、低成本、二次污染少等优点,被称为是一种环境友好替代技术,并且此技术可以进行污染土壤原位修复,适应于低浓度、大面积污染土壤的修复工作。

近年来,由于污水灌溉、石油开采、石油加工、化石燃料燃烧及农作物稻秆燃烧等,引起的土壤环境多环芳烃(PAHs)污染日趋严重。微生物降解在土壤 PAHs 的迁移、转化,乃至最终的消除过程占有重要地位。一般情况下,在污染土壤中给予适当的营养刺激(如添加外源营养物质氮磷钾),可以促使土著微生物对 2 环和部分 3 环等较易利用的 PAHs 进行分解,而对于 4 环及以上的 PAHs 在自然条件下降解能力有限,因此有必要筛选高效降解菌以强化土壤

PAHs 的微生物降解作用。事实上,在污染环境中由于污染物的长期胁迫,会对微生物群落进行驯化和定向选择,使某些微生物显现出突出的降解能力,可以将污染物作为碳源分解利用,成为优势降解菌。但是外源的降解功能菌在接种初期,会同环境中土著微生物发生竞争,因此通过生物强化开展土壤污染修复需要对工程条件进行调控,尽量促使外源降解功能菌与土著微生物联合协同,以达到最佳的修复效果。

本实验从受污染的环境中筛选分离 PAHs 的降解功能菌,并利用其开展土壤 PAHs 污染修复,对比研究单独生物刺激、单独生物强化,以及生物刺激和生物强化联合对土壤 PAHs 污染的修复效果,鼓励学生进一步探讨生物刺激和生物强化联合修复土壤 PAHs 污染的工程参数调控。本实验方法主要参考尹华等(2015)、陈烁娜(2015),以及崔佳琦(2020)的相关文献报道。

[实验目的]

(1)掌握环境功能微生物的驯化、分离、筛选的研究方法。

(2)掌握以芘为代表的土壤有机污染微生物修复的研究方法。

[实验原理]

本实验利用污染物浓度梯度驯化方法,对受污染土壤中的微生物菌群进行富集,旨在获得具有较高芘耐受和代谢能力的菌种资源。之后利用筛选分离到的优势降解菌开展土壤芘污染修复,分别设置 4 种修复条件:自然矿化、生物刺激、生物强化、生物刺激+生物强化,考查不同修复条件下污染土壤的微生物修复潜力。最后,通过检测修复后污染土壤中芘污染物剩余含量,评价主要指标是否达到国家标准《土壤环境质量 农用地土壤污染风险管控标准(试行)》(GB 15618—2018)。

[试剂与材料]

1.主要化学试剂

(1)高效降解菌筛选。芘标液、氯化钠(NaCl,分析纯)、牛肉膏、蛋白胨、琼脂粉、硫酸铵[$(NH_4)_2SO_4$,分析纯]、硝酸钠($NaNO_3$,分析纯)、七水硫酸镁($MgSO_4 \cdot 7H_2O$,分析纯)、磷酸氢二钾(K_2HPO_4,分析纯)、三水磷酸氢二钾($K_2HPO_4 \cdot 3H_2O$,分析纯)等。

(2)芘的测定。芘标液、甲醇(CH_4O,色谱纯)、正己烷(C_6H_{14},色谱纯)、乙腈(C_2H_3N,色谱纯)、二氯甲烷(CH_2Cl_2,色谱纯)、无水硫酸钠(Na_2SO_4,分析纯)、硅胶填料等。

2.主要材料

(1)培养基。

①芘耐受菌富集培养基:氯化钠 10 g,牛肉膏 3 g,蛋白胨 10 g,蒸馏水 1 000 mL,pH 调节为 7~7.5,121 ℃灭菌 20 min,取出待培养液冷却至室温后,加入芘 10 mg。

②基础无机盐培养基:氯化钠 5 g,硫酸铵 1 g,硝酸钠 2 g,七水硫酸镁 0.25 g,磷酸氢二钾 4 g,三水磷酸氢二钾 10 g,蒸馏水 1 000 mL,pH 调节为 7.0~7.2,121 ℃高压蒸汽灭菌 20 min。

③液体营养培养基:氯化钠 10 g,牛肉膏 5 g,蛋白胨 10 g,蒸馏水 1 000 mL,pH 调节为

7.0,121 ℃灭菌 20 min。

④固体营养培养基:氯化钠 10 g,牛肉膏 5 g,蛋白胨 10 g,琼脂 15 g,蒸馏水 1 000 mL,pH 调节为 7.0,121 ℃灭菌 20 min。

(2)实验土壤。采集未受芘污染的农田土作为研究材料,对土样进行风干处理后碾碎,去除沙砾和植物残体,过 2 mm 筛备用。

[仪器与设备]

1.实验器皿

(1)微生物筛选、培养:锥形瓶(50 mL、250 mL、500 mL)、试管(配棉塞)、培养皿、三角涂布环、接种针、火焰酒精灯、移液管等。

(2)芘萃取和测定:锥形瓶、漏斗、鸡心瓶、长嘴长滴管、进样瓶等。

2.仪器设备

(1)微生物筛选、培养:恒温培养箱、温控振荡培养箱、无菌操作台、紫外分光光度计、分析天平、高压灭菌锅等。

(2)芘萃取和测定:超声波清洗仪、旋转蒸发仪、氮吹仪、高效液相色谱仪等。

[实验步骤与内容]

本实验采用室内培养试验法。

1.芘降解菌的筛选

(1)菌源。采集某 PAHs 污染场地的表层土壤(或石化厂污水处理站二沉池污泥)。

(2)芘优势降解菌的驯化、分离和保存。实验步骤如下。

①取 PAHs 污染场地的土壤(或石化厂污水处理站二沉池污泥)10 g,加入 90 mL 无菌水,在摇床上振荡培养 15 min,将土样均匀打散,制成菌悬浊液,静置。

②用移液枪吸取上述菌悬液 1 mL 接种到已灭菌的液体营养培养基中,在 160 r/min 的摇床上富集培养 24 h 左右。用移液管吸取上述 10 mL 的富集菌液于芘浓度为 5 mg/L 的无机盐培养基中,驯化培养 5 d,按照相同的方法,依次在芘浓度为 10 mg/L、15 mg/L、20 mg/L 的无机盐培养基中各驯化培养 5 d。

③在芘浓度为 20 mg/L 的无机盐培养基吸取 1 mL 的菌液移入装有 9 mL 无菌水的试管中,制成 10^{-1} 的稀释液,再吸取 10^{-1} 稀释液 1 mL,移入另一装有 9 mL 无菌水的试管中,制成 10^{-2} 稀释液,依此类推分别制成 $10^{-7} \sim 10^{-5}$ 的稀释液。

④取③中制得的菌悬液(10^{-7})在固体营养培养基(LB 培养基)上涂布,培养 2 d,得到不同形态的菌落。

⑤分别挑选不同菌落,接种到液体营养培养基中,置于 160 r/min 的摇床上富集培养 18 h 左右,吸取 0.1 mL 的菌液于固体营养培养基上,用无菌玻璃三角涂布环均匀涂布,静置 20 min后,将培养基倒扣于恒温培养箱中,培养 2 d。以此重复富集、涂布,直至固体培养基上形成形态相同的单一菌落。

⑥分别将已纯化的单一菌落转接入固体营养培养基,置于恒温培养箱培养 24～36 h,待菌株生长良好后取出,对其进行编号并置于 4 ℃冰箱保存,备用。

（3）芘降解功能菌的筛选。取上述保存的单一菌落，分别接种到液体营养培养基中活化培养 24～36 h，之后取 10 mL 的菌液加入 100 mL 的芘浓度 5 mg/L 的无机盐培养基中，反应 5 d 后取样，测定溶液中芘残留浓度，每种菌做 3 个平行样，选取芘降解效果最好的单菌进行编号，并作为后续的研究对象。

溶液中芘的提取：取上述反应后培养液 20 mL 置于 125 mL 的分液漏斗中，等体积加入萃取液二氯甲烷，手摇振荡萃取（约 2 min），静置，待分液漏斗中液体分层，将有机相用无水硫酸钠过滤，收集到鸡心瓶中，再往分液漏斗加入 20 mL 二氯甲烷，重复萃取 1 次，合并两次有机相，使用旋转蒸发仪将其旋蒸至近干，最后用色谱纯甲醇将其定容至 1 mL。按实验 8.1 方法测定溶液中芘残留浓度。

2.土壤芘污染的微生物修复

（1）芘污染土壤的制备。

①实验土样：采集一定量未受 PAHs 污染的农田土，采样深度 0～20 cm，样品剔除石子等杂质后自然风干，之后过 2 mm 筛，备用。

②芘污染土壤原样：将一定质量的芘（5 g）溶解于一定体积的石油醚（或丙酮）中，之后逐步加入一定量过 2 mm 筛的土壤（5 kg）中并不断搅拌。待搅拌均匀后，将土壤置于通风橱内 24 h，让石油醚（或丙酮）自然挥发至干。将挥发干燥后的污染土壤混匀后装入棕色密闭容器中，并放置于阴凉避光处老化 1 周，制成污染土壤原样。同时测定土壤中芘最终浓度。

③芘污染土壤样：取一定量的污染土壤原样和实验土样充分混合，制成芘污染浓度为 10 mg/kg（中度污染）的芘污染土壤样。

④芘污染土壤灭菌土样：取一定量的实验土样高温灭菌，待冷却至室温，按第②至③点操作加入污染物芘，制备芘污染土壤灭菌土样。

（2）芘污染土壤微生物修复条件设计。通过室内模拟污染土壤修复实验。按以下 4 种治理条件开展芘污染土壤微生物修复实验，同时设置空白组，具体如下。

①自然矿化（对照组 S0）：在小花盆中加入芘污染土壤样 250 g，自然状态下放置，不设置外加条件。

②生物刺激组（实验组 S1）：在小花盆中加入芘污染土壤样 250 g，充分利用土壤原有的土著微生物，同时向污染土壤中，以 $(NH_4)_2SO_4$ 和 KH_2PO_4 溶液形式加入，使土壤中 N 为 100 mg/kg，P 为 50 mg/kg，K 为 60 mg/kg，同时使土壤含水率维持在 25％～30％。

③生物强化组（实验组 S2）：将筛选分离到的芘优势降解菌接种到已灭菌的 50 mL 营养培养基中，置于培养箱（150 r/min，30 ℃）扩大培养 24～36 h，取出待用。在小花盆中加入芘污染土壤灭菌土样 250 g，之后将上述菌培养液缓慢加入土样中，用灭菌的玻璃棒搅拌均匀，同时使土壤含水率维持在 25％～30％。

④生物刺激＋生物强化组（实验组 S3）：结合实验组 S1 和 S2 的条件，在小花盆中加入芘污染土壤样 250 g，充分利用土壤原有的土著微生物，同时接种芘优势降解菌培养液 50 mL，加入一定量 $(NH_4)_2SO_4$ 和 KH_2PO_4 溶液，使土壤中 N 为 100 mg/kg、P 为 50 mg/kg、K 为 60 mg/kg，同时使土壤含水率维持在 25％～30％。

所有实验组置于恒温培养箱中，保持温度（25±1）℃，修复周期为 120 d，每 5 d 用小铁锹对土壤进行翻耕搅动以提供氧气（其中实验组 S2 要求无菌操作，小铁锹提前灭菌）。各个修复条件设置 3 个平行样。

（3）土壤样品采集。在 120 d 的修复周期中，每隔 7 d 取一次样，每次均分别收集不同降解条件下 3 份土壤样品，每份样品 10 g。

（4）土壤芘含量测定。土壤中芘的提取与测定方法参考实验 8.1。

[数据处理]

1.芘降解率计算

（1）溶液中芘降解率 $\eta(\%)$ 按式（1）计算：

$$\eta = \frac{C_0 - \dfrac{C_x}{20} \times 5}{C_0} \times 100\% \tag{1}$$

式中：C_0 为溶液中芘初始浓度，mg/kg；C_x 为反应后溶液中芘浓度，mg/kg。

（2）土壤中芘降解率 $\omega(\%)$ 按式（2）计算：

$$\omega = \left(\frac{10 \times 0.25 - 0.01 \times C_x \times 25}{10 \times 0.25} \right) \times 100\% \tag{2}$$

式中：C_x 为修复后样品中芘浓度，mg/kg。

2.芘降解时间曲线绘制

分别计算不同时间点的芘降解率，以降解率为纵坐标，时间为横坐标，绘制芘降解时间曲线。

[结果与分析]

（1）分析筛选到的优势降解菌在土壤芘污染修复中的效果。

（2）对比分析不同修复条件下，芘污染土壤微生物修复效果，分析各影响要素在土壤污染修复中的影响及相互作用关系。

参考文献

鲍士旦,2018.土壤农化分析[M].3 版.北京:中国农业出版社.

陈春乐,2016.重金属污染农业土壤的化学淋洗法修复效果研究[D].福州:福建农林大学.

陈丹丹,谭璐,聂紫萌,等,2021.湖南典型金属冶炼与采选行业企业周边土壤重金属污染评价及源解析[J].环境化学,40(9):2667-2679.

陈烁娜,2015.苯并[a]芘-铜复合污染物与嗜麦芽窄食单胞菌细胞微界面的互作机制[D].广州:暨南大学.

崔佳琦,2020.构建微生物降解策略及理性指导石油烃污染土壤修复特性[D].天津:天津大学.

种云霄,2016.农业环境科学与技术实验教程[M].北京:化学工业出版社.

方玉帆,2015.豆磺隆与镉污染土壤的酶特征研究[M].沈阳:辽宁大学.

高军,骆永明,滕应,等,2009.多氯联苯污染土壤的微生物生态效应研究[J].农业环境科学学报,28(2):228-233.

国家环境保护局,1998.土壤质量铅、镉的测定 石墨炉原子吸收分光光度法:GB/T 17141—1997[S].北京:中国环境科学出版社.

国家市场监督管理总局,中国国家标准化管理委员会,2018.土壤质量:土壤气体采样指南:GB/T 36198—2018/ISO 10387—7:2005[S].北京:中国标准出版社.

郭全恩,曹诗瑜,展宗冰,等,2021.甘肃两种典型盐成土不同粒径土壤颗粒中盐分离子的分布特征[J].干旱地区农业研究,39(5):216-221.

侯宪文,2007.铅-苄嘧磺隆甲磺隆复合污染的土壤微生物生态效应的研究[D].杭州:浙江大学.

胡慧蓉,王艳霞,2020.土壤学实验指导教程[M].北京:中国林业出版社.

胡秀敏,杨琛,张倩,等,2013.泰乐菌素对菲在蒙脱石上吸附作用的影响[J].农业环境科学学报,32(4):729-734.

环境保护部,2012.土壤氨氮、亚硝酸盐氮、硝酸盐氮的测定:氯化钾溶液提取-分光光度法:HJ 634—2012[S].北京:中国环境科学出版社.

环境保护部,2016.土壤 8 种有效态元素的测定 二乙烯三胺五乙酸浸提-电感耦合等离子体发射光谱法:HJ 804—2016[S].北京:中国环境科学出版社.

环境保护部,2016.土壤和沉积物多环芳烃的测定:气相色谱-质谱法:HJ 805—2016[S].北京:中国环境科学出版社.

环境保护部,2015.土壤和沉积物多氯联苯的测定:气相色谱-质谱法:HJ 743—2015[S].北京:中国环境科学出版社.

环境保护部,2013.土壤和沉积物汞、砷、硒、铋、锑的测定 微波消解原子荧光法:HJ 680—2013[S].北京:中国环境科学出版社.

生态环境部,2019.土壤和沉积物石油烃(C6-C9)的测定:吹扫捕集/气相色谱法:HJ 1020—2019[S].北京:中国环境出版社.

生态环境部,2019.土壤和沉积物石油烃(C10-C40)的测定:气相色谱法:HJ 1021—2019[S].北京:中国环境出版社.

环境保护部,2017.土壤和沉积物有机氯农药的测定:气相色谱-质谱法:HJ 835—2017[S].北京:中国环境出版社.

环境保护部,2013.土壤可交换性酸度的测定:氯化钾提取-滴定法:HJ 649—2013[S].北京:中国环境科学出版社.

生态环境部,2019.土壤石油类的测定:红外分光光度法:HJ 1051—2019[S].北京:中国环境出版社.

环境保护部,2015.土壤氧化还原电位的测定:电位法:HJ 746—2015[S].北京:中国环境科学出版社.

环境保护部,2018.土壤阳离子交换量的测定:三氯化六氨合钴浸提-分光光度法:HJ 889—2017[S].北京:中国环境出版社.

环境保护部,2014.土壤有效磷的测定:碳酸氢钠浸提-钼锑抗分光光度法:HJ 704—2014[S].北京:中国环境科学出版社.

环境保护部,2014.土壤质量全氮的测定:凯氏法:HJ 717—2014[S].北京:中国环境科学出版社.

环境保护部,2012.土壤总磷的测定:碱熔-钼锑抗分光光度法:HJ 632—2011[S].北京:科学出版社.

黄细花,卫泽斌,郭晓方,等,2010.套种和化学淋洗联合技术修复重金属污染土壤[J].环境科学,31(12):3067-3074.

李燕燕,2015.菜地土壤铅镉污染的原位淋洗-固化修复研究[D].重庆:西南大学.

李瑛,2015.纳米零价铁双金属体系降解四溴双酚A的研究[D].广州:华南理工大学.

李玉瑛,2005.土-水系统石油污染物挥发和生物降解过程研究[D].青岛:中国海洋大学.

梁重山,党志,刘丛强,等,2004.菲在土壤/沉积物上的吸附-解吸过程及滞后现象的研究[J].土壤学报,41(3):329-335.

刘斌,2021.磷酸三(2-氯丙基)酯和镉复合作用对蚯蚓的毒性研究[D].济南:山东农业大学.

刘定芳,王宇健,2001.施加外源稀土元素对土壤中氮形态转化和有效性的影响[J].应用生态学报,12(4):545-548.

刘泽,2021.纳米铁强化复相催化过氧化氢降解氯代有机废水的研究[D].黑龙江:东北石油大学.

龙新宪,王艳红,刘洪彦,2008.不同生态型东南景天对土壤中Cd的生长反应及吸收积累的差异性[J].植物生态学报,32(1):168-175.

龙新宪,2002.东南景天(*Sdeum alfredii* Hance)对锌的耐性和超积累机制研究[D].杭州:浙江大学.

鲁如坤,1999.土壤农业化学分析方法[M].北京:中国农业科学技术出版社.

马强,2019.化学淋洗与电动技术联合修复重金属污染土壤的研究[D].广州:华南农业大学.

彭程,2017.砷对蚯蚓与韭菜的生态毒理及其在土壤中的迁移转化研究[D].上海:上海交通大学.

钱雷晓,2014.镉污染对小白菜氮素吸收代谢及土壤氮素转化的影响[D].武汉:华中农业大学.

饶中秀,朱奇宏,黄道友,等,2013.模拟酸雨条件下海泡石对污染红壤镉、铅淋溶的影响[J].水土保持学报,27(3):23-27.

任慧琴,赵念席,陈磊,等,2014.土壤微生物群落结构分析中磷脂脂肪酸法和温和碱性甲酯化法的比较及定量优化[J].环境化学,33(5):760-764.

上官宇先,秦晓鹏,赵冬安,等,2015.利用大型土柱自然淋溶条件下研究土壤重金属的迁移及形态转化[J].环境科学研究,28(7):1015-1024.

生态环境部,2019.土壤和沉积物铜、锌、铅、镍、铬的测定火焰原子吸收分光光度法:HJ 491—2019[S].北京:中国环境出版集团.

宋恒飞,吴克宁,刘霈珈,2017.土壤重金属污染评价方法研究进展[J].江苏农业科学,45(15):11-14.

孙嘉鸿,郭彤,董彦民,等,2022.冻融循环对金川泥炭沼泽土壤微生物量及群落结构的影响[J].生态学报,42(7):1-12.

王冠,方爱冬,任非凡,等,2019.土壤重金属迁移转化实验应用于环境化学实验教学的探索——以室内土柱淋滤模拟装置实验为例[J].化学教育,40(6):61-65.

王鹏程,2017.镉污染水平对土壤-植物中氮素转化的影响及其微生物学机制研究[D].武汉:华中农业大学.

王亚利,2019.砷胁迫下蚯蚓的应激响应及对土壤理化性质的影响研究[D].上海:上海交通大学.

王迎红,2005.陆地生态系统温室气体排放观测方法研究、应用及结果比对分析[D].北京:中国科学院.

王友保,2018.土壤污染生态修复实验技术[M].北京:科学出版社.

王玉军,吴同亮,周东美,等,2017.农田土壤重金属污染评价研究进展[J].农业环境科学学报,36(12):2365-2378.

王志峰,2017.砷元素的形态分析及其对赤子爱胜蚓(*Eisenia fetida*)的生态毒性研究[D].青岛:山东大学.

吴启堂,卫泽斌,丘锦荣,等,2011-04-27.一种利用化学淋洗和深层固定联合技术修复重金属污染土壤的方法:中国,ZL200910040403.8[P].

吴双桃,陈少瑾,陈宜菲,等,2006.铁对水中六氯乙烷的还原脱氯作用[J].江苏环境科技,(5):6-7,19.

徐俏,2021.土壤-水稻系统铅生物有效性预测及草酸青霉 SL2 对水稻铅积累调控机制[D].杭州:浙江大学.

许艳秋,2006.克百威-镉、氯嘧磺隆-镉复合污染对土壤酶活性影响研究[M].长春:东北师范大学.

杨蕾,2018.铁基类Fenton反应体系降解土壤中多氯联苯研究[D].北京:北京化工大学.

姚晓东,王娓,曾辉,2016.磷脂脂肪酸法在土壤微生物群落分析中的应用[J].微生物学通报,43(9):2086-2095.

尹华,陈烁娜,叶锦韶,等,2015.微生物吸附剂[M].北京:科学出版社.

曾巧云,莫测辉,蔡全英,等,2006.邻苯二甲酸二丁酯在不同品种菜心-土壤系统的累积[J].中国环境科学,26(3):333-336.

曾晓舵,刘传平,孙岩,等,2021.铁基生物炭钝化Cd大田试验研究[J].生态环境学报,30(1):190-194.

曾晓舵,2017.镉在土壤-水稻系统中迁移转化机制及其控制研究[D].广州:华南农业大学.

张朝阳,彭平安,宋建中,等,2012.改进BCR法分析国家土壤标准物质中重金属化学形态[J].生态环境学报,21(11):1881-1884.

张春辉,吴永贵,付天岭,等,2016.酸性矿山废水对稻田上覆水理化特征及氮转化的影响[J].环境科学与技术,39(1):114-120.

张甘霖,龚子同,2012.土壤调查实验室分析方法[M].北京:科学出版社.

张连科,2019.生物炭基复合材料对铅镉复合污染土壤的稳定化作用及机制研究[D].西安:西安建筑科技大学.

张旭,向垒,莫测辉,等,2014.喹诺酮类抗生素在土壤中的迁移行为及影响因素研究[J].农业环境科学学报,33(7):1345-1350.

张洋,赵静,2019.芬顿反应控制条件研究进展[J].化学工程与装备,(12):206-207.

张永利,刘晓文,陈启敏,等,2019.Tessier法和改进BCR法提取施加熟污泥后黄土中Cd的对比研究[J].环境工程,37(5):34-38.

张振超,王金牛,孙建,等,2019.土壤温室气体测定方法研究进展[J].应用与环境生物学报,25(5):1228-1243.

赵裕栋,周俊,何璟,2012.土壤微生物总DNA提取方法的优化[J].微生物学报,52(9):1143-1150.

中华人民共和国农业部,2006.土壤机械组成的测定:NY/T 1121.3—2006[S].北京:中国农业出版社.

中华人民共和国农业部,2010.土粒密度的测定:NY/T 1121.23—2010[S].北京:中国农业出版社.

中华人民共和国农业部,2006.土壤pH的测定:NY/T 1121.1—2006[S].北京:中国农业出版社.

中华人民共和国农业部,2006.土壤容重的测定:NY/T 1121.4—2006[S].北京:中国农业出版社.

中华人民共和国农业部,2005.土壤速效钾和缓效钾含量的测定:NY/T 889—2004[S].北京:中国农业出版社.

中华人民共和国农业部种植业管理司,2008.土壤微团聚体组成的测定:NY/T 1121.20—2008[S].北京:中国农业出版社.

中华人民共和国农业部种植业管理司,2008.土壤水稳性大团聚体组成的测定:NY/T 1121.19—2008 [S].北京:中国农业出版社.

中华人民共和国农业部种植业管理司,2008.土壤最大吸湿量的测定:NY/T 1121.21—2008 [S].北京:中国农业出版社.

邹建文,焦燕,王跃思,等,2002.稻田 CO_2、CH_4 和 N_2O 排放通量测定方法研究[J].南京农业大学学报,25(4):45-48.

Ando T,Nagase H,Eguchi K,et al,2007.A novel method using cyanobacteria for ecotoxicity test of veterinary antimicrobial agents[J].Environmental Toxicology and Chemistry,26(4):601-606.

Araujo A,McNair J N,2007.Individual and population-level effects of antibiotics on the rotifers,Brachionus calyciflorus and B-plicatilis[J].Hydrobiologia,593:185-199.

Baguer A J,Jensen J,Henning K P,2000.Effects of the antibiotics oxytetracycline and tylosin on soil fauna[J].Chemosphere,40(7):751-757.

Boleas S, Alonso C, Pro J, 2005. Toxicity of the antimicrobial oxytetracycline to soil organisms in a multi-species-soil system (MS center dot 3) and influence of manure co-addition[J].Journal of Hazardous Materials,122(3):233-241.

Dong L X,Gao J,Xie X J,2012.DNA damage and biochemical toxicity of antibiotics in soil on the earthworm Eisenia fetida[J].Chemosphere,89(1):44-51.

Eguchi K,Nagase H,Ozawa M,2004.Evaluation of antimicrobial agents for veterinary use in the ecotoxicity test using microalgae[J].Chemosphere,57(11):1733-1738.

El-Deek A A,Al-Harthi M A,Osman M,2012.Hot pepper (Capsicum Annum) as an alternative to oxytetracycline in broiler diets and effects on productive traits,meat quality,immunological responses and plasma lipids[J].Archiv Fur Geflugelkunde,76(2):73-80.

European Commission,2003.Technical Guidance Documents in Support of the Commission Directive 93/67/EEC on Risk Assessment for New Notified Substances and the Com-mission Regulation (EC) No 1488/94 on Risk Assessment for Existing Substances (Part Ⅱ)[M].Ispra：European Commission.

Furusawa N,2001.Transference of dietary veterinary drugs into eggs[J].Veterinary Research Communications,25(8):651-662.

Gu J Y,Chen C Y,Huang X Y,et al,2021.Occurrence and risk assessment of tetracycline antibiotics in soils and vegetables from vegetable fields in Pearl River Delta,South China[J].Science of The Total Environment,776:145959.

Guo R X,Chen J Q,2012.Phytoplankton toxicity of the antibiotic chlortetracycline and its UV light degradation products[J].Chemosphere,87(11):1254-1259.

Hillis D G,Antunes P,Sibley P K,2008.Structural responses of Daucus carota root-organ cultures and the arbuscular mycorrhizal fungus,Glomus intraradices,to 12 pharmaceuticals[J].Chemosphere,73(3)：344-352.

Hillis D G,Fletcher J,Solomon K R,2011.Effects of ten antibiotics on seed germination and root elongation in three plant species[J].Archives of Environmental Contamination and Toxicology,60(2):220-232.

Huang W, Weber W J, 1998. A distributed reactivity model for sorption by soil and sediments.11. Slow concentration-dependent sorption rates[J]. Environment Science and Technology,33:3549-3555.

Huang X,Chen C,Zeng Q,et al,2022.Field study on loss of tetracycline antibiotics from manure-applied soil and their risk assessment in regional water environment of Guangzhou, China[J].Science of The Total Environment,827,154273.

International Organization for Standardization Soil quality-Determination of selected phthalates using capillary gas chromatography with mass spectrometric detection (GC/MS):ISO 13913-2014[S].

Koeypudsa W,Yakupitiyage A,Tangtrongpiros J,2005.The fate of chlortetracycline residues in a simulated chicken-fish integrated farming systems[J].Aquaculture Research,36(6):570-577.

Li M H,2013.Acute toxicity of 30 pharmaceutically active compounds to freshwater planarians,*Dugesia japonica*[J].Toxicological and Environmental Chemistry,95(7):1157-1170.

Li Y, Zhang Y, Li J, et al, 2011. Enhanced removal of pentachlorophenol by a novel composite: nanoscale zero valent iron immobilized on organobentonite[J].Environmental Pollution,159(12):3744-3749.

Lin D S,Zhou Q X,Xu Y M,2012.Physiological and molecular responses of the earthworm (*Eisenia fetida*) to soil chlortetracycline contamination[J].Environmental Pollution,171:46-51.

Pan M,Chu L M,2016.Adsorption and degradation of five selected antibiotics in agricultural soil[J].Science of the Total Environment,545-546:48-56.

Pan M,Chu L M,2017.Transfer of antibiotics from wastewater or animal manure to soil and edible crops[J].Environmental Pollution,231:829-836.

Rabølle M,Spliid N S,2000.Sorption and mobility of metronidazole,olaquindox,oxytetracycline and tylosin in soil[J].Chemosphere,40(7):715-722.

Rauret G,López-Sánchez J F,Sahuquillo A,et al,1999.Improvement of the BCR three-step sequential extraction procedure prior to the certification of new sediment and soil reference materials[J].Journal of Environmental Monitoring,(1):57-61.

Richards S M,Cole S E,2006.A toxicity and hazard assessment of fourteen pharmaceuticals to Xenopus laevis larvae[J].Ecotoxicology,15(8):647-656.

Sassman S A,Lee L S,2005.Sorption of three tetracyclines by several soils:Assessing the role of pH and cation exchange [J]. Environment Science & Technology, 39 (19):7452-7459.

Sen A, Chatterjee N S, Akbar M A, 2007. The 29-kilodalton thiol-dependent peroxidase of *Entamoeba histolytica* is a factor involved in pathogenesis and survival of the parasite during oxidative stress[J].Eukaryotic Cell,6(4):664-673.

Tessier A,Campbell P G C,Bisson M,1979.Sequential extraction procedure for the speciation of particulate trace metals[J].Analytical Chemistry,51(7): 844-851.

Vangheel M,Traunspurger W,Spann N,2014.Effects of the antibiotic tetracycline on the reproduction,growth and population growth rate of the nematode Caenorhabditis elegans [J].Nematology,16:19-29.

Yang L H,Ying G G,Su H C,2008.Growth-inhibiting effects of 12 antibacterial agents and their mixtures on the freshwater microalga Pseudokirchneriella subcapitata[J].Environmental Toxicology and Chemistry,27(5): 1201-1208.

Yang W W,Tang Z P,Zhou F Q,2013.Toxicity studies of tetracycline on Microcystis aeruginosa and Selenastrum capricornutum[J].Environmental Toxicology and Pharmacology,35 (2):320-324.

Zounkova R, Kliemesova Z, Nepejchalova L, 2011. Complex evaluation of ecotoxicity and genotoxicity of antimicrobials oxytetracycline and flumequine used in aquaculture[J].Environmental toxicology and chemistry,30(5):1184-1189.